"十二五"职业教育国家规划教材
经全国职业教育教材审定委员会审定

数控铣削加工技术与技能（FANUC系统）

主　编　刘晓明
副主编　张建平　徐夏民
参　编　黄　成　朱　军　钱　强　严　江
　　　　汪立俊　黄战平　朱兴伟　李周华
　　　　周　亮　庞雨墨

本书是经全国职业教育教材审定委员会审定的"十二五"职业教育国家规划教材，是根据教育部最新公布的中等职业学校相关专业教学标准，同时参考《铣工国家职业技能标准》（数控铣工）中级工的要求编写的。本书共设有七个项目，包括数控铣床的基本知识、数控铣削加工程序的编制、数控铣床的操作、轮廓类零件的加工、腔槽类零件的加工、孔类零件的加工，以及中级工技能训练。每个项目下设若干个任务，每个任务包括学习目标、任务描述、知识链接、任务实施、任务评价、课后练习等栏目，并配有参考程序。本书图文并茂，形象直观，叙述文字简明扼要，通俗易懂。

本书可作为中等职业学校机械制造技术、机械加工技术、数控技术应用及相关专业的专业教材，也可作为数控铣工（中级）和加工中心操作调整工（中级）岗位培训教材。

为便于教学，本书配套有电子教案、助教课件等教学资源，选择本书作为教材的教师可来电（010-88379197）索取，或登录 www.cmpedu.com 网站，注册、免费下载。

图书在版编目（CIP）数据

数控铣削加工技术与技能/刘晓明主编. —北京：机械工业出版社，2015.10（2025.8重印）

"十二五"职业教育国家规划教材

ISBN 978-7-111-51806-8

Ⅰ.①数… Ⅱ.①刘… Ⅲ.①数控机床-铣削-中等专业学校-教材 Ⅳ.①TG547

中国版本图书馆 CIP 数据核字（2015）第 240011 号

机械工业出版社（北京市百万庄大街22号　邮政编码100037）
策划编辑：王佳玮　　责任编辑：王莉娜　王佳玮　章承林
责任校对：丁丽丽　　封面设计：张　静
责任印制：单爱军
北京盛通数码印刷有限公司印刷
2025年8月第1版第8次印刷
184mm×260mm · 14印张 · 343千字
标准书号：ISBN 978-7-111-51806-8
定价：45.00元

电话服务　　　　　　　　　　网络服务
客服电话：010-88361066　　　机　工　官　网：www.cmpbook.com
　　　　　010-88379833　　　机　工　官　博：weibo.com/cmp1952
　　　　　010-68326294　　　金　书　网：www.golden-book.com
封底无防伪标均为盗版　　　　机工教育服务网：www.cmpedu.com

前　言

本书是根据教育部《关于中等职业教育专业技能课教材选题立项的函》（教职成司[2012] 95号），由全国机械职业教育教学指导委员会和机械工业出版社联合组织编写的"十二五"职业教育国家规划教材，是根据教育部最新公布的中等职业学校相关专业教学标准，同时参考《铣工国家职业技能标准》（数控铣工）中级工的要求编写的。

本书主要介绍数控铣床安全操作规程、数控铣削的工艺过程、数控铣削加工的相关知识、数控铣削程序的编制、各项基本操作技能和中级工技能训练。本书重点培养学生数控铣削编程和操作机床的能力，编写过程中力求体现以下特色。

1. 执行新标准　本书是依据最新教学标准和课程大纲要求编写而成的，对接职业标准和岗位需求，突出工艺分析能力、编程技巧和实践操作能力。

2. 体现新模式　本书采用理实一体化的编写模式，以任务引领教学，突出"做中教、做中学"的职业教育特色。

3. 突出新理念　本书打破学科体系，以"必需、够用"为原则，突出学生实践能力和创新能力的培养。

按照教学标准中的要求，本书共设有七个项目，建议学时数为168，在教学时，可根据实际情况灵活调整，具体见下表：

教学标准中的要求	教材中的章节	建议学时
掌握数控铣床安全操作规程	项目一　数控铣床的基本知识	6
	项目三　数控铣床的操作	18
了解数控铣削的工艺过程，掌握数控铣削加工的相关知识和各项基本操作技能，会编制简单程序	项目二　数控铣削加工程序的编制	30
	项目四　轮廓类零件的加工	36
	项目五　腔槽类零件的加工	18
	项目六　孔类零件的加工	12
能规范操作数控铣床对工件进行加工	项目七　中级工技能训练	48

在本书内容处理上主要有以下几点说明。

1）在组织项目一的教学时，建议组织学生参观实训车间和企业生产现场；建议项目二安排在机房上课，最好使用仿真软件；项目三在实训车间组织教学。

2）项目七为强化训练项目，建议安排在中级技能等级认定前进行。如不安排考工，可以不安排此项目的教学，其他项目的内容可做适当选择和调整。

本书由中德无锡高级职业技术学校、无锡机电高等职业技术学校刘晓明任主编，张建平和徐夏民任副主编，参与编写的还有黄成、朱军、钱强、严江、汪立俊、黄战平、朱兴伟、李周华、周亮和庞雨墨。

本书经全国职业教育教材审定委员会审定，评审专家对本书提出了宝贵的建议，在此对他们表示衷心的感谢！编写过程中，编者参阅了国内外出版的有关教材和资料，在此一并表示衷心感谢！

由于编者水平有限，书中不妥之处在所难免，恳请读者批评指正。

编 者

目　录

前言
项目一　数控铣床的基本知识 1
　　任务一　数控铣床的认识 1
　　任务二　数控铣床操作规程的学习 6
　　任务三　"7S"管理职业规范的学习 8
项目二　数控铣削加工程序的编制 12
　　任务一　数控编程基本知识的学习 12
　　任务二　辅助功能的认识 18
　　任务三　基本指令的学习 22
　　任务四　直线轮廓的程序编制 28
　　任务五　圆弧轮廓的程序编制 33
　　任务六　刀具补偿功能的学习 39
项目三　数控铣床的操作 45
　　任务一　数控铣床操作面板的熟悉 45
　　任务二　数控铣床的基本操作 54
　　任务三　工件安装和零点设定 60
　　任务四　刀具安装和偏置设定 65
　　任务五　程序的编辑和运行 70
　　任务六　数控铣床的日常维护 77
项目四　轮廓类零件的加工 81
　　任务一　矩形凸台的加工 81
　　任务二　圆柱凸台的加工 94
　　任务三　六角凸台的加工 101
　　任务四　八角凸台的加工 106
　　任务五　槽轮的加工 113
　　任务六　对称轮廓的加工 120
项目五　腔槽类零件的加工 127
　　任务一　键槽的加工 127
　　任务二　矩形槽的加工 135
　　任务三　圆槽的加工 141
　　任务四　腰形槽的加工 146
　　任务五　圆环槽的加工 152
　　任务六　型腔的加工 158
项目六　孔类零件的加工 164

| 任务一 | 顶杆底板的加工 | 164 |
| 任务二 | 泵体端盖的加工 | 177 |

项目七　中级工技能训练　184
任务一	十字槽板的加工	184
任务二	工字槽板的加工	190
任务三	槽轮板的加工	194
任务四	六角形槽板的加工	198
任务五	丁字槽板的加工	202
任务六	圆环槽板的加工	206

附录　212
| 附录 A | 铣削用量的选择 | 212 |
| 附录 B | FANUC 0i Mate-MD 系统准备功能 G 指令表 | 214 |

参考文献　216

项目一

数控铣床的基本知识

项目描述

我国正在从世界制造业大国向制造业强国攀登，迫切需要大批技艺精湛的高素质技能人才。高素质技能人才包含两个要素：一是高的职业素养，二是高的职业技能。

细节决定成败。一名高素质的数控铣床操作人员，必须遵守操作规程，安全文明生产，熟悉现代企业管理职业规范并严格执行，才能生产出一流的产品。

根据《铣工国家职业技能标准》（数控铣工）对安全文明生产、质量管理知识和机床日常维护的要求，本项目安排三个任务，分别为数控铣床的认识、数控铣床操作规程的学习和"7S"管理职业规范的学习。

任务一　数控铣床的认识

学习目标

1）了解数控铣床的分类，认识数控铣床的组成、功能及特点。
2）了解数控铣床的工作原理。
3）了解数控铣床的主要技术规格。

任务描述

数控铣床的品种规格较多，操作人员要会识别数控铣床的标记，了解数控铣床的技术规格和加工范围。在实际生产中可根据加工零件的要求，正确地选用数控铣床。

知识链接

一、数控铣床分类和型号

1. 数控铣床的分类

按机床主轴的布置形式及机床的布局特点分类，数控铣床可分为立式数控铣床、卧式数控铣床和数控龙门铣床等。

（1）立式数控铣床 一般可进行三坐标联动加工，目前三坐标数控立式铣床占大多数。如图1-1所示，立式数控铣床主轴与机床工作台面垂直，工件装夹方便，加工时便于观察，但不便于排屑，一般采用固定式立柱结构，工作台不升降。主轴箱做上下运动，并通过立柱内的重锤平衡主轴箱的自重。立式数控铣床主要用于中小型零件的加工。

（2）卧式数控铣床 卧式数控铣床与通用卧式铣床相同，其主轴轴线平行于水平面。如图1-2所示，卧式数控铣床的主轴与机床工作台面平行，加工时不便于观察，但排屑顺畅。卧式数控铣床一般用于加工箱体类零件。

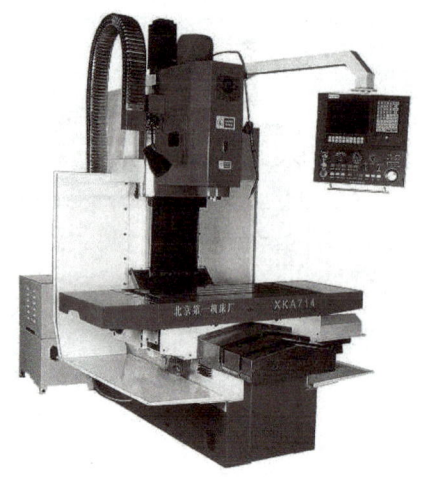

图1-1 立式数控铣床

（3）数控龙门铣床 对于大尺寸的数控铣床，一般采用对称的双立柱结构，以保证机床的整体刚性和强度，这就是数控龙门铣床，如图1-3所示。数控龙门铣床有工作台移动和龙门架移动两种形式，主要用于大、中等尺寸，大、中等质量的各种基础大件、板件、盘类件、壳体件和模具等零件的加工，工件一次装夹后可自动高效、高精度地连续完成铣、钻、镗和铰等工序的加工，适用于航空、重机、机车、造船、机床、印刷、轻纺和模具等制造行业。

图1-2 卧式数控铣床

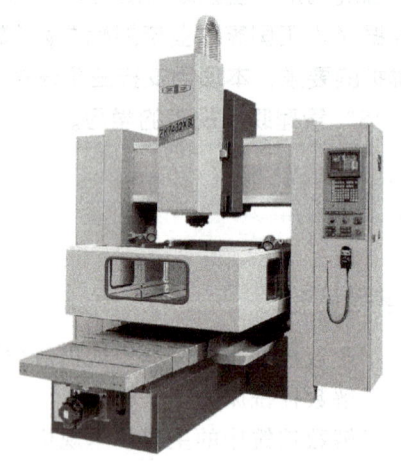

图1-3 数控龙门铣床

2. 数控铣床型号识别

图1-4所示为XK714型数控铣床的外形图。

图1-4中数控铣床型号XK714中的字母和数字代表的含义如下：

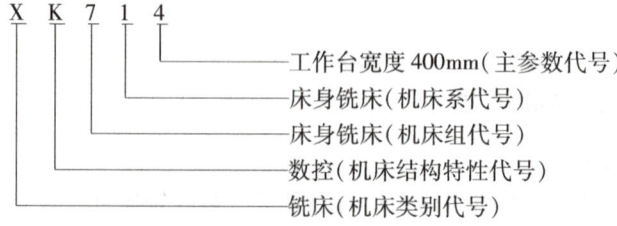

图 1-4　XK714 型数控铣床的外形图

数控铣床型号 XK714 中的 4 和工作台宽度有什么关系？

此数控铣床的工作台宽度是 400mm，型号中的最后一位 4 表示工作台宽度的 1/100。

二、数控铣床的结构

数控铣床是在普通铣床的基础上发展起来的，其加工工艺与普通铣床基本相同，但数控铣床是靠程序控制的自动加工机床，所以其结构与普通铣床有很大的区别。

数控铣床一般由以下几部分组成。

（1）铣床主机　它是数控铣床的机械部件，包括床身、主轴箱、工作台和进给机构等。

（2）控制部分（CNC 装置）　它是数控铣床的控制核心，执行数控加工程序，控制机床进行加工。XK714 型数控机床使用日本发那科公司的数控系统 FANUC 0i Mate-MD。

（3）驱动装置　它是数控铣床执行机构的驱动部件，包括主轴电动机和进给伺服电动机等。

（4）辅助装置　它是数控铣床的一些配套部件，包括液压和气动装置、润滑装置、冷却装置、排屑装置等。

三、数控铣床的基本工作原理

在数控铣床上，把被加工零件的工艺过程（如加工顺序、加工类别）、工艺参数（如主轴转速、进给速度、刀具尺寸）以及刀具与工件的相对位移，用数控语言编写成加工程序单，然后将程序输入到数控装置，数控装置便根据数控指令控制机床的各种操作和刀具与工件的相对位移。当零件加工程序结束时，机床便会自动停止，加工出合格的零件。数控铣床的工作原理如图 1-5 所示。

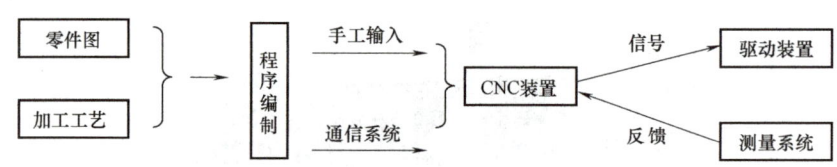

图 1-5　数控铣床的工作原理

四、数控铣床的功能及特点

数控铣床应用十分广泛，可以加工各种平面轮廓和立体轮廓的零件，如凸轮、模具和叶片等，还可以进行钻孔、扩孔、铰孔、攻螺纹和镗孔等加工。

数控铣床和普通铣床相比有以下特点。

1）加工灵活，通用性强，具有高度柔性。
2）能加工普通机床无法加工或很难加工的零件，如用数学模型描述的复杂曲线零件以及三维空间曲面类零件。
3）加工精度高，质量稳定。
4）生产率高。
5）生产自动化程度高，可大大减轻工人的劳动强度。

五、数控铣床的主要规格及参数

以大连机床厂生产的 XD-40A 型数控铣床为例，其主要规格及参数见表 1-1。

表 1-1　XD-40A 型数控铣床的主要规格及参数

项　目	单位	规格及参数
工作台规格（长×宽）	mm	800×420
T形槽尺寸（槽数×槽宽×槽距）	mm	3×18×125
工作台最大载重	kg	500
X 坐标行程	mm	600
Y 坐标行程	mm	400
Z 坐标行程	mm	520
主轴中心线距 Z 向导轨面距离	mm	511
主轴端面至工作台上平面距离	mm	150~670
X、Y、Z 向切削速度	mm/min	1~10000
X、Y、Z 向快速进给速度	m/min	20/20/20
主轴最高转速	r/min	8000
主轴锥孔		No. 40（7:24）
主轴功率	kW	5.5/7.5
刀柄		BT40
刀具最大质量	kg	7

（续）

项　　目	单位	规格及参数
刀具最大直径	mm	$\phi80$
换刀方式		手动换刀,气动松/拉刀
X、Y、Z 坐标定位精度	mm	$X、Z$：0.020；Y：0.016
X、Y、Z 坐标重复定位精度	mm	$X、Z$：0.008；Y：0.006
数控系统		FANUC 0i Mate-MD
气源压力	MPa	> 0.5
机床轮廓尺寸（前后×左右×高度）	mm	2376×2246×2458
机床质量	kg	4400

想一想

大连机床厂生产的 XD-40A 型数控铣床型号中的 40 与机床工作台有什么关系？

此数控铣床的工作台宽度是 420mm，Y 轴行程为 400mm，型号中的 40 表示工作台 Y 轴行程的 1/10。

任务实施

组织学生参观数控实训中心，并对数控机床进行讲解。
1）认识数控铣床与数控车床、加工中心的区别。
2）认识数控铣床的各组成部分和作用。
3）了解数控铣床的主要技术规格。

任务评价

学生对学习情况进行自评和互评，并填写任务评价表，见表1-2。

表1-2　任务评价表

序号	考核内容	配分	评分标准	自评	互评	得分
1	能说出数控铣床的分类	10	描述不清楚酌情扣分			
2	知道 XK714 的含义	20	描述不清楚酌情扣分			
3	说出数控铣床的组成	10	描述不清楚酌情扣分			
4	说出数控铣床的功能	15	描述不清楚酌情扣分			
5	说出数控铣床的特点	15	描述不清楚酌情扣分			
6	说出数控铣床的工作原理	15	描述不清楚酌情扣分			
7	说出数控铣床的主要技术规格	15	描述不清楚酌情扣分			
	合计	100				

课后练习

1）查阅相关手册，说出数控铣床型号 XK713 的含义。

2）上网查阅数控铣床型号 XD-40A 表示的含义。

任务二　数控铣床操作规程的学习

学习目标

1）熟悉数控铣床操作规程。
2）掌握数控铣床开机和关机的顺序。

任务描述

数控铣床是精密设备，大多价格比较贵，要求操作人员严格执行数控铣床的操作规程，在生产过程中能安全文明生产，保证操作人员的人身安全及设备安全，延长数控铣床的使用寿命。

知识链接

数控铣床安全操作规程如下：

1）操作机床时应穿好工作服、安全鞋，衣冠端正，并戴好安全帽，头发压入帽内，切削时戴防护眼镜，严禁戴手套、戒指、项链等物品操作机床，不得围布于身上。

2）严禁移动或损坏安装在机床上的警告牌。

3）操作者必须熟悉机床使用说明书和机床的一般性能、结构，严禁超性能使用。

4）开机前要检查润滑油是否足够、切削液是否充足，发现不足应及时补充；检查压缩空气的压力是否达到所需要的工作压力。

5）确认"急停"按钮处于按下位置后，才能打开数控铣床电气柜上的电气总开关，检查机床电气柜风扇运转是否正常。

6）按下数控铣床控制面板上的"POWER ON"按钮，起动数控系统，等自检完毕后，顺时针旋开"急停按钮"，进行数控铣床的强电复位。

7）手动返回数控铣床参考点。首先返回 $+Z$ 方向，然后返回 $+X$ 和 $+Y$ 方向。返回参考点后应及时移开参考点位置，先 $-X$ 和 $-Y$ 方向，然后 $-Z$ 方向。

8）机床运行应遵循先低速、中速，再高速的原则，其中主轴低速运行时间不少于 2~3min。当确定无异常情况后，才可正常工作。

9）手动操作时，在 X 轴和 Y 轴移动前，必须使 Z 轴处于安全位置，以免撞刀。

10）更换刀具时应注意操作安全。在装入刀具时应将刀柄和刀具擦拭干净。

11）数控铣床出现报警时，要根据报警号查找原因，及时排除报警故障。

12）在自动运行程序前，必须认真检查程序，确保程序的正确性。在加工过程中，操作者不得擅自离开机床，必须集中注意力，观察机床的运行状态。一旦发生问题，应及时按下进给保持按钮或紧急停止按钮。

13）加工零件时，必须关上防护门，不准把头、手伸入防护门内，加工过程中不允许打开防护门。

14）加工过程中在主轴转动的情况下禁止测量工件和用棉纱擦拭工件及清扫机床。

15）操作者在操作机床时，旁观者禁止按控制面板上的任何按钮、旋钮，以免发生意外。

16）严禁任意修改、删除机床内部参数。

17）严禁私自打开数控系统控制柜进行观看和触摸。

18）关机前，把工作台上的切屑清理干净，把机床擦拭干净，并上油防锈，应使各坐标轴处于中间位置，取下主轴上的刀具。

19）关机时，按下急停按钮，然后按下控制面板上的"POWER OFF"按钮，最后关闭电气总开关。

20）认真执行交接班手续，填好交接班记录。

任务实施

组织学生参观数控实训中心，并示范开机和关机顺序。

1）初步了解数控铣床开、关机的顺序。

2）学习实训中心数控铣床的操作规程。

任务评价

学生对数控铣床操作规程的学习情况进行自评和互评，并填写数控铣床操作规程评价表，见表1-3。

表1-3 数控铣床操作规程评价表

序号	考核内容	配分	评分标准	自评	互评	得分
1	穿好工作服	5	错误不得分			
2	穿好工作鞋	5	错误不得分			
3	戴好工作帽和防护眼镜	5	错误不得分			
4	不得移动警告牌	10	错误不得分			
5	开机前检查润滑油	5	错误不得分			
6	开机前检查切削液	5	错误不得分			
7	开机前检查压缩空气	5	错误不得分			
8	开机顺序	10	错误不得分			
9	关机顺序	10	错误不得分			
10	刀具更换	10	错误不得分			
11	加工过程中的规范	15	错误不得分			
12	手动操作的规范	15	错误不得分			
	合计	100				

课后练习

1）根据图片或者真人演示，判别操作人员的安全劳保用品穿戴是否正确。

2）动手试试数控铣床的开机和关机，判别顺序是否正确。

任务三　"7S"管理职业规范的学习

学习目标

1）识别车间安全标志。
2）熟悉"7S"管理职业规范。
3）在实习过程中执行"7S"管理职业规范。

任务描述

为了保障工作人员的身体健康和人身安全，在车间都会张贴安全标志。常见安全标志有三类：指令标志、警告标志和禁止标志。在车间正确使用安全标志，可以使人员能够及时得到提醒，以防止事故、危害的发生以及人员伤亡。

"7S"活动起源于日本，是现代企业的一种管理制度，相当于我国企业开展的文明生产活动。"7S"活动的核心和精髓是素养，如果没有职工队伍素养的相应提高，就难以提高产品的质量。

知识链接

一、车间常见安全警示标志

安全标志是向工作人员警示工作场所或周围环境的危险状况，指导人们采取合理行为的标志。安全标志能够提醒工作人员预防危险，从而避免事故的发生；当危险发生时，能够指示人们尽快逃离，或者指示人们采取正确、有效、得力的措施，对危害加以遏制。车间常见安全警示标志见表1-4。

表1-4　车间常见安全警示标志

种类	含义	图例		
指令标志	强制人们必须做出某种动作或采取防范措施的图形标志	紧急出口	必须戴防护眼镜	必须戴安全帽
警告标志	提醒人们对周围环境引起注意，以避免可能发生的危险的图形标志	注意安全	当心触电	当心滑倒

（续）

种类	含义	图例		
禁止标志	禁止人们不安全行为的图形标志	禁止烟火	禁止通行	禁止戴手套

二、"7S"管理职业规范

"7S"活动是企业现场各项管理的基础活动，它有助于消除企业在生产过程中可能面临的各类不良现象。"7S"活动是环境与行为建设的管理文化，能有效解决工作场所凌乱、无序的状态，有效提升个人行动能力与素质，有效改善文件、资料、档案的管理，有效提升工作效率和团队业绩，使工序简洁化、人性化、标准化。"7S"活动展板如图1-6所示。"7S"职业规范的具体要求和目的见表1-5。

图1-6 "7S"活动展板

表1-5 "7S"职业规范的具体要求和目的

名称	具体要求	目的
整理 SEIRI	区分要用与不要用的物资,把不要的清理掉	改善和增加作业面积;现场无杂物,行道通畅,提高工作效率;消除管理上的混放、混料等差错事故,防止误用等。有利于减少库存、节约资金
整顿 SEITON	要用的物资分区放置、定量摆放整齐、标明标识	工作场所整洁明了,一目了然,减少取放物品的时间,提高工作效率,保持井井有条的工作秩序
清扫 SEISO	清除职场现场内的脏污、垃圾、杂物,并防止污染的发生	使员工保持良好的工作情绪,并保证产品品质稳定,最终达到企业生产零故障和零损耗
清洁 SEIKETSU	将前3S实施的做法制度化、规范化,并维持良好成果	使整理、整顿和清扫工作成为一种惯例和制度,是标准化的基础,也是一个企业形成企业文化的开始
素养 SHITSUKE	人人依规定行事,养成好习惯	通过素养让员工成为一个遵守规章制度,并具有良好工作习惯的人
安全 SAFETY	人人都为自身的一言一行负责,杜绝一切不良隐患	保障员工的人身安全,保证生产的连续、安全、正常进行,同时减少因安全事故而带来的经济损失
节约 SAVE	勤俭节约,爱护公物;以厂为家,共同发展	对时间、空间、能源等方面合理利用,以发挥它们的最大效能,从而创造一个高效率的、物尽其用的工作场所

任务实施

1)组织学生参观数控实训中心,识别张挂在墙上的安全警告标志,并能遵守执行,避免安全事故的发生。

2)学习"7S"管理职业规范的内容,判别哪些行为达到了"7S"的要求,哪些需要整改。

任务评价

学生对"7S"管理职业规范的学习情况进行自评和互评,并填写"7S"管理职业规范评价表,见表1-6。

表1-6 "7S"管理职业规范评价表

序号	考核内容	配分	评分标准	自评	互评	得分
1	识别指令标志	10	错误不得分			
2	识别警告标志	10	错误不得分			
3	识别禁止标志	10	错误不得分			
4	整理的要求	10	错误不得分			
5	整顿的要求	10	错误不得分			
6	清扫的要求	10	错误不得分			
7	清洁的要求	10	错误不得分			
8	素养的要求	10	错误不得分			
9	安全的要求	10	错误不得分			
10	节约的要求	10	错误不得分			
	合计	100				

课后练习

1）搜集生产车间照片，知道安全标志的含义。
2）搜集生产车间照片，能判别哪些达到"7S"要求，哪些需要整改。

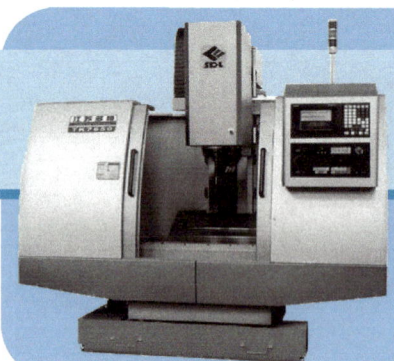

项目二

数控铣削加工程序的编制

项目描述

数控加工程序是数控机床自动加工零件的工作指令。在数控铣床上加工零件,首先要根据零件的图样分析加工工艺过程,确定有关加工参数以及刀具与工件的相对位移,用机床数控系统能识别的语言编写数控铣削加工程序;其次,把数控程序输入数控装置,数控铣床严格执行工作指令,自动完成零件的加工。

如果工作指令有错误,数控铣床将无法执行或者加工出错误的轮廓。因此,数控铣削加工程序的编制是数控铣床能否加工出合格零件的关键。

根据《铣工国家职业技能标准》(数控铣工)中级工对零件编程的考核要求,本项目安排6个任务,分别为数控编程基本知识的学习、辅助功能的认识、基本指令的学习、直线轮廓的程序编制、圆弧轮廓的程序编制、刀具补偿功能的学习。

任务一 数控编程基本知识的学习

学习目标

1)了解数控程序的结构。
2)熟悉数控机床坐标系和工件坐标系,理解两者的关系。

任务描述

在编制数控程序前,要了解编程的基本知识,认识数控程序的结构,认识数控铣床的坐标系。

知识链接

笛卡儿和笛卡儿坐标系的产生

据说有一天,法国哲学家、数学家笛卡儿生病卧床,病情很重,尽管如此他还反复思考一个问题:几何图形是直观的,而代数方程是比较抽象的,能不能把几何图形与代数方程结合起来，也就是说能不能用几何图形来表示方程呢？要想达到此目的，关键是如何把组成几何图形的点和满足方程的每一组"数"挂上钩。他苦苦思索，拼命琢磨，通过什么样的方法，才能把"点"和"数"联系起来。突然，他看见屋顶角上的一只蜘蛛，拉着丝垂了下来，一会功夫，蜘蛛又顺着丝爬上去，在上边左右拉丝。蜘蛛的"表演"使笛卡儿的思路豁然开朗。他想，可以把蜘蛛看作一个点，它在屋子里可以上、下、左、右运动，能不能把蜘蛛的每个位置用一组数确定下来呢？他又想，屋子里相邻的两面墙与地面交出了三条线，如果把地面上的墙角作为起点，把交出来的三条线作为三根数轴，那么空间中任意一点的位置都可以在这三根数轴上找到有顺序的三个数。反过来，任意给定一组三个有顺序的数，也可以在空间中找出一点 P 与之对应。同样道理，用一组数 (x, y) 可以表示平面上的一个点，平面上的一个点也可以用一组数来表示，这就是坐标系的雏形。

直角坐标系的创建，在代数和几何间架起了一座桥梁，它将几何概念用数来表示，几何图形也可以用代数形式来表示。由此笛卡儿在创立直角坐标系的基础上，创造了用代数的方法来研究几何图形的数学分支——解析几何。他大胆设想：如果把几何图形看成是动点的运动轨迹，就可以把几何图形看成是由具有某种共同特征的点组成的。举一个例子来说，可以把圆看作是动点到定点距离相等的点的轨迹，如果再把点看作是组成几何图形的基本元素，把数看作是组成方程的解，代数和几何就合为一家人了。

任务实施

数控编程一般分为手工编程和自动编程两类。手工编程就是从分析零件图样、确定加工工艺过程、数值计算、编写零件加工程序单、制作控制介质到程序校验都是人工完成的，它要求编程人员不仅要熟悉数控指令及编程规则，而且还要具备数控加工工艺知识和数值计算能力。手工编程主要适用于几何形状不太复杂、坐标计算比较简单、加工程序不长的工件。对于形状复杂的零件，特别是具有空间曲线、曲面的零件，用手工编程就有一定的困难，出错的概率增大，有时甚至无法编制出程序，必须使用计算机自动编程。

本书主要介绍北京发那科机电有限公司的 FANUC 0i Mate-MD 数控系统。

一、认识数控程序的结构

1. 程序的组成

数控程序有主程序和子程序两种，两者的结构基本相同，只是程序结束符不一样。

一个完整的数控程序由程序号、程序内容和程序结束符三部分构成。数控程序的结构见表2-1。

表2-1 数控程序的结构

程　　序	说　　明
O2001；	程序号
N02 G54 G90 G17 G21 G94 G40 G69；	程序内容
N04 T01；	
N06 G00 G43 Z100 H01 S600 M03；	
N08 X50 Y-45；	
…；	
N20 M30；	程序结束符

(1) 程序号　由地址 O 和后面的 4 位数字（0001～9999）组成。程序号用来识别存储的程序，在程序的开头指定程序号。在 ISO 代码中，可以使用冒号"："代替 O。主程序号和子程序号的命名方法相同。

> **注意**　程序号 O8000～O9999 由机床制造厂使用，用户不能使用。

(2) 程序内容　程序内容由若干个程序段组成。每个程序段由若干个指令字组成，每一个程序段执行一个加工步骤，用程序段结束代码"EOB"或"CR"（回车）分开。在 ISO 代码中程序段结束代码用"LF"。在本书中用"；"表示程序段结束代码。

程序段号由 N 和后面的数字（1～99999）组成，位于程序段的开头。为了方便修改和插入程序段，程序段号的数值不是连续的，而是采用增量为 2 或 5，即：N02、N04、N06、N08……，或者 N05、N10、N15、N20……。

零件程序是按程序段的输入顺序执行的，而不是按程序段号的顺序执行的，但书写程序时，建议按升序书写程序段号。

(3) 程序结束符　位于程序的最后一段，用 M02 或 M30。子程序的程序结束符用 M99。

2. 程序段格式

一个程序段由若干个指令字组成。指令字由地址符（指令字符）和数字组成。数字可以带正负号和小数点（正号可以省略不写）。

程序段格式建议按如下顺序排列：

N＿G＿X＿Y＿Z＿F＿S＿T＿M＿

在数控程序段中包含的主要指令字符见表 2-2。

表 2-2　在数控程序段中包含的主要指令字符

功　能	地　址	意　义
零件程序号	O	程序号
程序段号	N	程序段编号
准备功能	G	指令动作方式（直线、圆弧等）G00～G99
尺寸字	X、Y、Z	坐标轴的坐标
	R	圆弧半径
	I、J、K	圆心相对于起点的坐标
进给速度	F	每分钟进给速度或每转进给速度
主轴功能	S	主轴的转速
刀具功能	T	刀具编号 T00～T99
辅助功能	M	机床主轴、切削液等的开/关控制
补偿号	D、H	刀具补偿号的指定 00～99
暂停	P、X	暂停时间
程序号的指定	P	子程序号
重复次数	L	子程序或固定循环的重复次数
参数	P、Q	固定循环的参数

3. 跳过任选程序段

可以在那些不需要在运行中执行的程序段号之前输入斜杠"／"，在机床操作面板上的跳过任选程序段开关接通时，"／"后的程序段信息无效。当机床操作面板上的跳过任选程序段开关断开时，"／"后的程序段信息有效。

二、认识数控铣床坐标系

在数控编程时为了描述机床的运动，简化程序编制的方法及保证记录数据的互换性，数控机床的坐标系和运动方向均已标准化。国际标准化组织（ISO）对数控机床的坐标和方向制定了统一的标准（ISO 841：1974），我国也等同采用了这个标准，制定了数控机床坐标和运动方向的命名标准。

数控铣床坐标系零点和参考点的符号见表 2-3。

表 2-3　数控铣床坐标系零点和参考点的符号

符号	说　明
 ⊕	机床零点 M
 ⊕	工件零点 W
 ⊕	机床参考点 R
 ⊕	刀具参考点 T

1. 坐标系建立的原则

1）标准机床坐标系定义为笛卡儿坐标系。

2）刀具相对于静止工件运动的原则。由于机床的结构不同，有的是刀具运动，工件固定；有的是刀具固定，工件运动。为了编程方便，始终假定工件固定不动，刀具相对于工件运动。

3）坐标轴的正方向规定为刀具远离工件的运动方向。

4）旋转轴的正方向用右手螺旋法则确定。

2. 机床坐标系（MCS）

机床坐标系（Machine Coordinate System）是以机床原点 O 为坐标系原点并遵循笛卡儿坐标系建立的由 X、Y、Z 轴组成的直角坐标系。

机床坐标系中基本的直线运动坐标轴 X、Y、Z 用笛卡儿坐标系确定，如图 2-1 所示。右手的大拇指、食指和中指相互垂直，则大拇指的方向为 X 坐标轴的正方向，食指的方向为 Y 坐标轴的正方向，中指的方向为 Z 坐标轴的正方向。围绕 X、Y、Z 轴旋转的圆周进给坐标轴分别用 A、B、C 表示。旋转轴 A、B、C 的正方向用右手螺旋法则判定：大拇指指向 X、Y 或 Z 的正方向，则其余四指方向为旋转轴的正方向。

对于立式数控铣床和加工中心，Z 轴定义为平行于机床主轴的坐标轴，Z 轴的正方向为刀具远离工件的方向（垂直向上），X 轴为工作台长度方向（纵向）的坐标轴，X 轴的正方

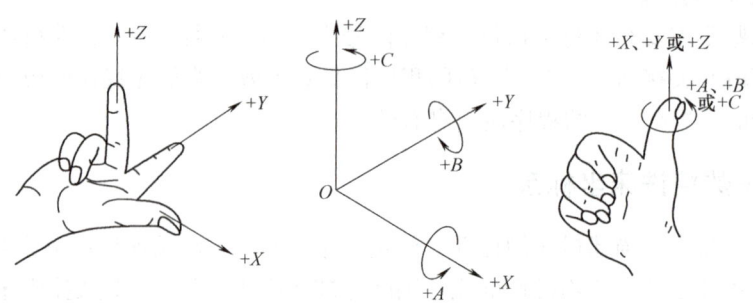

图 2-1　笛卡儿坐标系

向指向右边（面对机床操作时观察）。根据 Z 轴和 X 轴的正方向，用笛卡儿坐标系来确定 Y 轴的正方向，Y 轴为工作台宽度方向（横向）。如图 2-2 所示，X_m、Y_m、Z_m 的箭头方向为机床坐标轴的正方向。

机床坐标系的原点定在机床零点 M，在机床装配、调试时由机床生产厂家确定。与机床原点相对应的机床参考点是数控机床上进行位置检测的一个固定基准点，是机床生产厂家用行程开关设置的一个物理位置，与机床原点的相对位置是固定的。

如果数控系统采用相对位置检测元件，在机床通电后，必须手动返回参考点，以确认机床坐标系。如此时显示的机床坐标为零，则机床原点与机床参考点重合。机床各轴回参考点后，主轴锥孔大端中心所处的位置为机床坐标系的原点。如果数控系统采用绝对位置检测元件，在机床通电后，不必手动返回参考点。如进行手动返回参考点操作，将造成返回参考点故障。

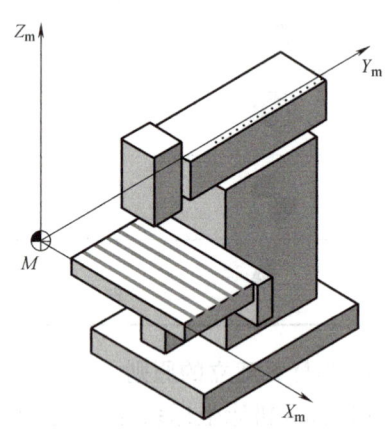

图 2-2　机床坐标系

3. 工件坐标系（WCS）

工件坐标系（Workpiece Coordinate System）是固定于工件上的笛卡儿坐标系，其坐标轴的方向应与机床坐标系一致并且与之有确定的尺寸关系。

为了编程方便，可相对机床坐标系的原点进行坐标平移，得到一编程原点，依规定形成工件（编程）坐标系。工件坐标系的零点 W（也称为编程原点）由编程人员根据零件图样确定。如图 2-3 所示，X_w、Y_w、Z_w 坐标系为工件坐标系。

立式数控铣床机床原点和工件原点的关系如图 2-4 所示。

在工件坐标系零点设定中，需要把工件原点在机床坐标系中的坐标值输入到零点偏置中。

任务评价

学生对数控编程基本知识的学习情况进行自评和互评，并填写数控编程基本知识任务评价表，见表 2-4。

项目二 数控铣削加工程序的编制

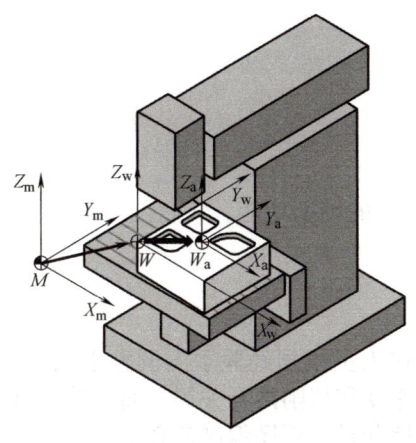

图 2-3 工件坐标系

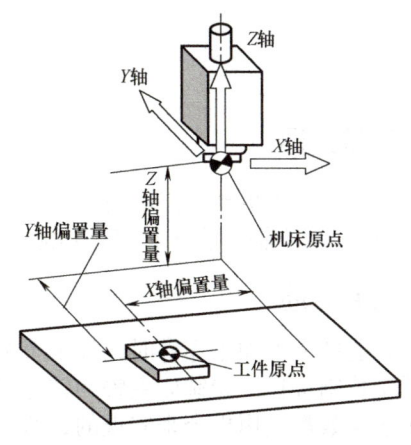

图 2-4 立式数控铣床机床原点和工件原点的关系

表 2-4 数控编程基本知识任务评价表

序号	考核内容	配分	评分标准	自评	互评	得分
1	程序号的命名	10	错误不得分			
2	程序段格式	10	错误不得分			
3	程序结束符	10	错误不得分			
4	跳过任选程序段的符号	10	错误不得分			
5	坐标系建立的原则	10	错误不得分			
6	坐标轴正方向的判别	10	错误不得分			
7	旋转轴正方向的判别	10	错误不得分			
8	机床坐标系	10	错误不得分			
9	工件坐标系	10	错误不得分			
10	机床坐标系和工件坐标系的数学关系	10	错误不得分			
	合计	100				

任务拓展

对于卧式数控铣床和加工中心，Z 轴为平行于机床主轴的坐标轴，Z 轴的正方向朝主轴箱侧。X 轴为工作台长度方向（纵向）的坐标轴。Y 轴为垂直方向，它的正方向为垂直向上。根据 Z 轴和 Y 轴的正方向，用笛卡儿坐标系来确定 X 轴的正方向，如图 2-5 所示。

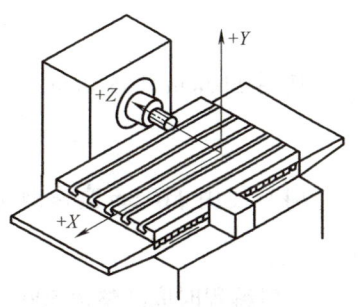

图 2-5 卧式数控铣床坐标系

课后练习

1) 说出下列字的含义：
O1002、N20、M02、M30、M99。

2) 画图说明立式数控铣床机床坐标系和工件坐标系的数学关系。

任务二　辅助功能的认识

学习目标

1) 熟悉辅助功能的作用，能根据工艺要求选择相应的辅助功能。
2) 能使用主轴功能 S 和刀具功能 T 编制程序。

任务描述

在普通铣床上加工零件时，加工工艺参数需要操作人员根据经验手工调整手柄的位置，以及手动控制按钮，如铣床主轴的转速和转向、进给速度和切削液开关等。而在数控铣床上加工工艺参数都是用指令来实现的，所以辅助功能的指令对于程序编制是必不可少的。

能解读程序中辅助功能 M、主轴功能 S 和刀具功能 T。

知识链接

（1）铣削速度 v 的计算　铣削速度是指铣刀旋转时的圆周线速度，以 m/min 表示。其计算公式为

$$v = \frac{\pi d n}{1000}$$

式中　d——铣刀直径（mm）；
　　　n——主轴（铣刀）转速（r/min）。

实习时常用材料的铣削速度推荐值见表 2-5。为了延长刀具的使用寿命，一般取较小值。

表 2-5　铣削速度推荐值

工件材料	铣削速度 v/(m/min)	
	高速钢铣刀	硬质合金铣刀
中碳钢（45 钢）	15~36	70~220
铝合金	70~300	300~600

（2）主轴转速 n 的计算　通常根据选定的刀具直径和切削速度来计算主轴的转速 n。其计算公式为

$$n = \frac{1000v}{\pi d} \approx 318\frac{v}{d}$$

练一练

使用 $\phi16$mm 和 $\phi10$mm 高速钢立铣刀加工 45 钢时，分别计算主轴的转速。

（1）使用 $\phi16$mm 高速钢立铣刀　主轴（铣刀）转速为 $n \approx 318\frac{v}{d} = 318 \times \frac{25}{16}$r/min = 496r/min

一般编程时取圆整值 500r/min。

（2）使用 $\phi10$mm 高速钢立铣刀　主轴（铣刀）转速为

$$n \approx 318\frac{v}{d} = 318 \times \frac{25}{10}\text{r/min} = 795\text{r/min}$$

一般编程时取圆整值 800r/min。

任务实施

一、编程指令的学习

1. 辅助功能

辅助功能又称 M 功能或 M 代码,由地址字 M 和其后的两位数字组成,用于指令机床辅助操作的功能,即控制机床及其辅助装置的通断,如主轴正反转、停转,开、停切削液泵,程序结束等。

一般情况下,在一个程序段中仅能指定一个 M 代码。如果在一个程序段中同时指令了两个或两个以上的 M 代码时,则只有最后一个 M 代码有效,其余的 M 代码无效。

M 功能有非模态 M 功能和模态 M 功能两种形式:非模态 M 功能(当段有效代码),只在书写了该代码的程序段中有效;模态 M 功能(续效代码),一直有效,直到被同一组的其他功能注销为止。

模态 M 功能组中包含一个默认功能(用"☆"标记者),系统上电时将被初始化为该功能。

FANUC 0i Mate-MD 系统常用辅助功能 M 代码及功能见表 2-6。

表 2-6 FANUC 0i Mate-MD 系统辅助功能 M 代码及功能

代码	分类	功能	代码	分类	功能
M00	非模态	程序停止	M07	模态	切削液开
M01	非模态	程序选择停止	M08		切削液开
M02	非模态	程序结束	☆M09		切削液关
M03	模态	主轴正转(顺时针方向旋转)	M30	非模态	程序结束并返回起始行
M04		主轴反转(逆时针方向旋转)	M98	非模态	调用子程序
☆M05		主轴停止	M99	非模态	子程序结束返回主程序

(1)程序停止 M00 程序在自动运行时执行到 M00 代码时,将自动运行停止,以方便测量工件尺寸、换刀和手动变速等操作。若要进行上述操作,须在该指令的前一程序段用 M05 代码使主轴停止,以免发生危险。

当程序停止时,机床进给停止,而所有现存的模态信息保持不变,欲继续执行后续程序,须重按操作面板上的"循环启动"按钮。

(2)程序选择停止 M01 M01 指令的功能和 M00 基本相同。但 M01 代码仅在机床操作面板上的"任选停止"键有效时起作用。

如果用户没有按亮机床操作面板上的"任选停止"键,当程序执行到 M01 代码时,程序不会停止而继续往下执行。

(3)程序结束 M02 M02 代码编写在主程序的最后一个程序段中。当程序执行到 M02 代码时,机床的进给停止,主程序结束,并使数控系统复位。使用 M02 指令的程序结束后,若要重新执行该程序,必须在"程序"菜单下按"重新运行"软键,然后再按机床操作面板上的"循环启动"按钮。

(4)程序结束并返回起始行 M30 M30 指令的功能与 M02 基本相同,不同的是 M30 代码还兼有控制返回到程序起始行的作用。使用 M30 代码结束程序后，若要重新执行该程序，只需再次按操作面板上的"循环启动"按钮即可。一般在程序中使用 M30 代码结束程序。

（5）主轴控制指令 M03、M04、M05

1）M03：主轴正转（面对 Z 轴正方向观察，主轴顺时针方向旋转为正转）。

2）M04：主轴反转（面对 Z 轴正方向观察，主轴逆时针方向旋转为反转）。

3）M05：主轴停止转动。

M05 为默认功能。M03 和 M05 可相互注销，M04 和 M05 也可相互注销。

（6）切削液开、关 M07/M08、M09

1）M07、M08：打开切削液。不同生产厂家打开切削液的指令是不一样的，应以机床厂家的说明为准。

2）M09：关闭切削液。

M09 为默认功能。M07 和 M09 可相互注销，M08 和 M09 也可相互注销。

2. 主轴功能 S

主轴功能 S 控制主轴转速，由地址符 S 和其后的数值组成。其后的数值表示主轴转速，单位为 r/min。

S 是模态指令，S 功能只有在主轴速度可调节时有效。

例如："S600 M03;"表示主轴以 600r/min 的速度顺时针方向旋转。

主轴转速可借助于操作面板上主轴修调倍率按键进行调整（调节范围为 50%～120%）。

3. 刀具功能 T

T 代码用于选刀，在地址符 T 后的数值（最多 8 位）表示选择的刀具号。

T 指令为非模态指令，执行时仅选择刀具号，而不调入刀补寄存器中的刀补值（刀具长度补偿值和刀具半径补偿值）。

在一个程序段中，只能指定一个 T 代码。数控铣床因没有刀库和自动换刀装置，只能手动换刀。

二、程序语句解读

加工程序中辅助功能、主轴功能和刀具功能的含义见表 2-7。

表 2-7 加工程序中辅助功能、主轴功能和刀具功能的含义

程　　序	说　　明
O2002;	程序号
N02 G54 G90 G17 G21 G94 G40 G69;	工件坐标系调用等基本设定
N04 T01;	调用 1 号刀具
N06 G00 G43 Z100 H01 S500 M03;	刀具长度补偿，主轴以 500r/min 正转
N08 X60 Y-43;	快速定位
N10 Z2;	快速定位到安全距离
N12 G01 Z-3 F30 M08;	切削液开，直线插补速度为 30mm/min，铣削至 3mm 深
N14 X-45 Y-43 F100;	进给速度为 100mm/min
…	…

(续)

程　序	说　明
N22 G00 Z100 M09;	快速定位到工件上方 100 处,切削液关
N24 G91 G28 Z0;	Z 轴自当前点返回参考点
N26 G49;	取消刀具长度补偿
N28 M05;	主轴停止转动
N30 M30;	程序结束并返回程序头

任务评价

能根据考核内容编写指令语句,学生对学习情况进行自评和互评,并填写程序解读任务评价表,见表 2-8。

表 2-8　程序解读任务评价表

序号	考核内容		配分	指令语句	自评	互评	得分
1	辅助功能	程序停止	15				
2		主轴转动以及停止	20				
3		切削液开和关	15				
4		程序结束	20				
5	主轴功能	主轴转速 500r/min	15				
6	刀具功能	调用 2 号刀具	15				
	合计		100				

任务拓展

生产中工件材料多为 45 钢,在实际生产中铝合金也是最常见的工件材料。工件材料不一样,选用的切削参数也不一样。

加工铝合金时使用 $\phi16mm$ 和 $\phi10mm$ 高速钢立铣刀,试计算主轴的转速分别是多少?

(1) 使用 $\phi16mm$ 高速钢立铣刀　主轴(铣刀)转速为

$$n \approx 318\frac{v}{d} = 318 \times \frac{75}{16} r/min = 1490 r/min$$

一般编程时取圆整值 1500r/min。

(2) 使用 $\phi10mm$ 高速钢立铣刀　主轴(铣刀)转速为

$$n \approx 318\frac{v}{d} = 318 \times \frac{70}{10} r/min = 2226 r/min$$

一般编程时取圆整值 2200r/min。

课后练习

1) 程序结束符 M02 和 M30 有什么区别?分别应用在什么场合?

2）打开主轴功能和打开切削液应安排在程序的什么位置？

任务三　基本指令的学习

学习目标

1）掌握尺寸系统的编程指令。
2）熟悉坐标系设定指令。
3）了解返回参考点编程格式。

任务描述

计算机数控技术是使用计算机进行数字控制的一门技术，编程时涉及数字的一些基本设定，包括尺寸单位的选择、进给速度单位的设定、绝对值和增量值的选择、坐标平面的选择和工件零点的选择等。

知识链接

每分钟进给量与每齿进给量的关系式为

$$f_m = nzf_z$$

式中　f_m——每分钟的进给量（mm/min）；
　　　f_z——每齿进给量（mm/r）；
　　　n——主轴转速（r/min）；
　　　z——铣刀的齿数。

铣刀的每齿进给量 f_z 推荐值见表2-9。粗加工时为了提高生产效率，一般选择较大值；精加工时为了获得较小的表面粗糙度值，一般取较小值。

表2-9　铣刀的每齿进给量 f_z 推荐值

工件材料	每齿进给量/(mm/z)	
	高速钢立铣刀或键槽铣刀	硬质合金立铣刀或键槽铣刀
中碳钢（45钢）	0.03~0.15	0.05~0.20
铝合金	0.05~0.15	0.05~0.3

练一练

使用3刃φ16mm和φ10mm高速钢立铣刀精加工45钢时，主轴转速分别取500r/min和800r/min，分别计算每分钟进给速度。

（1）使用3刃φ16mm高速钢立铣刀　主轴转速为500r/min时，每分钟进给速度为

$$f_m = nzf_z = 500 \times 3 \times 0.066 \text{mm/min} = 100 \text{mm/min}$$

（2）使用3刃φ10mm高速钢立铣刀　主轴转速为800r/min时，每分钟进给速度为

$$f_m = nzf_z = 800 \times 3 \times 0.066 = 160 \text{mm/min}$$

项目二 数控铣削加工程序的编制

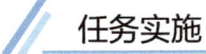任务实施

一、编程指令的学习

准备功能 G 代码由 G 和其后的两位数字组成，即有 G00 ~ G99。

G 功能有非模态 G 功能和模态 G 功能之分：非模态 G 功能，只在本程序段中有效，程序段结束时被注销；模态 G 功能，指该功能一直有效，直到被同一组的其他 G 功能取代为止。

模态 G 功能组中包含一个默认 G 功能（用☆标记者），没有共同参数的不同组 G 代码可以放在同一程序段中，而且与顺序无关。例如，G90、G17 可与 G01 放在同一程序段中。

1. 尺寸系统

（1）尺寸单位的选择（G20/G21） 可以用 G 代码来选择输入的单位是英制还是公制。

格式：

G20；（英制输入。线性轴尺寸单位是英寸，旋转轴尺寸单位是度）

☆G21；（米制输入。线性轴尺寸单位是毫米，旋转轴尺寸单位是度）

说明：

1）G20 和 G21 是模态代码指令，可相互注销，G21 为默认值。

2）在程序的开头，设定坐标系之前，必须在单独的程序段中指定 G20/G21 代码。

3）在公制/英制转换之后，将改变下列值的单位：

坐标值、进给速度 F、工件零点偏移值、刀具补偿值、手摇脉冲发生器的刻度单位、在增量进给中的移动距离。

注意：在程序执行期间，绝对不能切换 G20 和 G21。

（2）进给速度 F 的单位设定（G94/G95） 进给速度是指加工工件时刀具相对于工件移动的合成速度。直线插补 G01 和圆弧插补 G02/G03 等的进给速度是用 F 代码和其后的数值指定的。进给速度 F 的单位取决于 G94 或 G95 代码。

格式：

☆G94 F＿＿；（每分钟进给）

G95 F＿＿；（每转进给）

说明：

1）G94 为每分钟进给，F 之后的数值直接指定刀具每分钟的进给量。对于线性轴，F 的单位依照 G20/G21 的设定而为 in/min 或 mm/min；对于旋转轴，F 的单位是 °/min。

2）G95 为每转进给，即主轴转一圈时刀具的进给量。F 的单位依照 G20/G21 的设定而应为 in/r 或 mm/r。此功能只有在主轴装有编码器时才能使用。

3）G94、G95 为模态代码，可相互注销。对于数控铣床，G94 为默认值。

4）借助于操作面板上的进给修调倍率旋钮，F 可在一定范围内进行倍率修调（一般范围为 0 ~ 150%）。当执行攻螺纹循环指令 G74 或 G84 时，倍率旋钮不起作用，进给倍率固定在 100%。

（3）绝对值编程和增量值编程（G90/G91） 可以用绝对值和增量值两种方法指令刀具的移动量。在绝对值编程中，编程终点的坐标值是相对于坐标原点的；而在增量值编程中，

编程终点的坐标值是相对于前一位置的。

格式：

☆G90；（绝对值编程）

G91；（增量值编程）

说明：G90、G91 为模态代码，可相互注销。G90 为默认值。

选择合适的编程方式可使编程简化。当图样尺寸由一个固定基准给定时，采用绝对方式编程较为方便；而当图样尺寸以轮廓顶点间的间距给出时，采用增量方式编程较为方便。

增量值有大小和方向。坐标值的大小是前一位置到达终点的距离；方向由前一位置到达终点时的方向和坐标轴的正方向比较来确定：如与坐标轴正方向相同则为正，如与坐标轴正方向相反则为负。

练一练

如图 2-6 所示，分别使用 G90 和 G91 指令写出刀具由 $A \to B \to C$，再回到 A 点的坐标值。

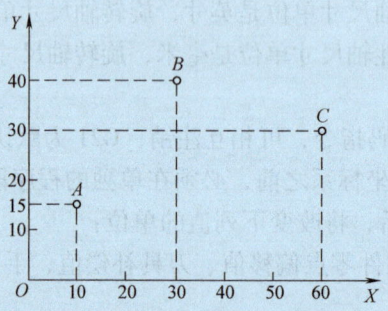

图 2-6 绝对值坐标和增量值坐标

使用绝对值和增量值编程的坐标值见表 2-10。

表 2-10 绝对值和增量值编程的坐标值

点	绝对值编程 G90		增量值编程 G91	
	X	Y	X	Y
A	10	15	0	0
B	30	40	20	25
C	60	30	30	-10
A	10	15	-50	-15

（4）坐标平面的选择（G17/G18/G19） 在进行圆弧插补、建立刀具长度补偿和半径补偿、坐标旋转的平面、钻孔的平面选择时，必须用该组指令选择所在的加工平面。采用刀具长度补偿功能时，平面选择决定了长度补偿的坐标轴，长度补偿轴为选择加工平面的第三坐标轴。

格式：

☆G17；（选择 XY 平面，长度补偿轴为 Z 轴）

G18；（选择 ZX 平面，长度补偿轴为 Y 轴）

G19；（选择 YZ 平面，长度补偿轴为 X 轴）

说明：G17、G18、G19 为模态代码，可相互注销。对于立式数控铣床，G17 为默认值。坐标平面的选择如图 2-7 所示。

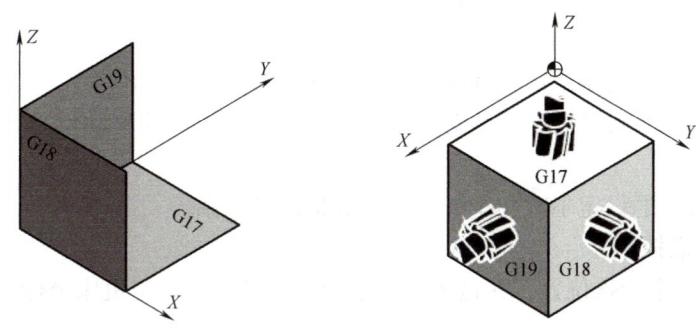

图 2-7　坐标平面的选择

2. 坐标系设定

数控系统将控制刀具移动到指定的位置。刀具位置由刀具在坐标系中的坐标值表示，坐标值由编程轴指定。可在机床坐标系、工件（编程）坐标系和局部坐标系中指定坐标值。

（1）机床坐标系的选择（G53）　机床上的一个用作加工基准的特定点称为机床零点。用机床零点作为原点设置的坐标系称为机床坐标系。在机床通电之后，执行手动返回参考点设置机床坐标系。当采用绝对位置编码器时，就不需要该操作。机床坐标系一旦确定，就保持不变，直到机床断电为止。

格式：G53；（以机床零点为坐标轴原点的机床坐标系编程）

说明：

1）在含有 G53 指令的程序段中，绝对值编程时的指令坐标值是在机床坐标系中的坐标值。

2）G53 指令为非模态代码。

3）当指令刀具移动到机床的特殊位置时，譬如加工中心机床的换刀位置，要使用 G53 指令编制坐标值。

（2）工件坐标系的选择（G54～G59）　编程和加工时使用的坐标系称为工件坐标系。数控编程时必须先确定工件坐标系，加工时必须预先设置工件坐标系。

格式：G54/G55/G56/G57/G58/G59；（选择第 1 至第 6 工件坐标系）

说明：

1）G54～G59 指令是系统预定的六个工件坐标系，可根据需要进行设置和选择。工件坐标系的原点在机床坐标系中的值（工件零点偏置值）可用 MDI 方式输入，数控系统自动记忆。

2）当程序执行 G54～G59 中的任一指令时，后续程序中绝对值编程时的指令值均为相对于工件坐标系原点的坐标值。G54～G59 指令建立的各工件坐标系在下次开机时仍然有效，并与刀具的当前位置无关，但开机后必须返回机床参考点，用以确定机床坐标系。

3）G54～G59 为模态代码，可相互注销，G54 为默认值。

(3) 局部坐标系设定（G52） 在工件坐标系中编制程序时，为了方便编程，可以设定工件坐标系的子坐标系，称为局部坐标系。

格式：G52 X＿ Y＿ Z＿；（设定局部坐标系）

　　　…

　　　G52 X0 Y0 Z0；（取消局部坐标系）

说明：

1）X＿ Y＿ Z＿是局部坐标系原点在工件坐标系中的坐标值。

2）当局部坐标系设定后，用绝对值编程（G90）时指令的移动值是在局部坐标系中的坐标值。

3）局部坐标系的设定不改变工件坐标系和机床坐标系。

3. 返回参考点控制

数控机床有一个特殊位置，在这个位置上交换刀具或者确定机床坐标系，这个位置称为参考点。

(1) 自动返回参考点（G28） 使用返回参考点功能可以使刀具非常容易地移动到该位置，用作刀具自动交换等。

格式：G28 X＿ Y＿ Z＿；

说明：

1）X＿ Y＿ Z＿为回参考点时经过的中间点（非参考点），用 G90 编程时为中间点在工件坐标系中的坐标；用 G91 编程时为中间点相对于起点的位移量。

2）G28 指令首先使所有的编程轴都快速定位到中间点，然后再从中间点返回到参考点。

3）G28 指令一般用于刀具自动更换或者消除机械误差。

4）在 G28 的程序段中不仅产生坐标轴移动指令，而且记忆了中间点坐标值，以供 G29 使用。

5）G28 指令仅在被规定的程序段中有效。

练一练

编制 Z 轴从当前点直接返回参考点的程序。

G91 G28 Z0；（增量值编程，Z 轴经过当前点直接返回参考点）

(2) 自动从参考点返回（G29） 该指令可使所有编程轴以快速进给经过由 G28 指令定义的中间点，然后再到达指定点。通常该指令紧跟在 G28 指令之后。

格式：G29 X＿ Y＿ Z＿；

说明：

1）X＿ Y＿ Z＿为返回的定位终点，在 G90 时为定位终点在工件坐标系中的坐标；在 G91 时为定位终点相对于 G28 中间点的位移量。

2）G29 指令仅在被规定的程序段中有效。

二、程序语句解读

解读表 2-11 中的尺寸系统和坐标系选择等指令的含义。

表 2-11　工件加工程序

程　序	说　明
O2002；	程序号
N02 G54 G90 G17 G21 G94；	工件坐标系调用等基本设定
N04 T01；	调用刀具
N06 G00 G43 Z100 H01 S800 M03；	刀具长度补偿、主轴以 800r/min 正转
N08 X-35 Y-15；	快速定位到对刀点上方 100mm 处
N10 Z2；	快速定位到安全距离
N12 G01 Z-3 F30 M08；	切削液开，直线插补，铣削至 3mm 深
…	…
N18 G00 Z100 M09；	快速定位到工件上方 100mm，切削液关
N20 G91 G28 Z0；	Z 轴自当前点返回参考点
N22 G49；	取消刀具长度补偿
N24 M05；	主轴停止转动
N26 M30；	程序结束并返回程序头

任务评价

能根据考核内容编写指令语句，学生对学习情况进行自评和互评，并填写程序解读任务评价表，见表 2-12。

表 2-12　程序解读任务评价表

序号	考核内容		配分	指令语句	自评	互评	得分
1	尺寸系统设定	绝对值编程	10				
2		公制输入	10				
3		每分钟进给	10				
4		XY 平面选择	10				
5	坐标系	第一工件坐标系	10				
6	辅助功能	主轴以 600r/min 正转	10				
7		主轴停止转动	5				
8		切削液开	5				
9		切削液关	5				
10		程序结束并返回程序头	10				
11	参考点	Z 轴自当前点返回参考点	10				
12	刀具功能	调用 1 号刀具	5				
		合计	100				

任务拓展

生产中工件材料多为 45 钢，在实际生产中铝合金也是最常见的工件材料。工件材料不一样，选用的切削参数也不一样。

> **试一试**
>
> 使用 3 刃 φ16mm 和 φ10mm 高速钢立铣刀精加工铝合金时,主轴转速分别取 1500 r/min 和 2000 r/min,试计算每分钟进给速度。
>
> ◆◆ 解 析 ◆◆
>
> (1) 使用 3 刃 φ16mm 高速钢立铣刀 主轴转速为 1500r/min 时,每分钟进给速度为
> $$f_m = nzf_z = 1500 \times 3 \times 0.05 \text{mm/min} = 225 \text{mm/min}$$
>
> (2) 使用 3 刃 φ10mm 高速钢立铣刀 主轴转速为 2000r/min 时,每分钟进给速度为
> $$f_m = nzf_z = 2000 \times 3 \times 0.05 \text{mm/min} = 300 \text{mm/min}$$

课后练习

试编制程序的开头部分和程序的结束部分。

任务四　直线轮廓的程序编制

学习目标

1) 了解快速定位指令 G00 的格式,会使用 G00 指令编制程序。
2) 了解直线插补指令 G01 的格式,会使用 G01 指令编制程序。

任务描述

如图 2-8 所示,零件材料为 45 钢,其可加工性较好,可以选用 φ16mm 高速钢立铣刀加工。该零件结构简单,要求对四周进行直线轮廓的铣削。

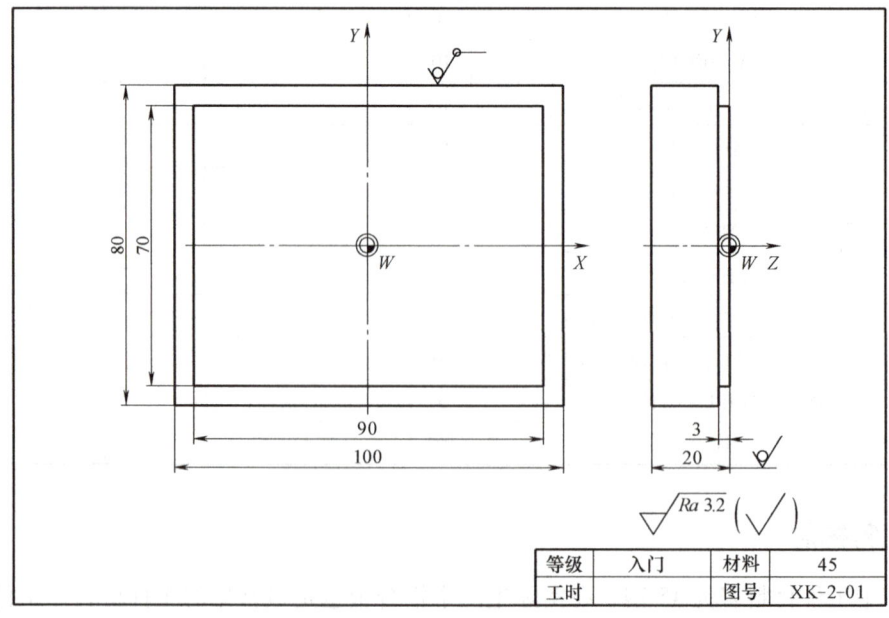

图 2-8　直线轮廓零件图

1）看懂图2-8所示具有直线轮廓的零件图，确定加工路线。
2）根据给定的刀具，应用直线插补指令G01编制零件的加工程序。
3）对所编的程序进行评价分析。
可采用切向切入和切向切出的方式进退刀，按顺时针方向进给编制程序。

知识链接

1. 快速定位（G00）

该指令控制刀具以各轴预先设定的快速移动速度，从当前位置快速直线移动到指定的位置。

格式：G00　X__ Y__ Z__；

说明：

1）X__ Y__ Z__为快速定位的终点。用G90指令编程时为终点在工件坐标系中的坐标，用G91指令编程时为终点相对于定位起点的坐标值。

2）由于各轴以各自的快速移动速度定位，不能保证同时到达终点，其运动轨迹不一定是两点的连线，而有可能是一条折线。

练一练

如图2-9所示，编制刀具从当前位置A点快速定位到C点的程序。

绝对值编程　　G90 G00 X60 Y30；
增量值编程　　G91 G00 X40 Y20；

当X轴和Y轴的快速移动速度相同时，从A点到C点的实际快速定位路线为A→B→C（其中A→B为45°方向），即以折线的方式到达C点，而不是以直线方式从A→C。

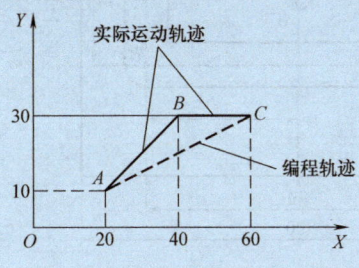

图2-9　G00时的刀具运动轨迹

3）快速移动速度由机床生产厂商对每根轴单独设定到参数中。用户可借助于机床操作面板上的快速进给倍率按钮修正快速移动速度，有以下四种倍率：F0、25%、50%、100%。其中F0为每根轴单独设定的固定速度。

4）G00指令一般用于加工前的快速定位或加工后的快速退刀。

练一练

完成工件零点G54设定后，检查设置是否正确，试编制程序。

G00 G54 G90 X0 Y0；（主轴位置停在工件零点上方）

5）G00 为模态代码，可由同一组的 G01、G02、G03 或 G33 功能注销。

>> **注意** 由于 G00 指令的移动速度很快，使用时必须格外小心。为防止刀具与工件发生碰撞，编程加工时一般不提倡三轴快速联动。进刀时先在 XY 平面内定位，然后再沿 Z 轴下降；退刀时应先将 Z 轴快速移动到安全高度，然后再执行 X 轴和 Y 轴的联动。

2. 直线插补（G01）

该指令控制刀具以 F 指定的速度，从当前位置沿直线移动到所指定的位置。

格式：G01　X＿　Y＿　Z＿　F＿；

说明：

1）X＿ Y＿ Z＿ 为直线进给的终点坐标值。在使用 G90 指令时为终点在工件坐标系中的坐标，在使用 G91 指令时为终点相对于直线起点的坐标值。F＿为合成进给速度（mm/mim）。

2）F＿指定的进给速度一直有效，直到被新的 F＿值取代为止。

3）G01 一般用于线性切削加工。

4）G01 为模态代码，可由同一组的 G00、G02、G03 或 G33 功能注销。

> **练一练**
>
> 编制图 2-10 所示槽的加工程序。槽的宽度为铣刀的直径，使用 φ10mm 键槽铣刀。

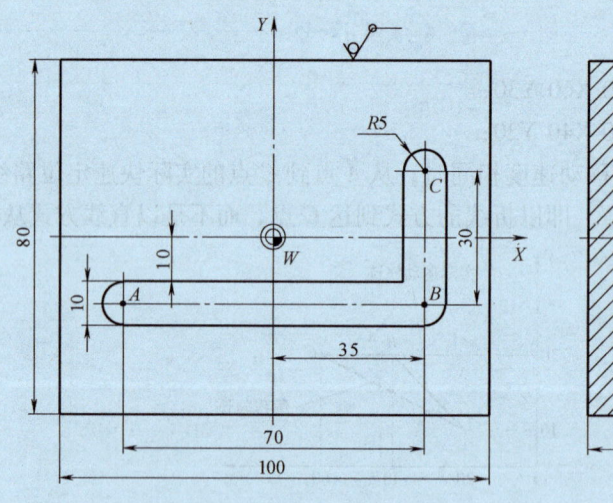
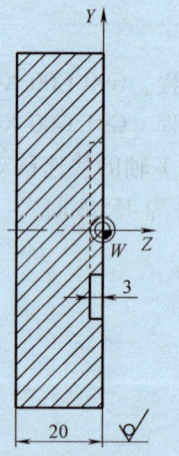

图 2-10　直线插补举例

工件零点确定在工件上表面的中心，如图 2-10 所示。下刀点选择 A 点，进给路线为 A→B→C。取程序号为 O2003，工件加工程序见表 2-13。

表 2-13　工件加工程序

程　　序	说　　明
O2003；	程序号
N02 G54 G90 G17 G21 G94 G40 G69；	工件坐标系调用等基本设定
N04 T01；	调用刀具 φ10mm 键槽铣刀

（续）

程　　序	说　　明
N06 G00 G43 Z100 H01 S800 M03；	刀具长度补偿、主轴以800r/min正转
N08 X-35 Y-15；	快速定位到A点上方100mm处
N10 Z2；	快速定位到安全距离
N12 G01 Z-3 F50 M08；	切削液开，直线插补，铣削至3mm深
N14 X35（Y-15）F160；	铣削到B点，进给速度为160mm/min
N16（X35）Y15；	铣削到C点
N18 G00 Z100 M09；	快速定位到工件上方，切削液关
N20 G91 G28 Z0；	Z轴自当前点返回参考点
N22 G49；	取消刀具长度补偿
N24 M05；	主轴停止转动
N26 M30；	程序结束并返回程序头

说明：程序括号中的坐标值可以省略，与前一坐标轴的值相同。

任务实施

1）工件零点的确定：工件零点确定在工件上表面的中心，如图2-11所示。

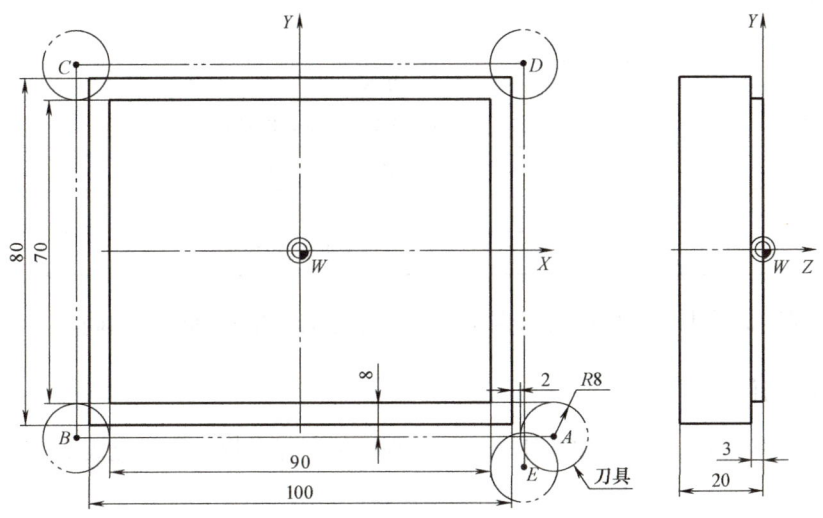

图2-11　直线轮廓加工的进给路线

2）刀具的选择：3刃φ16mm高速钢立铣刀。

3）进刀点的选择：选择在毛坯4个角的外侧均可，刀具切向切入轮廓，现选择从A点下刀，刀具外周离毛坯2mm的安全距离。

4）进给路线的选择：采用顺铣方式，顺时针方向，进给路线为A→B→C→D→E，刀具中心离工件轮廓的距离始终是刀具的半径。

5）退刀点的选择：刀具切向切出轮廓，从 E 点退刀，刀具外周离毛坯 2mm 处。

6）坐标点的计算：

A 点：$X = 50 + 2 + 8 = 60$，$Y = -(35 + 8) = -43$

B 点：$X = -(45 + 8) = -53$，$Y = -(35 + 8) = -43$

C 点：$X = -(45 + 8) = -53$，$Y = 35 + 8 = 43$

D 点：$X = 45 + 8 = 53$，$Y = 35 + 8 = 43$

E 点：$X = 45 + 8 = 53$，$Y = -(40 + 2 + 8) = -50$

7）直线轮廓的加工参考程序见表 2-14。

表 2-14 直线轮廓的加工参考程序

程　序	说　明
O2004；	程序号
N02 G54 G90 G17 G21 G94 G40 G69；	工件坐标系调用等基本设定
N04 T01；	调用刀具
N06 G00 G43 Z100 H01 S800 M03；	刀具长度补偿、主轴以 800r/min 正转
N08 X60 Y-43；	快速定位到 A 点上方
N10 Z2；	快速定位到安全距离
N12 G01 Z-3 F50 M08；	切削液开，直线插补，铣削至 3mm 深
N14 X-53（Y-43）F160；	铣削到 B 点，进给速度为 160mm/min
N16（X-53）Y43；	铣削到 C 点
N18 X53（Y43）；	铣削到 D 点
N20（X53）Y-50；	铣削到 E 点
N22 G00 Z100 M09；	快速定位到工件上方，切削液关
N24 G91 G28 Z0；	Z 轴自当前点返回参考点
N26 G49；	取消刀具长度补偿
N28 M05；	主轴停止转动
N30 M30；	程序结束并返回程序头

说明：程序括号中的坐标值可以省略，因为它与前一坐标轴的值相同。

任务评价

学生对程序内容进行自评和互评，并填写程序编制任务评分表，见表 2-15。

表 2-15 程序编制任务评价表

序号	考核内容		配分	评分标准	自评	互评	得分
1	编程准备	工件零点确定	5	不合理酌情扣分			
2		刀具选择	5	不合理酌情扣分			
3		进刀点确定	5	不合理酌情扣分			
4		进给路线确定	5	不合理酌情扣分			
5		退刀点确定	5	不合理酌情扣分			

(续)

序号	考核内容		配分	评分标准	自评	互评	得分
6	程序编制	程序开头部分等基本设定	10	错1处扣2分			
7		直线插补 G01 等加工部分	55	错1处扣5分			
8		程序退刀等结束部分	10	错1处扣2分			
	合计		100				

知识拓展

实习时常用的铣刀有键槽铣刀和立铣刀两种，它们应用在不同的场合。

1. 键槽铣刀

如图 2-12 所示，键槽铣刀有 2 个切削刃，它的切削刃是过中心的，能沿着铣刀的轴向做进给运动，主要用于加工键槽与槽。

2. 立铣刀

如图 2-13 所示，立铣刀的端面上是有中心孔的，主切削刃是圆柱面上的，端面上的切削刃是副切削刃，工作时不能沿着铣刀的轴向做进给运动。当立铣刀上有通过中心的端齿时，可做轴向进给。所以，使用立铣刀加工内轮廓时，要预钻下刀孔，让立铣刀垂直下刀。

立铣刀主要用于外轮廓的加工，以及有预钻孔的内轮廓的加工。

图 2-12 键槽铣刀　　　　　　　　　　　图 2-13 立铣刀

课后练习

使用 3 刃 φ10mm 高速钢立铣刀，编制图 2-8 所示工件的加工程序。

任务五　圆弧轮廓的程序编制

学习目标

1）熟悉圆弧插补指令 G02/G03 的格式。
2）会熟练编制圆弧轮廓的加工程序。

任务描述

如图 2-14 所示，零件材料为 45 钢，其可加工性较好，可以选用 φ16mm 高速钢立铣刀，要求应用直线插补和圆弧插补指令编制零件的加工程序。

可采用切向切入和切出的方式进退刀，按顺时针方向进给编制程序。

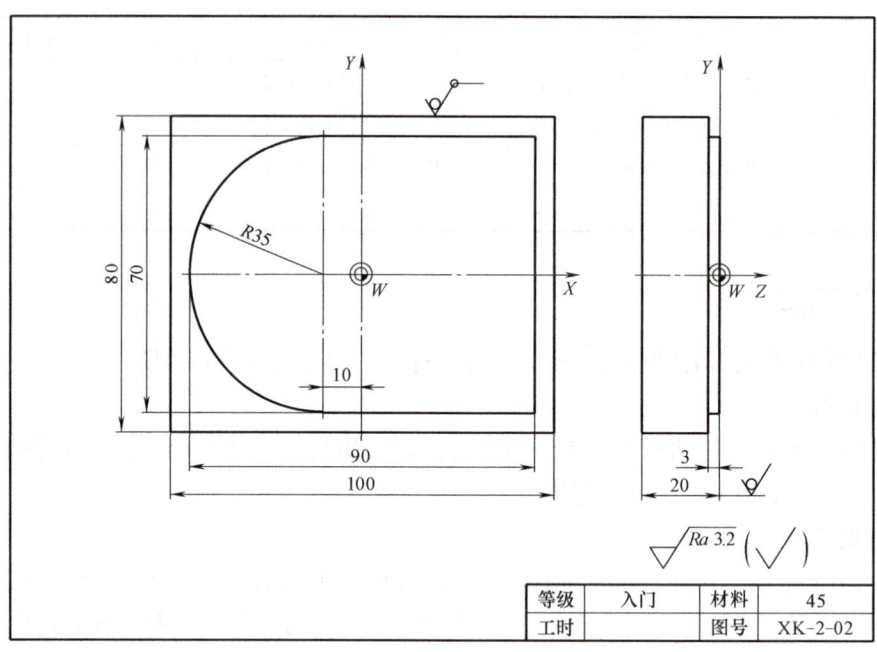

图 2-14 圆弧轮廓零件图

知识链接

1. 圆弧插补（G02/G03）

该指令控制刀具以 F 指定的速度，在指定的平面内从当前位置沿圆弧移动到所指定的位置。

格式：$G17 \begin{Bmatrix} G02 \\ G03 \end{Bmatrix}$ X__ Y__ $\begin{Bmatrix} I\_\_J\_\_ \\ R\_\_ \end{Bmatrix}$ F__；（在 XY 平面内的圆弧插补）

$G18 \begin{Bmatrix} G02 \\ G03 \end{Bmatrix}$ X__ Z__ $\begin{Bmatrix} I\_\_K\_\_ \\ R\_\_ \end{Bmatrix}$ F__；（在 ZX 平面内的圆弧插补）

$G19 \begin{Bmatrix} G02 \\ G03 \end{Bmatrix}$ Y__ Z__ $\begin{Bmatrix} J\_\_K\_\_ \\ R\_\_ \end{Bmatrix}$ F__；（在 YZ 平面内的圆弧插补）

说明：

1) G02 为顺时针方向圆弧插补（CW），G03 为逆时针方向圆弧插补（CCW）。

顺时针方向圆弧和逆时针方向圆弧的判别方法：观察者应面对第三轴的正方向来判断，如与时针转动方向相同，则是顺时针方向圆弧；如与时针转动方向相反，则是逆时针方向圆弧。不同平面的圆弧方向判别如图 2-15 所示。

2) X__ Y__ Z__ 为圆弧终点坐标。

3) I__ J__ K__ 为圆心坐标，分别表示圆心相对于圆弧起点在 X、Y、Z 轴上的增量值（从圆弧起点到达圆心的增量坐标值）。用 G90/G91 指令编程时都以增量坐标值指定。

4) R__ 为圆弧半径。当圆弧圆心角小于或等于 180°时，R 为正值；圆弧圆心角大于 180°时，R 为负值。圆心角接近 180°的圆弧如用 R 编程，圆心位置的计算会产生误差，建

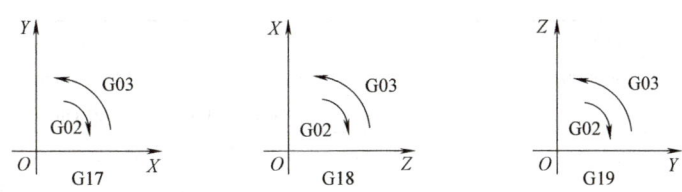

图 2-15 不同平面的圆弧方向判别

议采用圆心坐标 I __ J __ K __ 编程。

5）F __ 为圆弧插补时的合成进给速度（圆弧的切向进给速度）。

6）G02/G03 为模态代码，可由同一组的 G00、G01 或 G33 功能注销。

>> 注意

1）整圆编程时只能使用圆心坐标 I __ J __ K __ 编程，而不可以使用半径 R 编程。

2）同时编入 R 与 I、J、K 时，则 R 有效，I、J、K 被忽略。

2. 编程举例

1）用圆弧插补指令为图 2-16 所示的圆弧槽编程，起点为 A 点，终点为 B 点，半径为 25mm，槽的宽度为铣刀的直径，使用 φ10mm 键槽铣刀。

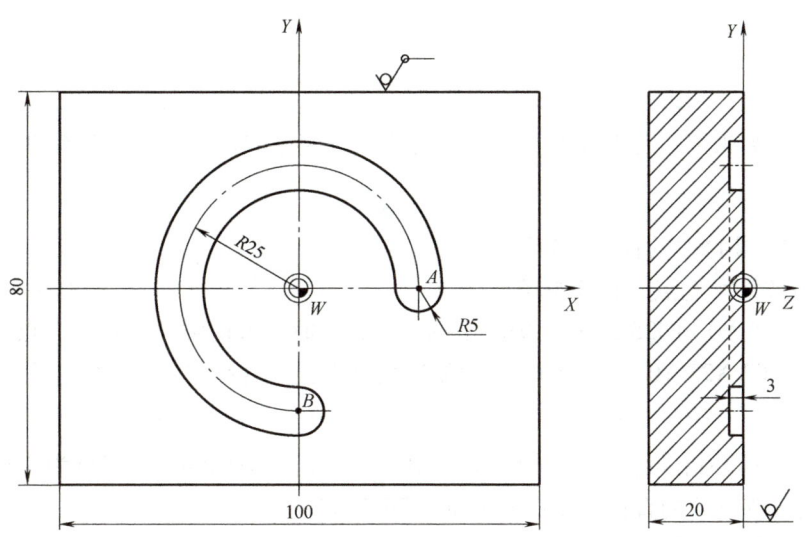

图 2-16 圆弧插补编程举例

图 2-16 所示工件的加工程序见表 2-16。

表 2-16 图 2-16 所示工件的加工程序

程序	说明
O2005;	程序号
N02 G54 G90 G17 G21 G94 G40 G69;	工件坐标系调用等基本设定
N04 T01;	调用刀具

（续）

程序	说明
N06 G00 G43 Z100 H01 S800 M03;	刀具长度补偿、主轴以 800r/min 正转
N08 X25 Y0;	快速定位到 A 点上方 100 mm 处
N10 Z2;	快速定位到安全距离
N12 G01 Z-3 F30 M08;	切削液开，直线插补，铣削至 3mm 深
N14 G03 X0 Y-25 I-25 J0 F80;	逆时针方向圆弧铣削，进给速度为 80mm/min
N16 G00 Z100 M09;	快速定位到工件上方，切削液关
N18 G91 G28 Z0;	Z 轴自当前点返回参考点
N20 G49;	取消刀具长度补偿
N22 M05;	主轴停止转动
N24 M30;	程序结束并返回程序头

试一试

在上例中，如果用半径 R 编程，试编制圆弧插补程序。

表 2-16 中需要修改的程序段如下：
N14 G03 X0 Y-25 R-25 F80;

练一练

在上例中，如果圆弧起点为 B 点，终点为 A 点，使用圆弧插补指令编制加工程序。

表 2-16 中需要修改的程序段如下：
N08 X0 Y-25;（起点 B 的坐标值）
N14 G02 X25 Y0 I0 J25 F80;（圆心坐标编程，顺时针方向圆弧插补到 A 点）
或者 N14 G02 X25 Y0 R-25 F80;（圆弧半径编程，顺时针方向圆弧插补到 A 点）

2）使用圆弧插补指令为图 2-17 所示的圆弧槽按顺时针方向编程，起点为 A 点，半径为 25mm，槽的宽度为铣刀的直径，使用 φ10mm 键槽铣刀。

图 2-17 所示工件的加工程序见表 2-17。

表 2-17 图 2-17 所示工件的加工程序

程序	说明
O2006;	程序号
N02 G54 G90 G17 G21 G94 G40 G69;	工件坐标系调用等基本设定
N04 T01;	调用刀具
N06 G00 G43 Z100 H01 S800 M03;	刀具长度补偿、主轴以 800r/min 正转
N08 X25 Y0;	快速定位到 A 点上方 100 mm 处
N10 Z2;	快速定位到安全距离

（续）

程序	说明
N12 G01 Z-3 F30 M08；	切削液开，直线插补，铣削至3mm深
N14 G02 X25 Y0 I-25 J0 F80；	顺时针方向圆弧铣削，进给速度为80mm/min
N16 G00 Z100 M09；	快速定位到工件上方，切削液关
N18 G91 G28 Z0；	Z轴自当前点返回参考点
N20 G49；	取消刀具长度补偿
N22 M05；	主轴停止转动
N24 M30；	程序结束并返回程序头

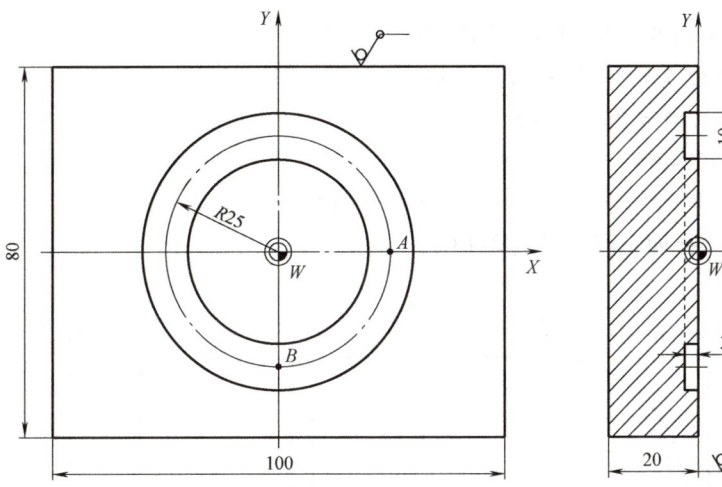

图 2-17　圆弧插补编程举例

试一试

在上例中，如果按逆时针方向编程，试编制圆弧插补程序。

表2-17中需要修改的程序段如下：
N14 G03 X25 Y0 I-25 J0 F80；

练一练

在上例中，如果圆弧起点为B点，使用圆弧插补指令编制加工程序。

表2-17中需要修改的程序段如下：
N08 X0 Y-25；（起点B的坐标值）
N14 G02 X0 Y-25 I0 J25 F80；（顺时针方向圆弧插补）
或者 N14 G03 X0 Y-25 I0 J25 F80；（逆时针方向圆弧插补）

任务实施

1）工件零点的确定：工件零点确定在工件上表面的中心，如图 2-18 所示。

2）刀具的选择：3 刃 φ16mm 高速钢立铣刀。

3）进刀点的选择：选择在毛坯右侧上下两个角的外侧均可，刀具切向切入轮廓，现选择从 A 点下刀，刀具外周离毛坯 2 mm 的安全距离。

4）进给路线的选择：采用顺铣方式，顺时针方向，进给路线为 A→B→C→D→E，刀具中心离工件轮廓的距离始终是刀具的半径。

5）退刀点的选择：刀具切向切出轮廓，从 E 点退刀，刀具外周离毛坯 2mm 处。

6）坐标点的计算：

A 点：$X = 50 + 2 + 8 = 60$，$Y = -(35 + 8) = -43$

B 点：$X = -10$，$Y = -(35 + 8) = -43$

C 点：$X = -10$，$Y = 35 + 8 = 43$

D 点：$X = 45 + 8 = 53$，$Y = 35 + 8 = 43$

E 点：$X = 45 + 8 = 53$，$Y = -(40 + 2 + 8) = -50$

7）圆弧轮廓插补加工程序见表 2-18。

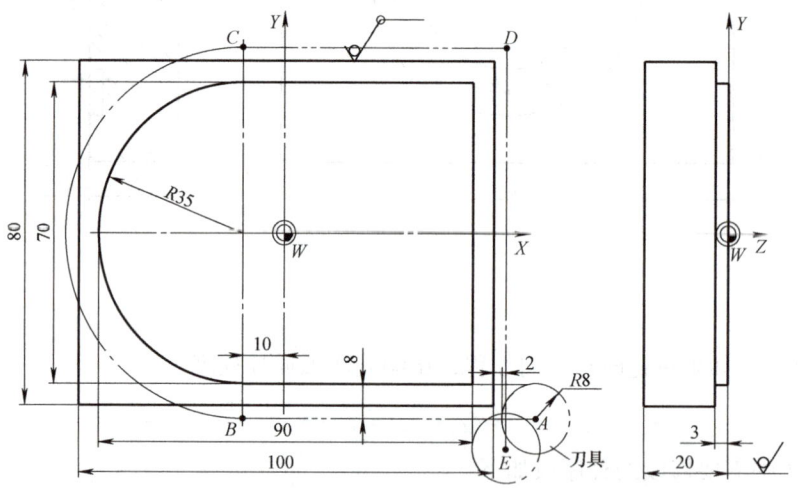

图 2-18 圆弧轮廓插补编程

表 2-18 圆弧轮廓插补加工程序

程序	说明
O2007；	程序号
N02 G54 G90 G17 G21 G94 G40 G69；	工件坐标系调用等基本设定
N04 T01；	调用刀具
N06 G00 G43 Z100 H01 S500 M03；	刀具长度补偿，主轴以 500r/min 正转
N08 X60 Y-43；	快速定位到 A 点上方
N10 Z2；	快速定位到安全距离
N12 G01 Z-3 F30 M08；	切削液开，直线插补，铣削至 3mm 深

(续)

程序	说明
N14 X-10 F100;	铣削到 B 点,进给速度为 100mm/min
N16 G02 X-10 Y43 I0 J43;	顺时针方向圆弧插补,铣削到 C 点
N18 G01 X53;	直线插补铣削到 D 点
N20 Y-50;	铣削到 E 点
N22 G00 Z100 M09;	快速定位到工件上方,切削液关
N24 G91 G28 Z0;	Z 轴自当前点返回参考点
N26 G49;	取消刀具长度补偿
N28 M05;	主轴停止转动
N30 M30;	程序结束并返回程序头

任务评价

编写图 2-14 所示圆弧轮廓的加工程序,学生对程序内容进行自评和互评,并填写程序编制任务评价表,见表 2-19。

表 2-19　程序编制任务评价表

序号	考核内容		配分	评分标准	自评	互评	得分
1	编程准备	工件零点的确定	5	不合理酌情扣分			
2		刀具的选择	5	不合理酌情扣分			
3		进刀点的确定	5	不合理酌情扣分			
4		进给路线的确定	5	不合理酌情扣分			
5		退刀点的确定	5	不合理酌情扣分			
6	程序编制	程序开头部分等基本设定	10	错1处扣2分			
7		直线插补 G01 等加工部分	40	错1处扣5分			
8		圆弧插补 G02	15	错误不得分			
9		程序退刀等结束部分	10	错1处扣2分			
	合计		100				

课后练习

使用 3 刃 φ20mm 高速钢立铣刀,编制图 2-14 所示工件的加工程序。

任务六　刀具补偿功能的学习

学习目标

1) 熟悉刀具长度补偿的格式,会建立和取消刀具长度补偿。
2) 会使用刀具半径补偿功能编制零件的加工程序。

任务描述

1)使用刀具补偿功能编制图 2-14 所示零件的加工程序。
2)对所编的程序进行评价分析。

使用 3 刃 φ16mm 立铣刀,采用切向切入和切出的方式进退刀,按顺时针方向进给编制程序。

知识链接

1. 刀具长度补偿(G43/G44/G49)

编制零件程序时不需要考虑刀具的长度。对于键槽铣刀和立铣刀,其端面的中心为刀位点。而在实际加工时,由于刀具的长度不一,可用该功能来补偿刀具长度而不必修改程序。将实际刀具长度和编程时假定的标准刀具长度之差设定于刀具偏置存储器中。刀具长度补偿如图 2-19 所示。

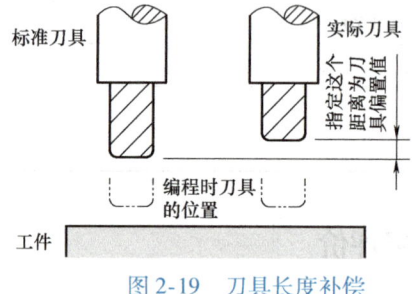

图 2-19 刀具长度补偿

格式:G17 $\begin{Bmatrix} G43 \\ G44 \\ G49 \end{Bmatrix} \begin{Bmatrix} G00 \\ G01 \end{Bmatrix}$ Z__ H__;(XY 平面,刀具长度补偿轴为 Z 轴)

说明:

1)G43 为刀具长度正向补偿(补偿轴终点坐标加上偏置值)。
2)G44 为刀具长度负向补偿(补偿轴终点坐标减去偏置值)。
3)☆G49 为取消刀具长度补偿。
4)Z__ 为建立或取消刀具长度补偿的终点坐标值。
5)H__ 为 G43/G44 的参数,即刀具长度补偿偏置号(H0~H999),它代表了刀具补偿表中对应的长度补偿值。
6)G43、G44、G49 都是模态代码,可相互注销。

>> **注意**
1)偏置号 H__ 改变时,新的偏置值并不加到旧偏置值上。
2)为避免发生撞刀事故,一般仅采用刀具长度正向补偿指令 G43 编程。

想一想

假设 H01 的偏置值为 10,H02 的偏置值为 30,使用刀具长度补偿编程,补偿轴 Z 和刀具刀位点有什么关系?

解析

G90 G00 G43 Z100 H01;[补偿轴 Z 将移动到 110 =(100 + 10)的位置,确保刀具刀位点离工件零点的距离为 100]

G90 G00 G43 Z100 H02;[补偿轴 Z 将移动到 130 =(100 + 30)的位置,确保刀具刀位点离工件零点的距离为 100]

2. 刀具半径补偿(G41/G42/G40)

当用立铣刀加工轮廓时,铣刀中心始终偏置被加工轮廓一个刀具半径值,使用该功能可直接按加工轮廓编程，数控系统会自动偏置一个刀具半径值。

格式：G17 $\begin{Bmatrix} G41 \\ G42 \end{Bmatrix}$ G01 X＿＿ Y＿＿ D＿＿ F＿＿;（建立刀具半径补偿，X＿Y＿为轮廓上的坐标）

……；（编程描述轮廓）

G40 G01 X＿＿ Y＿＿ F＿＿;（取消刀具半径补偿，X＿Y＿为刀具中心坐标）

说明：

1）沿着刀具的前进方向观察，若刀具在编程轮廓的左侧，则为刀具半径左补偿；如刀具在编程轮廓的右侧，则为刀具半径右补偿。

2）G41 为刀具半径左补偿（在刀具前进方向左侧补偿），如图 2-20a 所示。

3）G42 为刀具半径右补偿（在刀具前进方向右侧补偿），如图 2-20b 所示。

4）☆G40 为取消刀具半径补偿。

5）G17 为刀具半径补偿平面为 XY 平面。G18/G19 平面的刀具半径补偿可查阅相关用户手册。

6）D＿＿为刀具补偿表中刀具补偿号码（D0～D999），它代表了刀具补偿表中对应的刀具半径补偿值。

7）F＿＿为进给速度。

8）G40、G41、G42 都是模态代码，可相互注销。

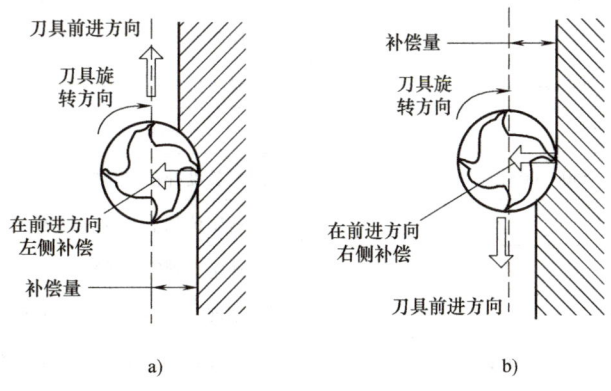

图 2-20 刀具半径补偿方向

a）刀具半径左补偿 b）刀具半径右补偿

>> **注意**

1）刀具半径补偿平面的切换必须在补偿取消方式下进行。

2）刀具半径补偿的建立与取消只能用 G00 或 G01 指令，不得用 G02/G03 指令。为了刀具与工件的安全，通常采用 G01 指令建立与取消刀具半径补偿。

3）建立刀具半径补偿时，刀具以直线到达轮廓起始点，并且刀具中心处于轮廓起始点的法线方向上。取消刀具半径补偿时，要注意刀具不要擦伤工件表面。

3. 编程举例

使用刀具补偿指令编制图 2-21 所示工件的加工程序。选用 3 刃 φ16mm 高速钢立铣刀，编程零点设在工件上表面的中心。起始点选择 A 点，编程轮廓路线为 A→B→C→D→A。程序号取为 O2008，工件的加工程序见表 2-20。

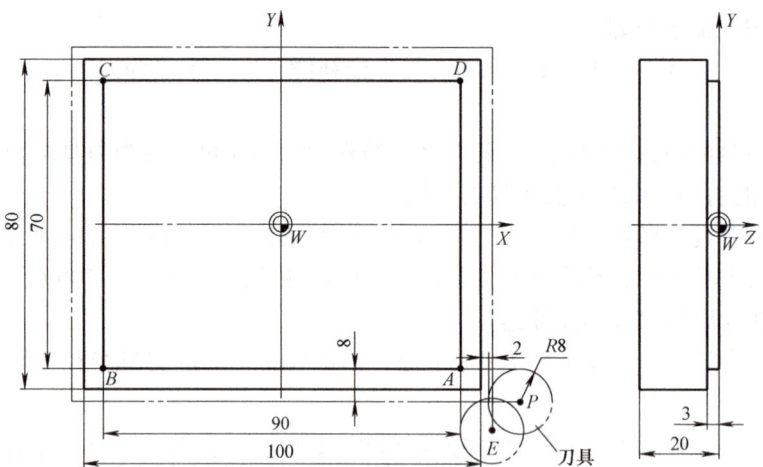

图 2-21 刀具半径补偿编程举例

表 2-20 工件的加工程序

程序内容	注释
O2008；	程序号
N02 G54 G90 G17 G21 G94 G40 G69；	工件坐标系调用等基本设定
N04 T01；	调用刀具 φ16mm
N06 G00 G43 Z100 H01 S500 M03；	刀具长度补偿、主轴以 500r/min 正转
N08 X60 Y−43；	快速定位到下刀点，刀具位于轮廓的切线方向
N10 Z2；	快速定位到安全距离
N12 G01 Z−3 F30 M08；	切削液开，注销 G00，铣削至 3mm 深
N14 G41 G01 X45 Y−35 D01 F100；	从轮廓起始点 A 建立刀具半径左补偿
N16 X−45；	铣削到 B 点
N18 Y35；	铣削到 C 点
N20 X45；	铣削到 D 点
N22 Y−35；	铣削到 A 点，铣刀中心坐标为 X53 Y−35
N24 G40 G01 X53 Y−50；	取消刀具半径补偿，铣刀中心坐标 X53 Y−50
N26 G00 Z100 M09；	快速定位到工件上方，切削液关
N28 G91 G28 Z0；	Z 轴自当前点返回参考点
N30 G49；	取消刀具长度补偿
N32 M05；	主轴停止转动
N34 M30；	程序结束并返回程序头

任务实施

1）工件零点的确定：工件零点确定在工件上表面的中心，如图 2-22 所示。

2）刀具的选择：3 刃 φ16mm 高速钢立铣刀。

3）进刀点的选择：选择在毛坯右侧上下两个角的外侧均可，刀具切向切入轮廓，现选择从 P 点下刀，刀具外周离毛坯 2 mm 的安全距离。

4）进给路线的选择：采用顺铣方式，顺时针方向，编程轮廓路线为 A→B→C→D→A，刀具中心离工件轮廓的距离始终是刀具的半径。

5）退刀点的选择：刀具切向切出轮廓，从 E 点退刀，刀具外周离毛坯 2 mm 处。

6）刀具半径补偿编程参考程序见表 2-21。

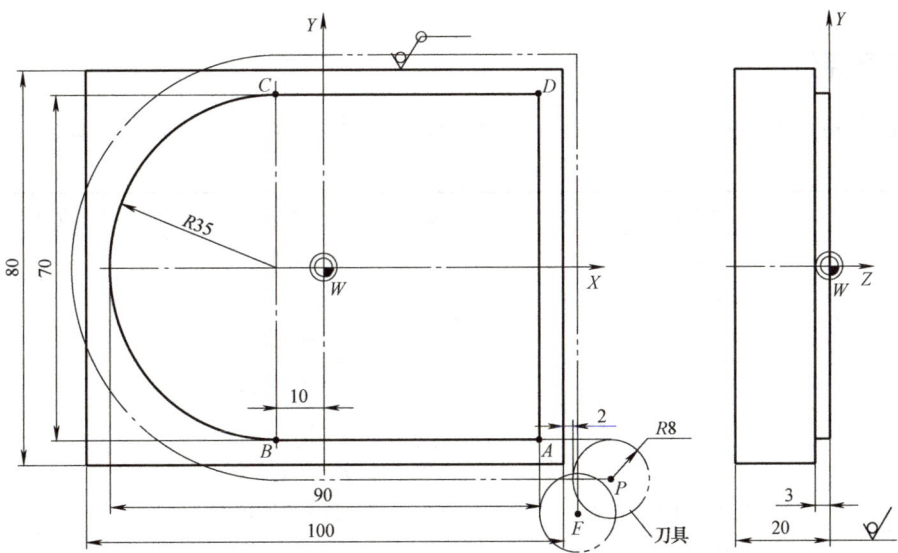

图 2-22 刀具半径补偿编程

表 2-21 刀具半径补偿编程参考程序

程序内容	注释
O2009;	程序号
N02 G54 G90 G17 G21 G94 G40 G69;	工件坐标系调用等基本设定
N04 T01;	调用刀具 φ16mm
N06 G00 G43 Z100 H01 S500 M03;	刀具长度补偿、主轴以 500r/min 正转
N08 X60 Y−43;	快速定位到 P 点上方
N10 Z2;	快速定位到安全距离
N12 G01 Z−3 F30 M08;	切削液开，直线插补，铣削至 3mm 深
N14 G41 G01 X45 Y−35 D01 F100;	从轮廓起始点 A 建立刀具半径左补偿
N16 X−10;	铣削到 B 点
N18 G02 X−10 Y35 I0 J35;	顺时针方向圆弧插补，铣削到 C 点

(续)

程序内容	注释
N20 G01 X45；	铣削到 D 点
N22 Y-35；	铣削到 A 点，铣刀中心坐标为 X53 Y-35
N24 G40 G01 X53 Y-50；	取消刀具半径补偿，铣刀中心坐标 X53 Y-50
N26 G00 Z100 M09；	快速定位到工件上方，切削液关
N28 G91 G28 Z0；	Z 轴自当前点返回参考点
N30 G49；	取消刀具长度补偿
N32 M05；	主轴停止转动
N34 M30；	程序结束并返回程序头

任务评价

学生对程序内容进行自评和互评，并填写程序编制任务评价表，见表2-22。

表 2-22 程序编制任务评价表

序号	考核内容		配分	评分标准	自评	互评	得分
1	编程准备	工件零点的确定	5	不合理酌情扣分			
2		刀具的选择	5	不合理酌情扣分			
3		进刀点的确定	5	不合理酌情扣分			
4		进给路线的确定	5	不合理酌情扣分			
5		退刀点的确定	5	不合理酌情扣分			
6	程序编制	程序开头部分等基本设定	10	错1处扣2分			
7		使用刀具长度补偿	5	错误不得分			
8		使用刀具半径补偿	15	错误不得分			
9		直线插补 G01 等加工部分	10	错1处扣5分			
10		圆弧插补 G02 加工部分	10	错1处扣5分			
11		取消刀具半径补偿	10	错误不得分			
12		取消刀具长度补偿	5	错误不得分			
13		程序退刀等结束部分	10	错1处扣2分			
	合计		100				

课后练习

使用 3 刃 φ20mm 高速钢立铣刀，编制图 2-22 所示工件的加工程序。

项目三 数控铣床的操作

项目描述

编制好的数控程序,需要填入零件数控加工程序单,通过操作机床面板上的键盘将数字信息输入到数控装置;需要进行一些基本操作,装夹工件以及设定工件零点;需要安装刀具以及设定偏置值;需要调试程序和进行试运行等。操作人员必须经过正规培训后才能操作数控铣床,以免误操作而造成设备事故。

根据教学标准的要求和《铣工国家职业技能标准》(数控铣工)中级工的技能要求,本项目安排了六个训练任务,有数控铣床操作面板的熟悉、数控铣床的基本操作、工件安装和零点设定、刀具安装和偏置设定、程序的编辑和运行、数控铣床的日常维护。

任务一　数控铣床操作面板的熟悉

学习目标

1) 了解数控铣床操作面板的组成。
2) 认识数控系统操作面板,熟悉功能键的含义并能进入子页面。
3) 认识数控铣床控制面板,知道各键的功能。

任务描述

数控铣床的种类繁多,各生产厂家的机床控制面板大多不一样,数控系统型号也较多。学习者在操作数控铣床之前,必须熟悉数控系统的操作面板和机床控制面板,认识各键的功能,为正确地操作数控铣床做好准备。

任务实施

数控铣床的操作面板由数控系统操作面板和机床控制面板两部分组成,另外还有外部输入/输出设备和手持盒等。

一、认识数控系统操作面板

FANUC 0i Mate-MD 系统操作面板是一个标准的 8.4in（1in = 25.4mm）彩色 LCD/MDI 单元，由 CNC 显示屏、MDI 单元、软键和存储卡接口四部分组成，如图 3-1 所示。

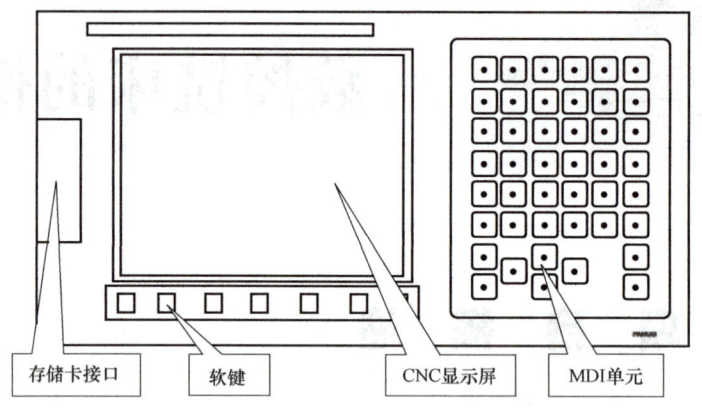

图 3-1　FANUC 0i Mate-MD 系统操作面板

（1）CNC 显示屏　显示机床的坐标位置、参数、程序、报警信息和图形轨迹等。

（2）MDI 单元　MDI 单元主要由字母/数字键、编辑键、功能键、翻页键、光标移动键和复位键等组成，如图 3-2 所示。MDI 单元各键的功能及说明见表 3-1。

功能键是编程和操作中最常用的键。功能键用来选择将要显示的功能页面，当按下某一功能键后，将显示该功能相关的页面，根据需要可通过软键进入多级子页面。

功能键有位置显示键（POS）、程序管理键（PROG）、偏置设定键（OFS/SET）、系统参数键（SYSTEM）、报警显示键（MESSAGE）和图形显示键（GAPH）。

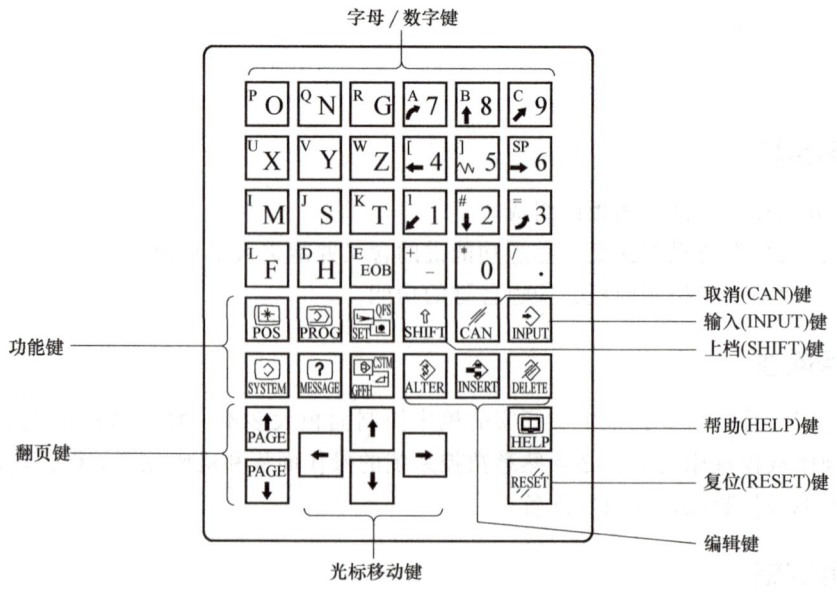

图 3-2　MDI 单元

项目三 数控铣床的操作

表 3-1 MDI 单元各键的功能及说明

名称	按键	功能	说明
字母/数字键	R_G #↓₂ …	字母和数字输入	可输入字母、数字和运算符号等。按下"上档键",再按下"字母/数字键",可以输入该键左上角的字符
编辑键	E EOB	段结束符	在编程时用于输入每个程序段的结束符";"
	SHIFT	上档键	按下此键,在键入缓冲区中原来的】_变为}^,此时再按下"字母/数字键",则可输入其左上角的字符
	CAN	取消键	按下此键,可删除处于光标位置的前一个字符
	INPUT	输入键	按下"字母/数字键"后的字符被输入到缓冲区并显示在屏幕上,如要把字符复制到 NC 寄存器,必须按下"INPUT"键。它与软键"输入"等效,会产生相同的结果
	ALTER	替换键	在编程时可用输入的字符替换光标所在位置的字符
	INSERT	插入键	在编程时用于插入字符到当前光标之后的位置
	DELETE	删除键	在编程时用于删除光标所在位置的字符或者程序段,也可删除在内存中的程序
帮助键	HELP	帮助菜单	希望显示操作方法以及 CNC 发生的报警详细内容时按此键
复位键	RESET	复位	按下此键,复位 CNC 系统,包括取消报警、中途退出自动操作运行等
光标移动键	↓ → ← ↑	移动光标位置	使光标位置上、下、左、右移动
翻页键	PAGE↑ PAGE↓	页面变换	PAGE↑:屏幕向上翻页 PAGE↓:屏幕向下翻页
功能键	POS	位置显示	在 CRT 上显示当前位置的绝对、相对或综合位置
	PROG	程序管理	EDIT 方式,显示在内存中的信息和所有程序名称,进行程序输入、编辑;MDI 方式,显示和输入 MDI 数据,进行简单的程序操作
	OFS SET	偏置设定	刀具长度、半径补偿量的设定,工件坐标系和变量等参数的设定与显示
	SYSTEM	系统参数	系统参数等设置按此键进入

47

(续)

名称	按键	功能	说明
功能键	![MESSAGE]	报警显示	按此键显示报警内容、报警号
	![CSTM/GRPH]	图形显示	可显示当前运行程序的走刀轨迹图
软键	☐	显示软键功能	☐ 对应的软键功能显示在屏幕上 ▷ 扩展菜单键:进入下一页软键页面 ◁ 菜单返回键:返回上一页软键页面

1)"位置显示"功能键显示页面及子页面的操作步骤如下：

① 按下 MDI 单元上的 ![POS]（位置显示）功能键，显示位置软键菜单，如图 3-3 所示。

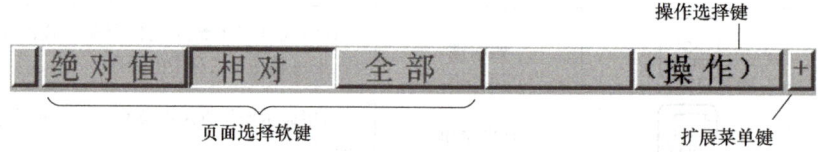

图 3-3　位置软键菜单

② 按下页面选择软键，出现该软键的子页面。如显示的不是目标页面，可按"扩展菜单键" ![+] 进入子页面。

③ 当目标页面被显示时，按下"操作选择软键" (操作)，显示将要操作的内容，如图 3-4 所示。

图 3-4　操作选择软键

④ 通过"操作"软键选择将要执行的操作，显示辅助菜单软键，如图 3-5 所示。按照辅助菜单的显示进行下一步操作。

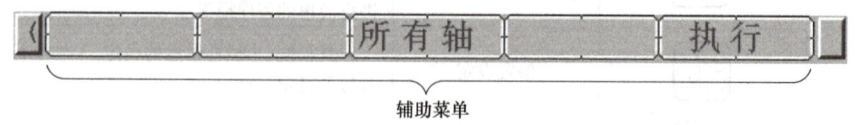

图 3-5　辅助菜单软键

⑤ 希望返回到"位置显示"功能的主页面时，可按"返回菜单键" 。

2）常见功能键的显示页面。

① "位置显示"主页面。功能键 POS 的选择软键有两个页面：

第1页 | | 绝对值 | 相对 | 全部 | 手动 | (操作) | + |

第2页 | | 监控 | | | | (操作) | + |

"位置显示"页面软键的含义见表3-2。

表3-2 "位置显示"页面软键的含义

软键	说　明
绝对值	选择绝对坐标显示页面
相对	选择相对坐标显示页面
全部	选择全部坐标显示页面
手动	选择手轮操作的显示页面
监控	选择显示伺服轴的负载表和串行主轴的负载表以及速度表的页面

② "程序管理"主页面。在编辑状态下，功能键 PROG 的选择软键件如下：

| | 程序 | 一览 | | 对话型 | (操作) | |

"程序管理"页面软键的含义见表3-3。

表3-3 "程序管理"页面软键的含义

软键	说　明
程序	选择用来编辑和显示程序的页面
一览	选择用来显示当前登录的零件程序一览
对话型	选择图形对话输入页面

③ "偏置设定"主页面。功能键 OFS/SET 的选择软键如下：

第1页 | | 刀偏 | 设定 | 工作坐标系 | | (操作) | + |

第2页 | | 宏程序 | 菜单 | 操作 | TL寿命 | (操作) | + |

"偏置设定"页面软键的含义见表3-4。

表 3-4 "偏置设定"页面软键的含义

软键	说明
刀偏	选择用来设定刀具偏置值的页面
设定	选择用来设定设定参数的页面
工件坐标系	选择用来设定工件坐标系偏置的页面
宏程序	选择用来设定宏程序的页面
菜单	选择用来设定模型数据的页面
操作	选择机床控制面板上的部分操作开关作为软式开关而在 CNC 页面上进行操作的页面
TL 寿命	选择用来设定刀具寿命管理数据的页面

（3）存储卡接口　可以利用存储卡接口输入或输出加工程序、偏置数据、参数和用户宏程序公共变量等。

二、认识机床控制面板

由于机床信号的不同及用户的特殊要求，各机床厂家的控制面板略有差异，但基本功能与控制方式大都相同。XD-40A 型数控铣床的控制面板如图 3-6 所示，各按键的功用及说明见表 3-5。

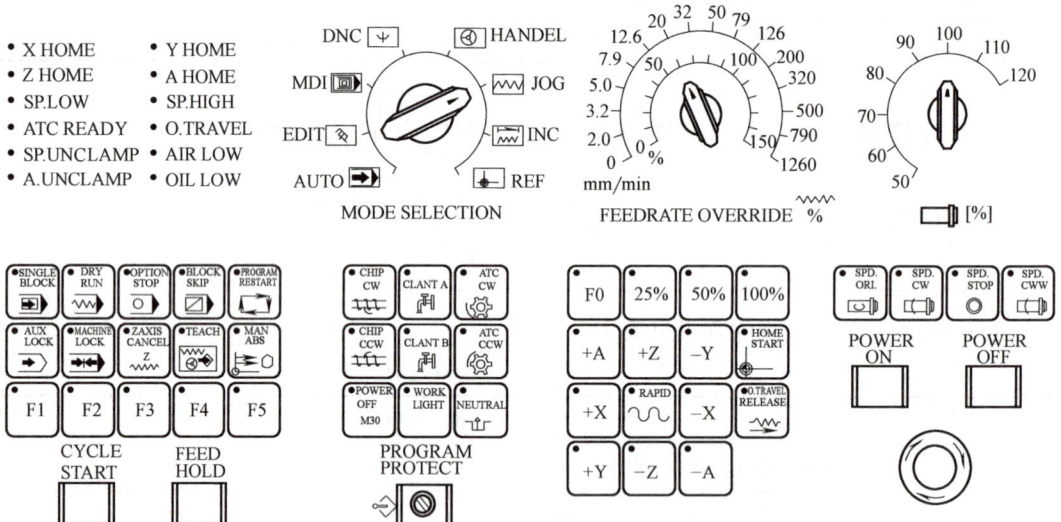

图 3-6　XD-40A 型数控铣床的控制面板

表 3-5　XD-40A 型数控铣床控制面板各按键的功用及说明

名称	按键	功能	说明
急停按钮		紧急停止	立即停止机床所有运行。欲解除急停，顺时针方向旋转此按钮，按钮将弹出，即可恢复待机状态
电源控制按钮	POWER ON	接通电源	接通系统电源
	POWER OFF	断开电源	断开系统电源

项目三　数控铣床的操作

（续）

名称	按键	功能	说明
程序保护锁	PROGRAM PROTECT	程序保护	防止未授权人员修改程序及参数
操作方式选择旋钮	AUTO	自动方式	可自动执行存储在 NC 中的程序
	EDIT	编辑方式	可进行零件程序的编辑和修改等
	MDI	手动数据输入	可手动输入程序段,自动运行
	DNC	在线加工方式	执行存储在外部设备中的程序
	HANDEL	手轮方式	手摇脉冲发生器生效
	JOG	手动方式	在【手动】方式下,按下坐标轴 X/Y/Z 按键,该轴以 JOG 的进给速度移动;如同时按下快进按键 RAPID,则快速叠加。也可手动控制主轴转动等
	INC	增量方式	坐标轴按所选择的增量值移动
	REF	返回参考点	在该方式下,依次按下坐标轴 + Z/ + X/ + Y 按键,各轴将返回机床参考点
速率修调旋钮	FEEDRATE OVERRIDE %	进给速率修调	在【手动】或【自动】方式下,可按百分比修调各轴的进给速度
	[%]	主轴速率修调	在【手动】或【自动】方式下,可按百分比修调主轴的转速
程序运行控制键	SINGLE BLOCK	单段执行	在【自动】方式下,仅执行一个程序段,结束后进给暂停;如要继续执行下一程序段,需要再按下【循环启动】按钮
	DRY RUN	空运行	在【自动】方式下,机床以空运行设定的进给速度运行,替代程序中的进给速度 F。用于程序校验,不能进行切削加工
	OPTION STOP	程序选择停止	程序执行到"M01"时,机床将停止运行,进给暂停
	BLOCK SKIP	程序段跳过	程序执行到"/"时跳过该程序段,执行下一程序段
	PROGRAM RESTART	程序重新启动	当刀具损坏等程序意外中断时,NC 将自动记忆中断点,按下该键重新启动程序时,查找中断程序段,从此处重新执行程序

51

（续）

名称	按键	功能	说明
程序运行测试键	AUX LOCK	辅助功能锁定	辅助功能 M、S、T 等无效
	MACHINE LOCK	机床锁定	在自动运行程序时，机床各坐标轴机械被锁定而无法移动，坐标位置显示更新。常用于程序校验
	Z AXIS CANCEL Z	Z 轴锁定	在自动运行程序时，Z 轴机械被锁定，坐标位置显示更新
	TEACH	示教方式	在手动进给试切削加工时，根据坐标显示值编写程序
	MAN ABS	手动绝对值	在自动运行方式下介入手动操作，其移动量进入增量值记忆中，与自动方式中的移动量相叠加
程序启动/暂停键	CYCLE START	循环启动	在【MDI】或【自动】方式下，程序开始自动运行
	FEED HOLD	进给保持	程序暂停，各移动轴停止进给。如要程序继续运行，再按【循环启动】键即可
快速倍率按键	F0 25% 50% 100%	快速进给速率修调	在【手动】或【自动】方式下，可按百分比修调快速进给速度
坐标轴手动控制按键	+A +Z Y / +X RAPID -X / +Y -Z -A	坐标轴移动	在【JOG】方式下，按下坐标轴按键，被选择的轴会以手动进给速度进行移动
	RAPID	快速移动	在【JOG】方式下，同时按下坐标轴和快速移动按键，则快速叠加
主轴手动控制按键	SPD. ORI.	主轴定向	主轴转动到固定的位置
	SPD.CW SPD.STOP SPD.CWW	手动控制主轴转动	SPD. CW　主轴正转，以设定的转速顺时针方向旋转 SPD. CCW　主轴反转，以设定的转速逆时针方向旋转 SPD. STOP　主轴停止转动
零点复归键	HOME START	重新返回参考点	在【返回参考点】方式下，执行重新返回参考点动作
超程解除键	O.TRAVEL RELEASE	超程解除	可以解除超程引起的急停状态。按住该键，并使轴向远离超程的方向移动，可解除超程报警
手动排屑按键	CHIP CW	排屑电动机正转	在【JOG】方式下，排屑电动机正转，再按一次电动机将停转
	CHIP CCW	排屑电动机反转	在【JOG】方式下，排屑电动机反转，再按一次电动机将停转

(续)

名称	按键	功能	说明
自动断电按键	POWER OFF M30	M30 自动断电	程序执行 M30 后，机床将在设定的时间内自动关闭总电源
切削液控制按键	CLANT A	切削液打开	在【JOG】方式下，切削液打开，再按一次关闭切削液
	CLANT B	冲洗打开	在【JOG】方式下，使用切削液冲洗，再按一次关闭
工作灯按键	WORK LIGHT	工作灯打开	可打开工作灯
刀库控制按键	ATC CW	刀库正转	在【JOG】方式下，刀库向顺时针方向转动
	ATC CCW	刀库反转	在【JOG】方式下，刀库向逆时针方向转动
主轴齿轮换档键	NEUTRAL	主轴手动齿轮换档	
预置键	F1 F2 F3 F4 F5	预留按键	供用户使用
机床状态指示灯	• XHOME • YHOME • ZHOME • AHOME	参考点指示灯	各坐标轴返回参考点的指示灯
	• SP. LOW • SP. HIGH	主轴高低档指示灯	SP. LOW　主轴处于低速档 SP. HIGH　主轴处于高速档
	• ATC READY • O. TRAVEL • SP. UNCLAMP • A. UNCLAMP • AIR LOW • OIL LOW	其他指示灯	ATC READY　自动换刀指示灯 O. TRAVEL　超程指示灯 SP. UNCLAMP　主轴松刀指示灯 A. UNCLAMP　A 轴松开指示灯 AIR LOW　气压过低指示灯 OIL LOW　油压过低指示灯

说明：机床控制面板上的按键用【　】表示，旋钮用"　"表示。

三、在数控铣床上认识操作面板和控制面板

在实训车间的数控铣床上，认识操作面板和控制面板，在教师的指导下，尝试操作各按键和旋钮。

1）认识功能键，能进入位置显示键（POS）、程序管理键（PROG）、偏置设定键（OFS/SET）、系统参数键（SYSTEM）、报警显示键（MESSAGE）和图形显示键（GAPH）页面，并能进入下一级页面。

2）认识机床控制面板上的各按键和旋钮，加强感性认识。

任务评价

对照数控铣床的操作面板，能说出各键的名称和功能。学生分组进行自评和互评，并填

写认识操作面板和控制面板任务评价表，见表3-6。

表3-6 认识操作面板和控制面板任务评价表

序号	考核内容		配分	评分标准	自评	互评	得分
1	数控系统操作面板	编辑键	10	错1处扣2分			
2		复位键	3	答错扣分			
3		光标移动键	3	答错扣分			
4		位置显示键	5	答错扣分			
5		程序管理键	5	答错扣分			
6		偏置设定键	5	答错扣分			
7		系统参数键	3	答错扣分			
8		报警显示键	3	答错扣分			
9		图形显示键	4	答错扣分			
10	机床控制面板	急停按钮	5	答错扣分			
11		电源控制按钮	5	答错扣分			
12		操作方式选择按钮	5	答错扣分			
13		速率修调旋钮	5	答错扣分			
14		程序运行控制键	5	答错扣分			
15		程序运行测试键	5	答错扣分			
16		程序启动、暂停键	5	答错扣分			
17		快速倍率按键	5	答错扣分			
18		坐标轴手动控制按键	5	答错扣分			
19		主轴手动控制按键	5	答错扣分			
20		零点复归键	5	答错扣分			
21		切削液控制按键	2	答错扣分			
22		工作灯按键	2	答错扣分			
合计			100				

课后练习

1）在数控系统操作面板上熟悉功能键，并能进入下一级页面。
2）熟记机床控制面板上各键的名称和功能。

任务二　数控铣床的基本操作

学习目标

1）会开机、返回参考点和关机等基本操作。
2）能手动控制主轴和切削液等。
3）能手动控制坐标轴移动。

任务描述

数控铣床的基本操作非常重要,养成一个良好的操作习惯,可保证机床的工作性能,延长机床的使用寿命。相反,如有错误操作,则可能导致系统或电气元件受到损坏。

任务实施

以大连机床厂生产的 XD-40A 型数控铣床为例,介绍其基本操作方法。

一、开机、返回参考点和关机

1. 开机

开机的操作顺序非常重要,如有错误可能会导致系统或电气元件受到损坏。开机的操作步骤如下:

1)确认数控系统和机床处于正常的状态,"急停"按钮处在按下状态。

2)按照说明书接通机床总电源,检查机床电柜箱风扇运转是否正常。

3)确定机床通电后,按下机床控制面板上的【POWER ON】按钮,数控系统通电并进入自检程序。

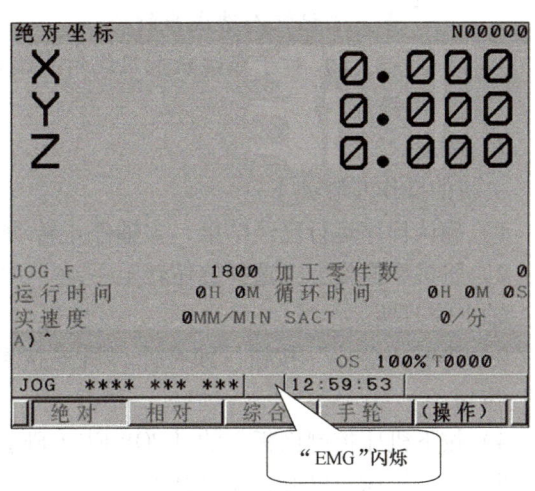

图 3-7 开机"位置显示"的初始页面

4)确认已经显示"位置显示"的初始页面,此时"EMG"闪烁,顺时针方向旋开"急停"按钮,机床完成上电,如图 3-7 所示。

5)检查气压和油压的指示灯是否正常,检查有无故障。此时开机过程完成。

>> **注意** 接通数控系统电源后,在显示"位置页面"或"报警页面"之前,不要触碰 MDI 单元上的按键。

2. 手动返回参考点

机床开机、复位后,首先要进行各坐标轴返回参考点操作,建立机床坐标系,确定机床零点,使各直线移动轴的软限位生效。其操作步骤如下:

1)将机床操作方式选择旋钮转至返回参考点"REF"位置,如图 3-8 所示。

2)持续按下坐标轴手动控制按键【+Z】,如图 3-9 所示,直到 Z 轴返回参考点,此时参考点指示灯"Z HOME"点亮。

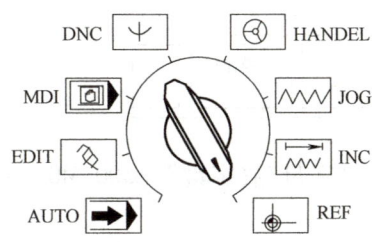

图 3-8 返回参考点"REF"位置

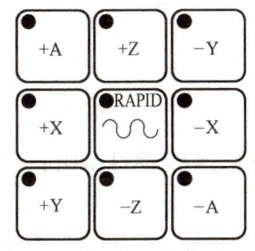

图 3-9 进给轴向选择按键

3）用同样的方法，可分别手动操作 X 轴和 Y 轴返回参考点，此时参考点指示灯"X HOME"和"Y HOME"相继点亮。

此时，"位置页面"中的机械坐标值"X""Y"和"Z"皆为"0"。

>> 注意
1）手动返回参考点操作应确保安全，一般先使 Z 轴返回参考点，避免主轴（刀具）与工件或夹具发生碰撞。

2）有时因紧急情况按下"急停"按钮，程序执行【机床锁定】或【Z 轴锁定】运行后，都要重新进行返回参考点操作，否则数控系统会对机床零点失去记忆而造成事故。

3）对于移动轴采用绝对式编码器的数控铣床，不必进行手动返回参考点操作。

3. 关机

关机的操作步骤如下：

1）确认程序运行已经结束，主轴停止转动，此时可打扫机床，清理切屑。

2）将机床操作方式选择旋钮转至手动"JOG"位置，使各坐标轴处于中间位置，并取下主轴上的刀柄。

3）按下"急停"按钮。如有计算机连接到数控系统，则先关闭计算机，再按下"急停"按钮。

4）按下机床控制面板上的【POWER OFF】按钮，系统电源断开。

5）断开机床总电源，关机结束。

>> 注意 关机和开机的操作步骤同样重要，操作方法得当可减少对设备的电冲击。

二、手动操作

1. 主轴手动控制

在开机、返回参考点后，手动控制主轴的操作步骤如下：

1）将机床操作方式选择旋钮转至"MDI"位置，如图 3-10 所示。

2）在"MDI"方式下功能键"程序管理"的选择软键如下，其含义见表 3-7。

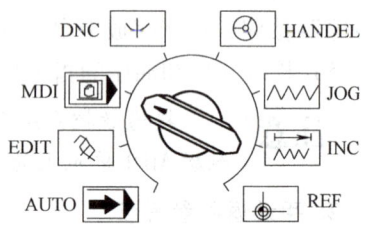

图 3-10 "MDI"位置

| 第 1 页 | | 程序 | MDI | 现在段 | 下一步 | (操作) | + |

| 第 2 页 | | 再开 | 一览 | | | (操作) | + |

按下选择软键【MDI】，在光标">_"处按"字母/数字键"S500 M03 →

, 在程序页面显示："O0000 S500 M03;"（S500 为主轴转速 500r/min，M03 为正转）。

表 3-7 "MDI"方式下"程序管理"页面软键的含义

软键	说 明
程序	选择用来编辑和显示程序的页面
MDI	选择在【MDI】方式下用来编辑和显示程序的页面
现在段	选择用来显示当前执行程序段的指令值和模态指令值的页面
下一步	选择用来显示当前程序段的指令值和将要执行程序段的指令值的页面
再开	选择用来重新执行被中断程序的操作页面
一览	选择用来显示当前登录的零件程序一览

3)按下【循环启动】键,主轴以 500 r/min 的转速正转。

4)将机床操作方式选择旋钮转至"JOG"位置,按下【主轴停止】键,主轴停止转动;如按下【主轴反转】键,则主轴以 500 r/min 的转速反转;按下【主轴停止】键,则主轴停止转动。

在以后的主轴手动操作中,由于主轴转速 500 r/min 已经存储在缓冲中,只需要将旋钮转至"JOG"→按【主轴正转】键或【主轴反转】键即可,主轴以缓冲中的主轴转速 500 r/min 转动。如要停止主轴转动,按下【主轴停止】键即可。

说明:① 在主轴转动时,可通过"主轴速率修调"旋钮调整主轴的转速,其变化范围为 50% ~ 120%。

② 数控铣床的【主轴定向】键主要用于精密镗孔。镗刀进给到达孔底后,主轴定向停止,刀具以刀尖的相反方向偏移 0.5 ~ 1 mm,沿 Z 轴快速退刀,保证孔表面不会被划伤,实现精密镗削加工。

在装刀时必须保证刀尖在主轴上的正确"位置":将操作方式选择旋钮转至"JOG"方式,按下【主轴定向】键使主轴定向,刀尖正确位置应指向左侧,如图 3-11 所示。如果刀尖位置与图示方向相反,则要取下镗刀,转过 180°重新装刀。

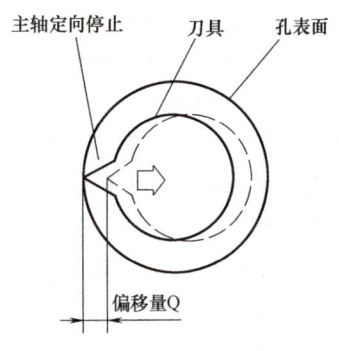

图 3-11 刀尖定向位置和偏移方向

>> **注意**　"主轴速率修调"也适用于"自动"或"MDI"方式运行,其实际转速等于转速的编程值 S 与"主轴速率修调"值的乘积。例如:编程值为 S 500,"主轴速率修调"旋钮位于 110%,则实际转速 = 500 r/min × 110% = 550 r/min。

2. 坐标轴手动控制

(1)手动连续移动　如图 3-12 所示,要求刀具沿着 -X 方向连续移动,不切削加工。其手动操作步骤如下:

1)将机床操作方式选择旋钮转至"JOG"位置。

2）持续按下【–X】键即可实现刀具向 X 轴的负方向以 JOG 设定的进给速度连续移动。松开【–X】键时刀具停止移动。

3）手动移动速度可用【快速进给速率修调】按键修调。

4）按下【–X】键时再同时按下【快速移动】键 ，刀具实现连续快速移动。在快速移动期间，可用【快速进给速率修调】按键修调高速进给速率。共有四档速率，如图 3-13 所示。快速进给速率修调值见表 3-8。

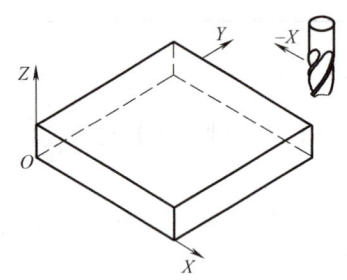

图 3-12　【JOG】方式手动连续移动　　　　图 3-13　快速进给速率修调按键

表 3-8　快速进给速率修调值

按键	F0	25%	50%	100%
机床参数设定的快速移动速度（设定最高速度为20m/min时）	JOG 参数设定的进给速度	5m/min	10m/min	20m/min
机床参数设定的快速移动速度（设定最高速度为24m/min时）	JOG 参数设定的进给速度	6m/min	12m/min	24m/min
使用场合	自动方式时：G00、G28、G30　　手动方式时：快速进给、返回参考点			

用同样的方法，可手动移动 Y 轴和 Z 轴。

（2）手动增量进给　在"INC"方式下，按下机床控制面板上的【坐标轴】按键，可使该坐标轴移动一步。移动量的最小设定值一般为 0.001mm，可选择的倍率有 10 倍、100 倍和 1000 倍。操作步骤如下：

1）将操作方式选择旋钮转至"INC"位置。

2）每按下【坐标轴】按键一次，刀具就移动一步，移动速度与 JOG 进给速度相同。

（3）手轮进给　在工件坐标系设定和对刀操作时，一般都要使用手摇脉冲发生器，如图 3-14 所示。转动一格的最小移动值为 0.001mm，可选择的倍率有 1 倍、10 倍和 100 倍。操作步骤如下：

1）将机床操作方式选择旋钮转至"HANDEL"位置。

2）在手摇脉冲发生器上选择要移动的轴和增量倍率值。

3）按下【使能按钮】并转动"手轮"，可使刀具沿所选的轴移动。

说明：手轮可以连续转动，但转速不宜过高，每转一格的最小移动量 = 0.001mm × 倍率。手轮顺时针方向转动时，刀具向正方向移动；反之向负方向移动。

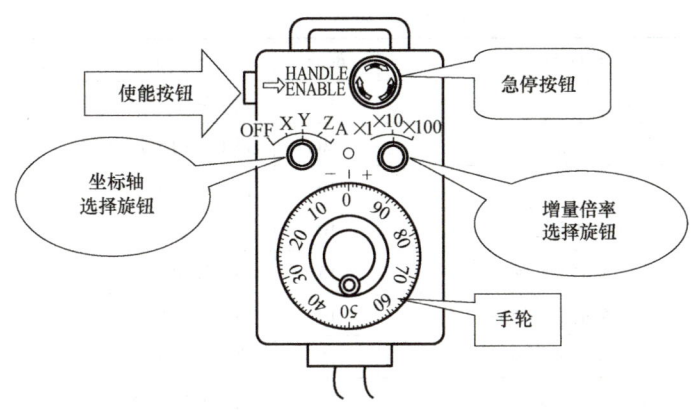

图3-14 手摇脉冲发生器

3. 切削液控制

（1）切削液打开和关闭的操作步骤

1）将操作方式选择旋钮转至"JOG"位置。

2）按下【CLANT A】按键，键左上角的指示灯亮，切削液打开。再按下此键，切削液关闭。

（2）冲洗打开和关闭的操作步骤

1）将机床操作方式选择旋钮转至"JOG"位置。

2）按下【CLANT B】按键，键左上角的指示灯亮，冲洗打开。再按下此键，冲洗关闭。

4. 刀柄的夹紧和松开

在加工零件前，必须把刀柄安装到主轴上，可利用主轴箱上的【换刀】按钮操作。

（1）"松开"的操作步骤

1）将机床操作方式选择旋钮转至"JOG"位置。

2）左手握住手柄，右手持续按下机床主轴箱上的【换刀】按钮，夹紧装置松开，可将刀柄从主轴中取下，此时可松开【换刀】按钮。

（2）"夹紧"的操作步骤

1）将机床操作方式选择旋钮转至"JOG"位置。

2）左手握住手柄，右手持续按下机床主轴箱上的【换刀】按钮，夹紧装置松开，可将刀柄装入主轴，刀柄的卡槽必须对准主轴端面上的定位块，确认到位后可松开【换刀】按钮。

>> **注意**　"松开"时左手需要一定的预紧力，以免突然松开而下落撞击损坏刀具。"夹紧"时必须确认安装到位后才能松开【换刀】按钮，以免刀柄掉落而损坏刀具。

任务评价

在实训车间的数控铣床上，会开机、返回参考点和关机等基本操作，并能手动控制主轴、坐标轴和切削液等。学生分组进行自评和互评，并填写数控铣床的基本操作任务评价表，见表3-9。

表 3-9 数控铣床的基本操作任务评价表

序号	考核内容		配分	评分标准	自评	互评	得分
1	基本操作	开机	10	错1处扣2分			
2		返回参考点	20	错1处扣5分			
3		关机	10	错1处扣5分			
4		手动控制主轴	10	错1处扣5分			
5		手动移动坐标轴	15	错1处扣5分			
6		手动增量控制坐标轴	10	错1处扣5分			
7		手轮控制坐标轴	15	错1处扣5分			
8		手动控制切削液	10	错1处扣5分			
		合计	100				

课后练习

在数控铣床上，进行以下练习：
1）坐标轴移动方向练习：一人发出口令，另一人操作机床控制坐标轴移动。
2）用手轮控制坐标轴移动方向练习，同上。
3）装刀和换刀练习。

任务三　工件安装和零点设定

学习目标

1）掌握在数控铣床上安装机用平口钳的方法。
2）掌握使用机用平口钳装夹工件的方法。
3）能找正工件进行零点偏置设定。

任务描述

在数控铣床上使用的夹具和在普通铣床上使用的夹具是基本一样的，最常见的通用夹具有机用平口钳、自定心卡盘和组合压板等，学生在实训车间实习最常用的是机用平口钳。首先要在数控铣床上安装机用平口钳，其次在机用平口钳上装夹工件，最后进行工件零点设置。

任务实施

一、工件的安装

1. 在数控铣床上安装机用平口钳

1）机床开机、复位后，各坐标轴手动返回参考点操作（绝对式编码器不必返回参考点），建立机床坐标系，确定机床零点。

2）用 T 形螺栓、垫圈和螺母将机用平口钳预紧在数控铣床工作台上，如图 3-15 所示。

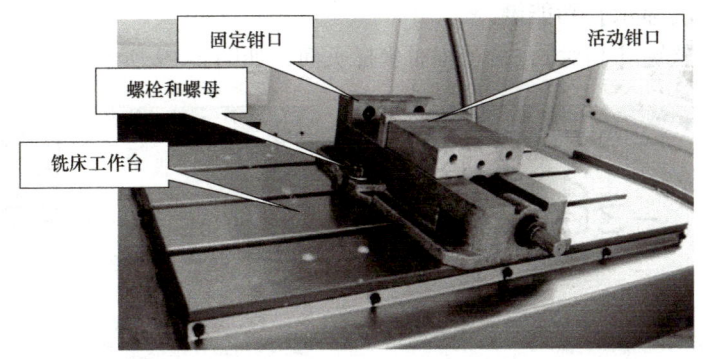

图 3-15　机用平口钳的安装

3）找正机用平口钳的平行度。使用磁性表座把杠杆百分表吸在主轴端部，找正机用平口钳固定钳口与机床工作台 X 轴方向的平行度，要求在固定钳口全长上平行度误差控制在 0.02mm 内，如图 3-16 所示，并将螺母拧紧。

2. 工件的安装

在紧贴两钳口处放上高度适当的两等高平行垫铁，放上工件，要求工件高出钳口 10mm 以上，保证刀具与夹具不发生干涉，利用木锤或铜棒敲击工件进行找正，要求夹紧工件后平行垫铁不能抽动，如图 3-17 所示。

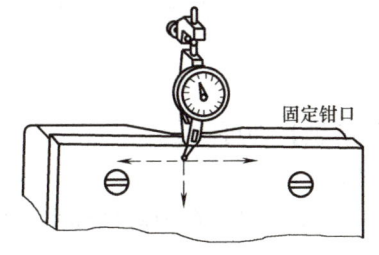

图 3-16　机用平口钳的找正

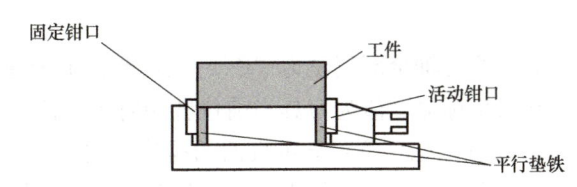

图 3-17　用机用平口钳装夹工件示意图

二、工件零点偏置的设定

1. 进入位置显示页面的操作

按下"MDI 单元"的【位置显示】功能键 即可进入位置显示页面，有三种显示形式：绝对、相对和综合。还可以在当前页面上显示进给速度、运行时间和加工零件数等信息。

（1）进入绝对坐标显示页面的操作

1）按下【位置显示】功能键 。

2）按下选择软键【绝对】，显示绝对坐标页面，显示值为刀具当前位置相对于机床零点的坐标值，如图 3-18 所示。

(2) 进入相对坐标显示页面的操作

1) 按下【位置显示】功能键。

2) 按下选择软键【相对】，显示相对坐标页面，如图3-19所示。

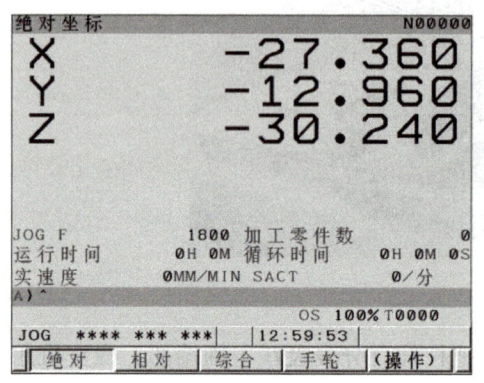

图3-18 绝对坐标显示页面　　　　　　图3-19 相对坐标显示页面

3) 按下选择软键【操作】，进入操作选择软键页面，如图3-20所示。

4) 按下选择软键【归零】，显示辅助菜单软键页面，如图3-21所示。

5) 在输入区键入轴名称后，指定轴名称将闪烁，按下选择软键【执行】，则指定轴的相对坐标被复位为"0"。

图3-20 操作选择软键页面　　　　　　图3-21 辅助菜单软键页面

如要所有轴全部复位为"0"，只需要按下选择软键【所有轴】即可。

相对坐标显示值为刀具当前位置相对于复位位置的坐标值。

(3) 进入综合位置显示页面的操作　可在一个页面上同时显示刀具在绝对坐标系、相对坐标系和机床坐标系的当前位置值和剩余移动量。

1) 按下【位置显示】功能键。

2) 按下选择软键【综合】，显示综合位置显示页面。

2. 设定工件零点偏置

(1) X轴和Y轴零点偏置的设定　如图3-22所示，使用寻边器（ϕ10mm）测量并设置工件零点G55在X和Y方向的偏置值。假设工件的零点在工件中心，其操作步骤如下：

1) 手动操作使寻边器以300r/min的转速旋转。

2) 按下【偏置设定】功能键。

3) 按下选择软键【工件】，显示工件坐标系设定页面，如图3-23所示。

4) 将操作方式选择旋钮转至"HANDEL"位置，使用手轮移动寻边器与工件左侧接触，此时假设机床坐标系中显示X值为-210.86。移动光标到G55的X轴数据上，在键入缓冲区中输入"X"和"-55"（L1=5+50），按下选择软键【测量】，X轴的工件零点偏置值自动输入"-155.86"（-210.86+55），如图3-24所示。

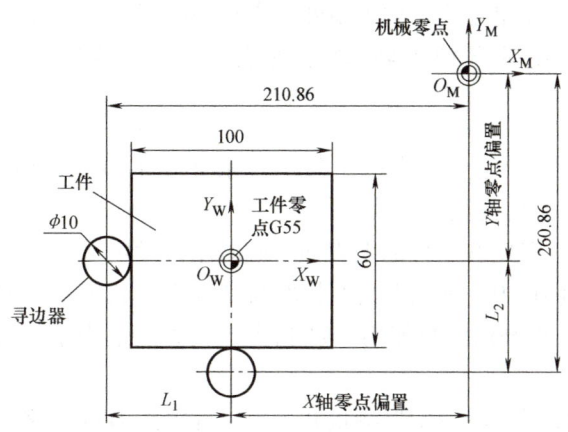

图 3-22　工件零点偏置的设定

Y 轴的工件零点偏移值也可采用上述方法确定：如图 3-22 所示，Y 轴显示值为 -260.86，在键入缓冲区中输入"Y"和"-35"（$L2 = 5 + 30$），按下选择软键"测量"，Y 轴的工件零点偏置值自动输入"-225.86"（$-260.86 + 35$）。

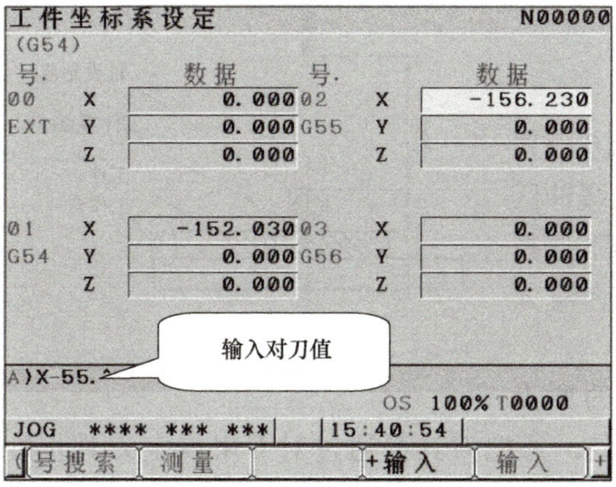

图 3-23　工件坐标系设定页面 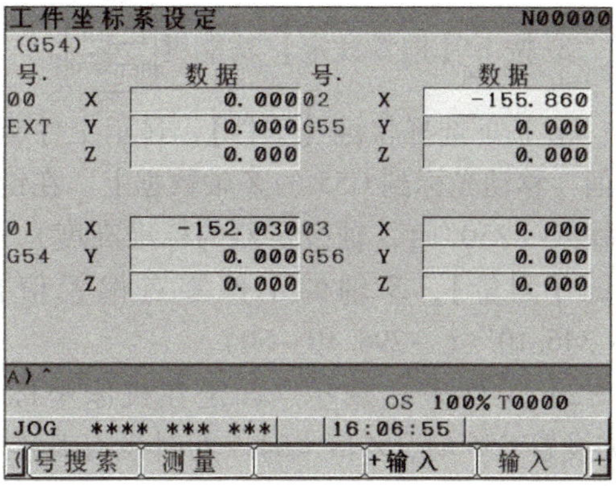　　　　图 3-24　X 轴零点偏置值的设定

试一试

设定好 X 轴和 Y 轴的零点后，把刀具抬高到安全位置，试校验零点的准确性。

解析

校验步骤如下：
1) 将机床操作方式选择旋钮转到"MDI"位置。
2) 选择软键【MDI】，在光标处输入"G55 G90 G01 X0 Y0 F2000；"。
3) 按下【循环启动】键，刀具将移动到工件零点上方。

如果刀具不是在工件零点上方，说明工件零点设定错误，需要重新设定。

> **想一想**
>
> 上述方法是寻边器碰单边法,对于精度要求较高的零点设定常采用碰双边法。如果工件零点设在工件的中心,则 X 或 Y 轴的零点偏置值与寻边器在两侧位置的机床坐标值有什么关系?

(2) Z 轴零点偏置的设定 编程时工件坐标系 Z 轴的零点一般确定在工件的上表面,在设定 Z 轴的零点偏置值时有两种方法。

1) 工件坐标系零点确定在工件的上表面。此时用来设定 Z 轴零点偏置值的刀具称为基准刀具,其长度补偿值 H=0。其他刀具的长度与基准刀具长度之差要输入到对应刀具的长度补偿号 H 中,调用长度补偿时只能用 G43 指令。此方法适用于具有对刀仪的场合,可节省对刀时间。

如图 3-25 所示,使用 Z 轴设定器测量并设置工件零点 G55 在 Z 方向的偏置值。假设 Z 方向的工件零点在工件上表面,其操作步骤如下:

① 对 Z 轴设定器校零并将其放置在工件上表面。

② 在主轴上安装刀柄,将操作方式选择旋钮转至 "HANDEL" 位置,使用手轮移动刀具缓慢接近 Z 轴设定器,观察表指针对零时停止移动,此时机床坐标显示的 Z 值为 " -296.10"。

③ 按下【偏置设定】功能键。

④ 按下选择软键【工件】,显示工件坐标系设置页面,移动光标到 G55 的 Z 轴数据上。在键入缓冲区中输入"Z50"(Z 轴设定器的标准高度),按下选择软键【测量】,Z 轴的工件零点偏置值自动输入 " -346.10" (-296.10 -50)。

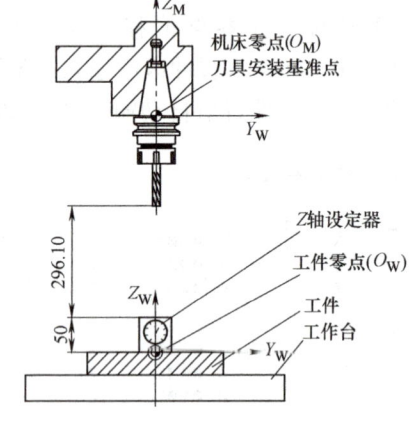

图 3-25 Z 轴零点偏置值的设定

2) 工件坐标系零点确定在机床坐标系的原点(如设置 G55 时,Z 值 =0)。此时没有基准刀具,每把刀具都通过对刀来设定刀具长度补偿值。

说明:

① 在精度要求不高的情况下,一般不使用 Z 轴设定器,直接通过使刀具与工件上表面轻微接触来设定 Z 轴零点偏置值,此时不需要在键入缓冲区中输入"Z50",直接按选择软键【测量】即可。

例如:在上述 Z 轴零点偏置的设定中,刀具需要再向下移动 50mm,则机床坐标显示的 Z 值为 -296.10 -50 = -346.10,即是 Z 轴的零点偏置值。

② 数控铣床的 Z 轴零点偏置值一般置为零,对刀时的 Z 向坐标值设置在刀具长度补偿号 H 中。

任务评价

学生分组进行自评和互评,并填写工件安装和零点设定任务评价表,见表 3-10。

表 3-10　工件安装和零点设定任务评价表

序号	考核内容		配分	评分标准	自评	互评	得分
1	装夹工件	开机返回参考点	10	错误不得分			
2		找正机用平口钳的平行度	10	错误不得分			
3		拧紧机用平口钳螺母	10	错误不得分			
4		装夹工件	10	错误不得分			
5	零点设定	进入位置显示页面的操作	10	错误不得分			
6		X 轴和 Y 轴零点偏置的设定	30	错 1 处扣 15 分			
7		Z 轴零点偏置的设定	20	错误不得分			
	合计		100				

课后练习

1）在教师的指导下，用寻边器碰双边法来确定 X 轴和 Y 轴的零点偏置值。
2）把零点偏置值输入到 G54 存储区中，并校验其准确性。

任务四　刀具安装和偏置设定

学习目标

1）会在 BT40 刀柄上安装刀具。
2）会在主轴上安装刀柄。
3）能进行刀具偏置值的设定。

任务描述

数控铣床上使用的刀具与普通铣床上使用的刀具基本一样，但数控加工对刀具的要求更高。按照刀具的材料分，常用的铣刀有高速钢铣刀、镶片式硬质合金铣刀和整体硬质合金铣刀等，在实训车间实习最常用的是高速钢铣刀。首先要把刀具安装在刀柄上，然后再把刀柄安装在主轴上。

任务实施

一、刀具的安装

1. 在刀柄上安装刀具

（1）BT40 刀柄　BT40 刀柄常用的有弹簧夹头刀柄、强力刀柄、侧固式刀柄和钻夹头刀柄，如图 3-26 所示。

1）弹簧夹头刀柄。主要用于钻头、铣刀、铰刀、丝锥等直柄刀具的装夹，其夹紧机构由刀柄内锥孔、弹性夹头和螺母组成。由螺母将夹头向内压入，和刀柄内孔锥度配合的夹头收缩，完成夹紧过程。

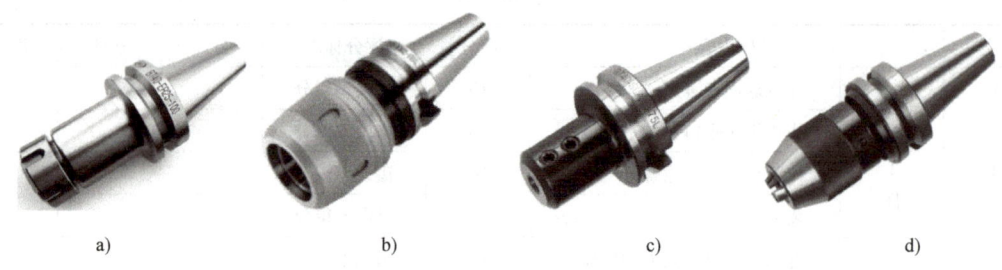

图 3-26　BT40 刀柄

a）弹簧夹头刀柄　b）强力刀柄　c）侧固式刀柄　d）钻夹头刀柄

2）强力刀柄。外形与弹簧夹头刀柄相似，内部采用卡簧结构，可以提供较大的夹紧力，夹紧精度较好，适用于夹持直径 16mm 以上的铣刀进行强力铣削加工。

3）侧固式刀柄。采用侧向夹紧，适用于切削力大的加工场合。

4）钻夹头刀柄。用于装夹直径在 13mm 以下的中心钻和麻花钻等。

（2）刀具安装工具

1）锁刀座。锁刀座又称 BT 刀轴锁刀座，可以立、横两用，是用于数控机床刀柄锁定的一种机床附件，如图 3-27 所示。

2）ER 扳手。ER 扳手是一种与 ER 螺母齿形匹配的专用扳手，如图 3-28 所示。

图 3-27　锁刀座

图 3-28　ER 扳手

（3）弹簧夹头刀柄的安装　弹簧夹头刀柄由 BT40 刀柄、ER 弹簧夹头和 ER 螺母组成，如图 3-29 所示。

弹簧夹头刀柄的安装步骤如下：

1）选用与铣刀直径匹配的 ER 弹簧夹头装入 ER 螺母中（图 3-30a），要注意装入的方向，螺母内侧面近锥面处是偏心的。

2）再将弹簧夹头螺母组件装入刀柄中，拧上螺母。

3）将刀柄放在锁刀座上，拧上拉钉（图 3-30b）。

4）把铣刀柄部装入弹簧夹头内，并用专用扳手拧紧 ER 螺母。

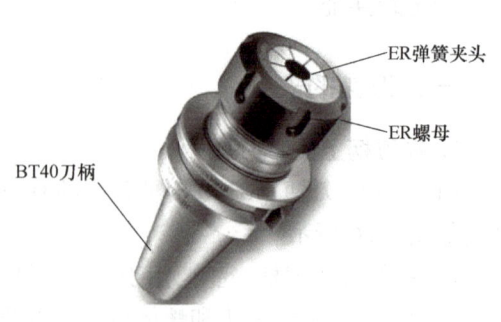

图 3-29　弹簧夹头刀柄

项目三 数控铣床的操作

图 3-30 弹簧夹头刀柄的安装
a)弹簧夹头嵌入螺母 b)拉钉装入刀柄

在 BT40 刀柄上装刀的姿势如图 3-31a 所示,左手抓着扳手头部,以防滑落,右手用力锁紧。在锁刀座上装好后的刀柄如图 3-31b 所示。

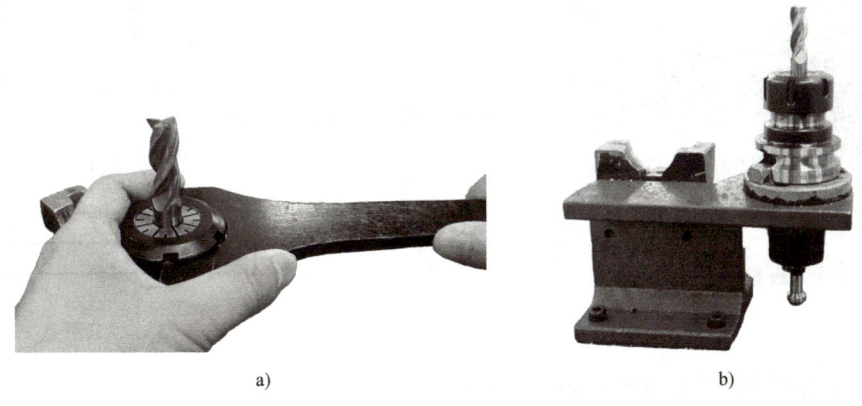

图 3-31 在锁刀座上装刀
a)装刀姿势 b)装好后的刀柄

2. 在主轴上安装刀柄

(1)安装刀柄 在加工零件前,必须把刀柄安装到主轴上,可利用主轴箱上的【换刀】按钮来安装。

1)将机床操作方式选择旋钮转至"JOG"位置。

2)如图 3-32 所示,左手握住手柄,右手持续按下机床主轴箱上的【换刀】按钮,夹紧装置松开,可将刀柄装入主轴,刀柄的卡槽必须对准主轴端面上的定位块,确认到位后可松开【换刀】按钮。

(2)换下刀柄

1)将机床操作方式选择旋钮转至"JOG"位置。

2)左手握住手柄,右手持续按下机床主轴箱上的【换刀】按钮,夹紧装置松开,可将刀柄从主轴中取下,此时可松开【换刀】按钮。

>> 注意 "换刀"时左手要用一定的预紧力,以免突然松开刀具而使刀具下落,损坏刀具。

二、刀具偏置的设定

刀具偏置值有刀具长度补偿值和刀具半径补偿值两种。刀具长度补偿值由代码 H 指定，刀具半径补偿值由代码 D 指定。

1. 刀具长度补偿值 H 的设定

如图 3-33 所示，通过对刀完成三把刀具长度补偿值的测量与设定。假设 Z 轴零点在工件的上表面，其操作步骤如下：

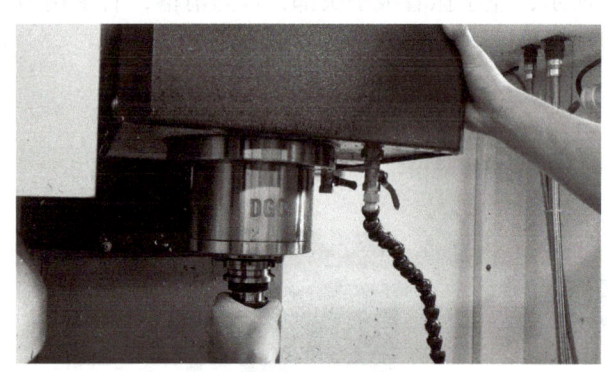

图 3-32　在主轴上安装刀柄

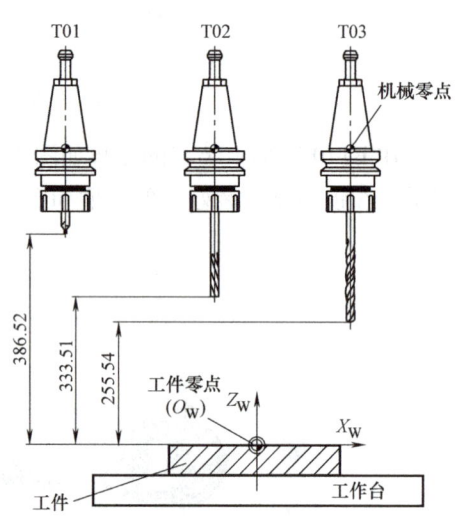

图 3-33　对刀示意图

1）手动操作使刀具以 300 r/min 的转速旋转。

2）将操作方式选择旋钮转至"HANDEL"位置，用手轮移动刀具，使其与工件上表面轻微接触，记录当前位置的机床坐标值"-386.52"，即是刀具 T01 的长度补偿值。初学者可在工件上表面贴上一小块湿纸，当刀具带动湿纸转动时，即可认为完成对刀。

3）按下【偏置设定】功能键

4）按下选择软键【刀偏】，显示刀具补偿设定页面，如图 3-34 所示。

5）移动光标键到 H01 输入区，在键入缓冲区中输入"-386.52"，按下选择软键【输入】，或在 MDI 单元按下【INPUT】键即可。

用同样的方法可对刀具 T02 和 T03 对刀，分别记录当前机床坐标值，并输入刀具长度补偿 H02 为"-333.51"，H03 为"-255.54"。

说明：对于加工精度较高的对刀，可采用 Z 轴设定器（高度 50.0 mm），刀具长度补偿值 = Z 轴机床坐标值 - 50 mm。

>> **注意**

1）刀具长度补偿值的设定必须与工件 Z 轴零点偏置值综合考虑，避免发生撞刀事故。

2）刀具长度补偿值的输入必须与程序中的刀补号一一对应，否则也易发生撞刀事故。

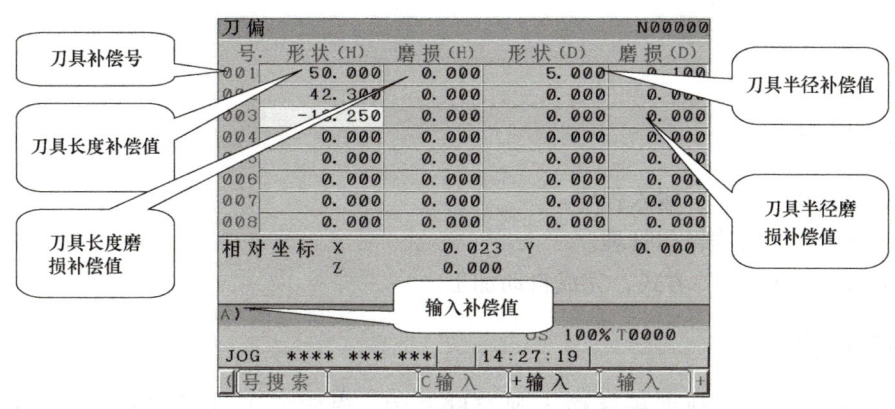

图 3-34 刀具补偿设定页面

2. 刀具半径补偿值 D 的设定

刀具半径补偿值一般直接在"形状（D）"中输入刀具的名义半径，如图 3-34 所示。磨损量可对刀具的磨损进行微调，是半径值。利用刀具半径补偿功能和磨损量的确定可对工件进行粗加工、半精加工和精加工。刀具半径补偿磨损量的确定见表 3-11。

表 3-11 刀具半径补偿磨损量的确定

刀具半径补偿 D	粗加工	半精加工	精加工
磨损量/mm	0.5	0.1	根据实测尺寸来确定

任务评价

在实训车间的数控铣床上，会进行安装刀柄和换下刀柄的操作，并能设置刀具长度补偿和刀具半径补偿。学生分组进行自评和互评，并填写刀柄安装和换下任务评价表，见表 3-12。

表 3-12 刀柄安装和换下任务评价表

序号		考核内容	配分	评分标准	自评	互评	得分
1	刀柄安装	弹簧夹头和螺母的组装	10	错 1 处扣 2 分			
2		组件装入刀柄中	10	错 1 处扣 5 分			
3		装入拉钉	10	错 1 处扣 5 分			
4		铣刀装入刀柄	10	错 1 处扣 5 分			
5		用 ER 扳手拧紧螺母	20	错 1 处扣 10 分			
6	装刀换刀	在主轴上安装刀柄	20	错 1 处扣 10 分			
7		在主轴上换下刀柄	20	错 1 处扣 10 分			
		合计	100				

课后练习

1）分组练习铣刀安装和刀柄安装。

2）分组练习刀具长度补偿值和刀具半径补偿值的设定。

任务五　程序的编辑和运行

学习目标

1) 会建立新程序，并输入程序。
2) 能进行程序的编辑和管理。
3) 会选择"AUTO"方式，完成自动加工。

任务描述

在自动加工前，必须把程序输入到存储器中，设定好工件零点和刀具补偿值。在"MDI"方式下，可检查工件零点设定和刀具补偿值的正确性，如有错误可重新设定参数。

在"AUTO"方式下，可调试程序。如是程序语法错误或指令错误，程序会停止执行，光标停在错误指令的位置，并显示报警代码；如是编程数值错误，程序虽会自动执行，但刀具轨迹与工件轮廓轨迹不符。

在确定工件零点、刀具补偿值以及程序正确无误的情况下，可自动运行程序。

任务实施

一、程序的编辑

1. 键入缓冲区

当按下字母/数字键时，对应键的字符就暂时输入到键入缓冲区中。键入缓冲区的内容显示在页面底部，如图 3-35 所示。数据开头显示">"，键入的字符最后显示"_"，是下一个字符的输入位置。

图 3-35　键入缓冲区

（1）上档键字符切换　如果要输入字符键的上档字符或符号，首先按下【上档键】，下一个字符输入位置的符号"_"变为"^"，然后按下字符键，如图 3-36 所示。在"上档键"状态下输入一个字符后，上档状态随即解除。此外，在"上档键"状态下再

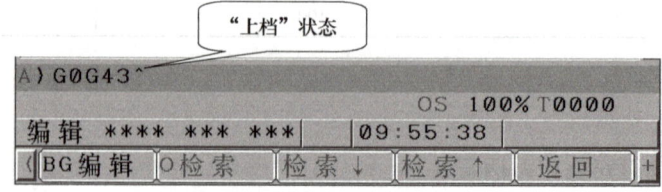

图 3-36　"上档键"状态

按下【上档键】时，上档状态也被解除。

（2）取消键　键入缓冲区中字母或数字的修改只能用【取消】键 [CAN]。如要删除光标位置的前一字符，按【取消】键 [CAN] 即可。

> **练一练**
>
> 试在 MDI 单元键入缓冲区中输入 "G03 X2 R20；"。
>
> ◆解　析◆
>
> 在 MDI 单元上依次键入如图 3-37 所示的按键即可。
>
>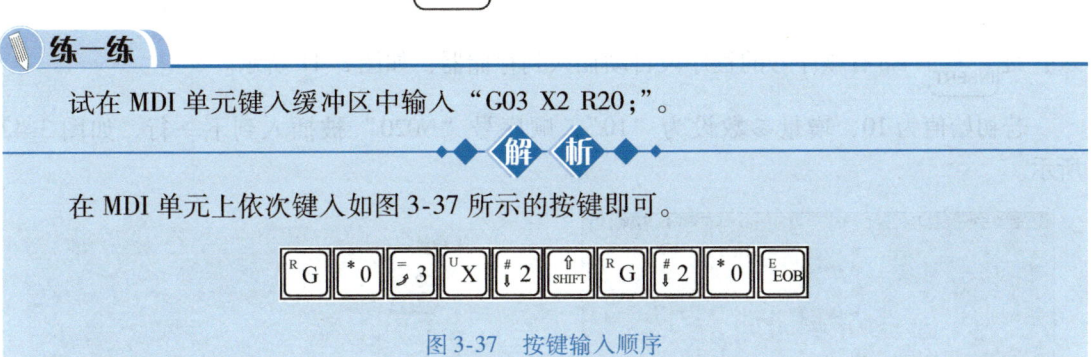
>
> 图 3-37　按键输入顺序

2. 新建程序

操作步骤如下：

1）将操作方式选择旋钮转至 "EDIT" 位置。

2）按下 MDI 面板上的【程序管理】功能键 [PROG]，显示 "程序管理" 页面。

3）在键入缓冲区中输入字母 "O" 和数字，新建程序名，如图 3-38 所示。输入新建程序名 "O3333"，再按下【插入】键 [INSERT] 时，存储程序名。此时，新建程序名结束并进入程序编辑页面，如图 3-39 所示。

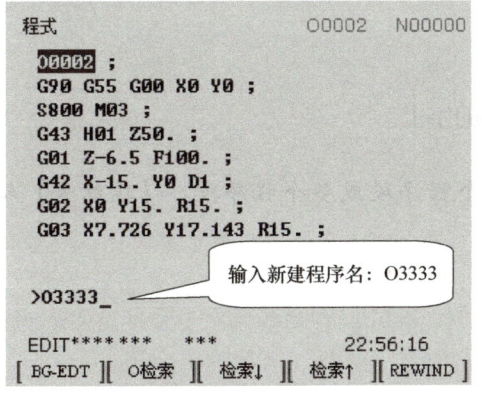

图 3-38　"程序管理" 页面

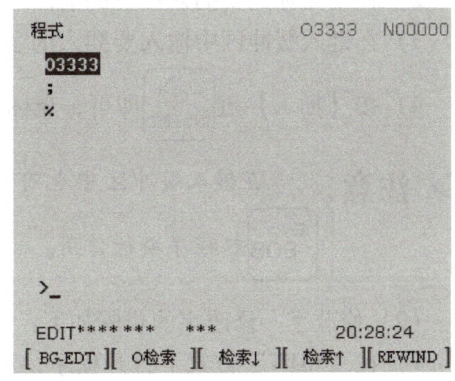

图 3-39　程序编辑页面

3. 自动插入程序的顺序号

在编辑方式下利用 MDI 单元输入程序时，可以将顺序号自动插入到每一程序段的段首。自动插入顺序号的操作步骤如下：

1）按【偏置设定】键 [OFS/SET]→选择软键【设定】→显示数据设定页面。

2）将"顺序号"的"0"置为"1"，即顺序号自动插入生效，如图 3-40 所示。

3）在键入缓冲区中逐字地输入程序段的数据→键入【段结束】键 [EOB]→按下【插入】键 [INSERT]→带有顺序号的程序段自动插入到存储器，如图 3-41 所示。

若初始值为 10，增量参数设为"10"，顺序号"N020"被插入到下一行，如图 3-42 所示。

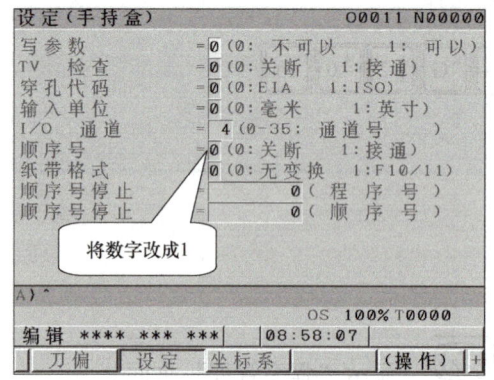

图 3-40　自动插入顺序号设定

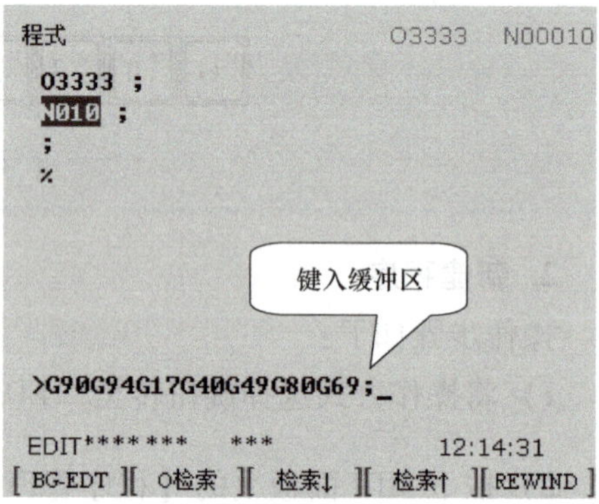

图 3-41　程序段输入

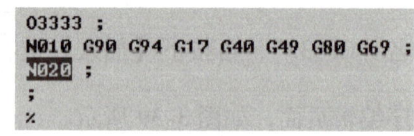

图 3-42　顺序号自动插入

4. 程序编辑

（1）字的插入　插入字的步骤如下：

1）将操作方式选择旋钮转至"EDIT"位置，进入"程序管理"显示页面，打开程序。

2）移动光标到要插入位置的前面一个字上。

3）在键入缓冲区中输入要插入的字。

4）按【插入】键 [INSERT] 即可，光标停在插入的字上。

>> **注意**　在键入缓冲区中也可以输入一个程序段或多个程序段。【段结束】键 [EOB] 起程序换行作用。

（2）修改字　修改字的步骤如下：

1）在"EDIT"方式下打开程序。

2）移动光标到要修改的字上。

3）在键入缓冲区中键入要插入的字。

4）按【替换】键 [ALTER] 即可，光标停在修改的字上。

（3）删除字　删除字的步骤如下：

1）在"EDIT"方式下打开程序。

2）移动光标到要修改的字上,按【删除】键即可,光标停在被删除字的后一字上。

如要删除一个程序段,只需要移动光标到该程序段段首的字上或顺序号上,在键入缓冲区中输入【段结束】键,按【删除】键,即可删除该程序段。如果在键入缓冲区中输入多个连续的段结束符";",再按【删除】键表示多个程序段同时删除,段结束符";"的数目等于被删除的程序段数。

5. 光标快速返回程序的开始位置

程序自动运行前或者需要通过字、地址搜索时,光标需快速定位在程序开始位置。常用的操作方法如下:

在"EDIT"方式下,在MDI单元上按【复位】键,页面上程序的内容从头显示,光标定位于程序的开始位置。

二、程序的管理

1. 程序搜索

程序搜索可快速搜索NC存储器中的程序,并自动切换到该程序内容的显示页面。常用以下两种搜索方法,其操作步骤如下:

1）操作方式可以是编辑"EDIT"或自动运行"AUTO"方式。

2）按下【程序管理】功能键,显示程序页面或程序一览页面,如图3-43所示。

3）在键入缓冲区中输入地址键"O",键入想要搜索的程序号,例如"0002"。

4）按选择软键【O检索】即可,搜索到的程序将显示在程序页面中,被搜索的程序号显示在页面的右上角,如图3-44所示。

也可按图3-43所示的选择软键"检索↑"或"检索↓"来搜索指定程序。

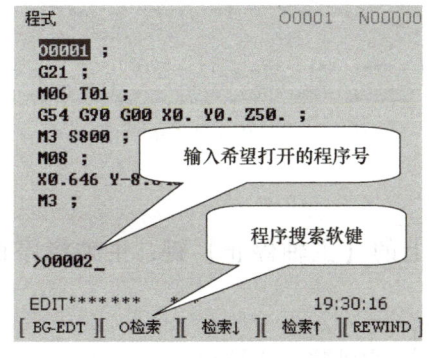
图3-43 程序搜索页面

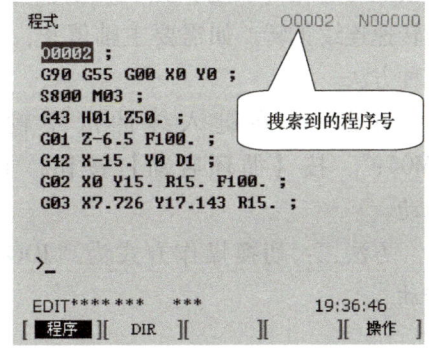
图3-44 程序搜索后的页面

2. 删除程序

在存储器内的程序可逐个地删除，也可同时把全部程序删除。操作步骤如下：

1）将操作方式选择旋钮转至"EDIT"位置。

2）按【程序管理】功能键，显示程序页面，或按下选择软键【DIR】切换到程序一览页面。

3）按地址键【O】，键入程序号，如程序号 0011。

4）按【删除】键，页面提示 O0011 是否删除，按下选择软键【执行】，则删除程序 O0011。如不想删除该程序，按下选择软键【取消】即可。

如要删除存储器中的全部程序，只需要按地址键"O"，键入 -9999，按【删除】键，存储器中的所有程序将全部被删除。

三、程序的运行

1. MDI 运行

在"MDI"方式下，一段多达 511 个字符的程序可按普通的方式在 MDI 页面手工输入，并可自动运行。操作步骤如下：

1）将机床操作方式选择旋钮转至"MDI"位置。

2）按【程序管理】功能键，进入程序显示页面，按选择软键【MDI】，进入 MDI 显示页面，程序号"O0000"将被自动插入，如图 3-45 所示。

3）在键入缓冲区中输入指令字，例如"M03 S300;"，按【插入】键，则"M03 S300;"被输入到"MDI"运行页面中。

4）将光标移动到程序的开头，按下机床控制面板上的【循环启动】按钮，主轴将以 300r/min 的转速连续正转。如需要主轴停止，可采用以下三种方法。

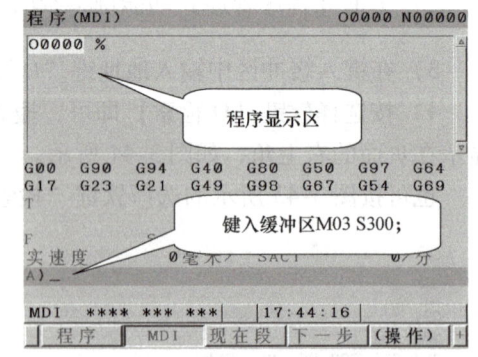

图 3-45 "MDI"显示页面

方法一：在键入缓冲区中输入指令字"M05;"，按【循环启动】按钮，主轴将停止转动。

方法二：切换操作方式为"JOG"，按操作面板上的【主轴停止】键，主轴将停止转动。

方法三：直接按下 MDI 单元上的【复位】键，主轴将停止转动。

练一练

在设定好工件零点偏置值和刀具补偿值后,试用MDI功能检查工件零点偏置和刀具补偿是否准确。

◆ 解 析 ◆

具体操作方法如下:

(1) 工件零点位置的检查

1) 选择 "MDI" 方式→按【程序管理】功能键 ![PROG]→按软键【MDI】→在键入缓冲区中输入 "G90 G54 G01 X0 Y0 F1000;" →按【插入】键 ![INSERT]。

2) 转动 "进给速率修调" 旋钮到 "0",按下机床控制面板上的【循环启动】按钮,程序开始自动运行,进行 "进给速率修调",刀具按程序中的坐标值移动,进给到工件坐标系零点的上方,可以目测确定。

如发现刀具不在工件零点上方的位置,说明零点偏置设定错误,需要重新设定工件零点 G54 中的数值,然后重新执行上述 1) 和 2) 的过程。

(2) 刀具补偿值的检查

1) 选择 "MDI" 方式→按【程序管理】功能键 ![PROG]→按软键【MDI】→在键入缓冲区中输入 "G90 G54 G01 Z50 F1000;" →按【插入】键 ![INSERT]。

2) 转动 "进给速率修调" 旋钮到 "0",按下机床控制面板上的【循环启动】按钮,程序开始自动运行,修调 "进给速率修调",刀具按程序中的坐标值移动,进给到工件上方 50mm 处。

如发现刀具位置与编程目标位置不对,应及时把 "进给速率修调" 转到 "0",停止 Z 轴移动,再按【复位】键 ![RESET],自动运行结束,系统进入复位状态。此时,需要重新对刀设定刀具补偿值,然后重新执行上述 1) 和 2) 的过程。

2. 自动运行

实际加工之前,要检查加工程序是否正确,加工轨迹是否符合要求,这样可以避免加工中因为程序错误而导致轮廓错误或造成撞刀事故。

(1) 图形模拟 "图形显示"功能可以描绘出正在运行程序的刀具轨迹。利用该功能可校验程序的正确性和刀具轨迹,可以用不同的颜色描绘快速移动和切削进给的轨迹。图形模拟有图形显示和动态图形显示两种,在校验程序时一般采用动态图形模拟显示(数控系统需要支持该功能,否则只有图形显示功能),具体操作步骤如下:

1) 选择要校验的程序,将操作方式置于 "AUTO" 方式。

2) 按【图形显示】功能键 ![GRPH],按选择软键【参数】,设定轨迹模拟参数,如图

3-46所示。

3)按选择软键【执行】,将显示轨迹模拟页面。按下选择软键【操作】,再按下软键【自动】或【开始】,屏幕上将自动描绘出刀具的运行轨迹,如图3-47所示。

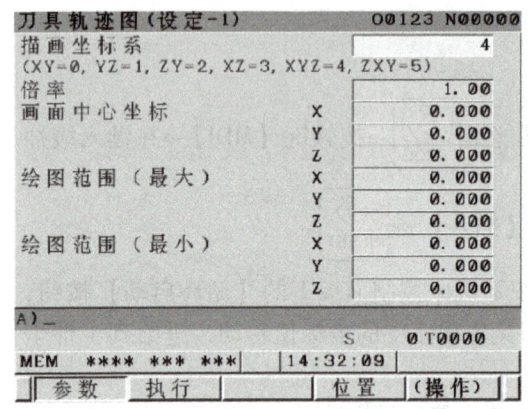

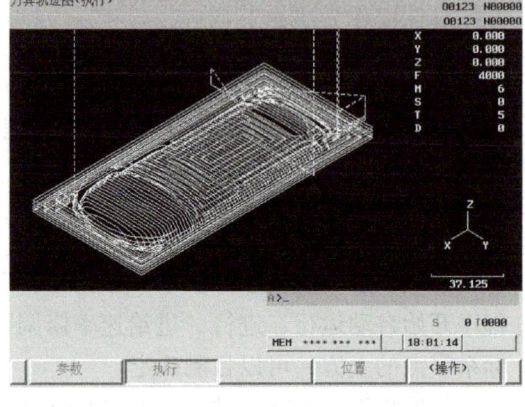

图3-46　图形模拟参数的设定　　　　　　图3-47　刀具轨迹模拟页面

根据刀具的轨迹,可初步判定编制的程序是否正确。

(2)单程序段运行　自动运行程序前,可用"单程序段运行"来检查刀具的运行轨迹是否正确。需要修改工件零点中的"Z"值使刀具上移一个安全距离,位于工件上方。可把程序中的进给速度修改大一点,以节省空运行时间。

在自动"AUTO"方式下,按机床控制面板上的【单段执行】键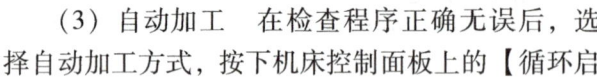后,每按一次【循环启动】按钮,执行程序中的一个程序段后,程序暂停运行,机床停止移动。如要继续执行下一个程序段,再按【循环启动】按钮。在"单段执行"方式,通过一个一个地执行程序段来检测程序,如图3-48所示。

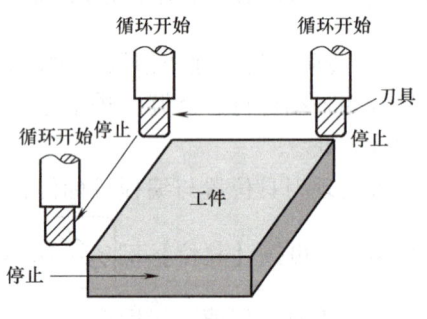

图3-48　单程序方式运行示意图

(3)自动加工　在检查程序正确无误后,选择自动加工方式,按下机床控制面板上的【循环启动】按钮,可执行程序的自动加工,此时循环启动指示灯亮。其操作步骤如下:

1)将机床控制面板上的操作方式选择旋钮转至"AUTO"方式。

2)按【程序管理】功能键 PROG ,选择将要加工的程序。

3)按下【循环启动】按钮,程序开始自动运行,"循环启动"指示灯亮。当自动运行结束时,"循环启动"指示灯熄灭。

在加工过程中可根据实际加工情况,随时调整主轴转速(用"主轴速率修调"旋钮调整)和进给速度(用"进给速率修调"旋钮调整)。

如果想在中途停止或取消自动运行,方法同"MDI"运行。

> **注意**
>
> 1）在程序执行过程中可通过按【单段执行】和【进给保持】键等来暂停加工，可对程序进行修改。
>
> 2）如要继续执行程序，必须使光标移到程序段暂停的位置，然后再按【循环启动】按钮继续执行。
>
> 3）如果光标不是移动到暂停程序段的位置，而继续执行自动加工，程序可能不会精确地按页面上显示的程序内容执行，导致轨迹错误。此时必须进行"复位"操作后再重新执行程序。

任务评价

能建立新程序，对程序进行编辑和运行，学生进行自评和互评，并填写程序的编辑和运行任务评分表，见表3-13。

表 3-13 程序的编辑和运行任务评分表

序号	考核内容		配分	评分标准	自评	互评	得分
1	程序编辑	建立新程序及输入程序	5	错1处扣5分			
2		能自动插入顺序号	5	错1处扣5分			
3		编辑程序	5	错1处扣5分			
4		光标回到程序开始位置	5	错1处扣5分			
5	MDI方式	手工输入程序	5	错1处扣5分			
6		自动运行	5	错1处扣5分			
7		检查工件零点	10	错1处扣5分			
8		检查刀具补偿值	10	错1处扣5分			
9	程序调试	单程序段运行	15	错1处扣5分			
10		图形模拟	15	错1处扣5分			
11	自动运行	自动加工	20	错1处扣5分			
		合计	100				

课后练习

1）建立新程序名，并输入以前学过的程序。
2）使用数控功能检查工件零点和刀具补偿值是否准确。
3）使用数控功能调试和自动运行程序。

任务六 数控铣床的日常维护

学习目标

1）了解数控铣床日常维护的知识。
2）能做一些简单的日常维护保养。

3）掌握数控系统的维护保养知识。

任务描述

为了充分发挥数控铣床的作用，减少故障的发生，延长机床的平均无故障时间，数控机床的编程、操作和维修人员必须经过专门的技术培训，要有机械加工工艺、液压、测量、自动控制等方面的知识，这样才能做好数控机床的维护和保养工作。

数控铣床操作人员要严格遵守操作规程和机床日常维护保养制度，严格按机床和系统说明书的要求正确、合理操作机床，尽量避免因操作不当影响机床的正常使用。

任务实施

一、数控铣床日常维护的内容

对数控铣床进行日常维护保养的目的就是延长机械部件的磨损周期，延长元器件的使用寿命，减少事故的发生，保证数控铣床长时间稳定、可靠地运行。

数控铣床日常维护的内容见表3-14。

表3-14 数控铣床日常维护的内容

序号	检查周期	检查部位	检查内容和要求	备注
1	每天	导轨润滑油箱	检查油标、油量，及时添加润滑油，润滑泵能及时起动泵油及停止	
2	每天	切削液箱	随时检查液面高度，及时添加切削液，太脏时需要更换、清洗切削液箱和过滤器	
3	每天	压缩空气源	检查气动控制系统压力，应在正常范围	5~7kgf/cm² (0.5~0.7MPa)
4	每天	气源自动分水滤水器，自动空气干燥器	及时清理分水器中滤出的水分，保证自动空气干燥器正常工作	
5	每天	主轴润滑恒温油箱	工作正常，油量充足，工作范围合适	
6	每天	机床液压系统	油箱、液压泵无异常噪声，压力表指示正常，管路及各接头无泄漏，工作油面高度正常	
7	每天	电气柜各散热通风装置	各电气柜冷却风扇工作正常，风道过滤网无堵塞	
8	每天	各种防护装置	导轨、机床防护罩等应无松动、漏水	
9	每周	各电气柜过滤网	清洗各电气柜过滤网	
10	不定期	废油池	及时取走存集的废油，避免溢出	
11	不定期	排屑器	经常清理切屑，检查有无卡住等	
12	不定期	主轴驱动带	按说明书要求调整传动带松紧度，若传动带破损应及时更换	
13	每半年	滚珠丝杠	清洗丝杠上旧的润滑脂，涂上新润滑脂	
14	每半年	液压油路	清洗溢流阀、减压阀、过滤器、油箱，更换或过滤液压油	
15	每一年	主轴润滑恒温油箱	清洗过滤器，更换润滑油	
16	每一年	检查并更换直流伺服电动机电刷	检查换向器表面，吹净炭粉，去除毛刺，更换长度过短的电刷	
17	每一年	润滑油泵、过滤器	清理润滑油池底，更换过滤器	

二、数控系统的维护

1. 尽量少开数控柜和强电柜门

在机加工车间的空气中一般会有油雾、灰尘甚至金属粉末,一旦它们落在数控系统内的电路板或者电子元器件上,容易引起元器件间绝缘电阻下降,甚至导致元器件及电路板损坏。

2. 定时清理数控柜的散热通风系统

应该检查数控柜上的各个冷却风扇工作是否正常。每季度或每半年检查一次风道过滤器是否有堵塞现象,若过滤网上灰尘积聚过多,不及时清理,会引起数控柜内温度过高。

3. 监视数控系统用的电网电压

通常各公司生产的数控系统,允许电网电压在额定值的±10%范围内波动。如果超出此范围,就会造成系统不能正常工作,甚至引起数控系统内部电子部件损坏。对于电网电压不稳定的地区,建议加装电源稳压器。

4. 定期更换存储用电池

在一般情况下,即使电池尚未失效,也应每年更换一次电池,以确保系统能正常工作;另外,一定要注意,更换电池应在数控系统供电状态下进行。

5. 数控系统长期不使用的维护

为提高数控系统的利用率和减少数控系统的故障,数控机床应满负荷使用,而不要长期闲置不用。由于某种原因造成数控系统长期闲置不用时,为了避免数控系统损坏,需注意以下两点。

1)要经常给数控系统通电,至少每周通电空运行一次,特别是在环境湿度较大的梅雨季节更应如此。在机床锁住不动的情况下(即伺服电动机不转时),让数控系统空运行。利用电子元器件本身的发热来驱散数控系统内的潮气,保证电子元器件的性能稳定可靠。实践证明,在空气湿度较大的地区,经常通电是降低故障率的有效措施。

2)闲置半年以上不用的数控铣床,应将直流伺服电动机的电刷从直流电动机中取出,以免由于化学腐蚀作用,使换向器表面腐蚀,造成换向性能变坏,甚至使整台电动机损坏。

任务评价

根据对数控铣床日常维护内容的掌握情况,学生进行自评和互评,并填写数控铣床日常维护评价表,见表3-15。

表3-15 数控铣床日常维护评价表

序号	考核内容		配分	评分标准	自评	互评	得分
1	每天维护	导轨润滑油箱	6	不了解酌情扣分			
2		切削液箱	5	不了解酌情扣分			
3		压缩空气源	5	不了解酌情扣分			
4		电气柜各散热通风装置	5	不了解酌情扣分			
5		各种防护装置	5	不了解酌情扣分			
6	每周维护	各电气柜过滤网	8	不了解酌情扣分			

（续）

序号	考核内容		配分	评分标准	自评	互评	得分
7	不定期	排屑器	5	不了解酌情扣分			
8		主轴驱动带	5	不了解酌情扣分			
9	每半年	滚珠丝杠	5	不了解酌情扣分			
10		液压油路	5	不了解酌情扣分			
11	每一年	主轴润滑恒温油箱	5	不了解酌情扣分			
12		检查并更换直流伺服电动机电刷	5	不了解酌情扣分			
13		润滑油泵、过滤器	5	不了解酌情扣分			
14	数控系统维护	少开数控柜门	5	不了解酌情扣分			
15		清理数控柜通风散热系统	5	不了解酌情扣分			
16		电网电压	5	不了解酌情扣分			
17		定期更换存储用电池	8	不了解酌情扣分			
18		长期不使用时的维护	8	不了解酌情扣分			
		合计	100				

课后练习

1）能说出数控铣床应每天维护的内容。

2）能说出对数控系统进行维护的内容。

项目四 轮廓类零件的加工

项目描述

　　一般铣削类零件形状都是由直线和圆弧轮廓组成的。通过学习能对直线和圆弧组成的平面轮廓零件进行数控加工工艺分析,并编制程序,能装夹工件、输入数控加工程序、进行工件零点设定、进行刀具补偿值的设定,选择自动加工方式进行粗、精加工,并达到如下要求。

1) 尺寸公差等级达 IT8。
2) 几何公差等级达 IT8。
3) 表面粗糙度值达 $Ra\,3.2\,\mu m$。

　　根据《铣工国家职业技能标准》(数控铣工)中级工的技能要求,本项目安排六个任务,分别为矩形凸台的加工、圆柱凸台的加工、六角凸台的加工、八角凸台的加工、槽轮的加工和对称轮廓的加工。

任务一　矩形凸台的加工

学习目标

1) 正确选择编程零点,设计合理的刀具走刀路线并计算基点坐标。
2) 应用直线、圆弧插补指令编制平面轮廓程序。
3) 熟练操作机床,正确对刀并设置工件零点参数及刀具长度补偿值。
4) 采用刀具补偿值的方法保证尺寸精度。
5) 根据零件形状,选择合适的量具测量尺寸精度并分析结果。
6) 提高、养成职业素养,按企业有关文明生产规定,做到工作地整洁,工件、工具、量具、刀具摆放整齐。

任务描述

1) 分析图 4-1 所示矩形凸台的零件图,选择合适的夹具、刀具、机床,确定零件的加工工艺。

2）选择合适的刀具种类及规格，编制零件的加工程序。

3）进行零件装夹、对刀及参数设定，操作机床完成零件的加工。

4）选择合适的量具测量零件的精度，并进行零件的质量分析。

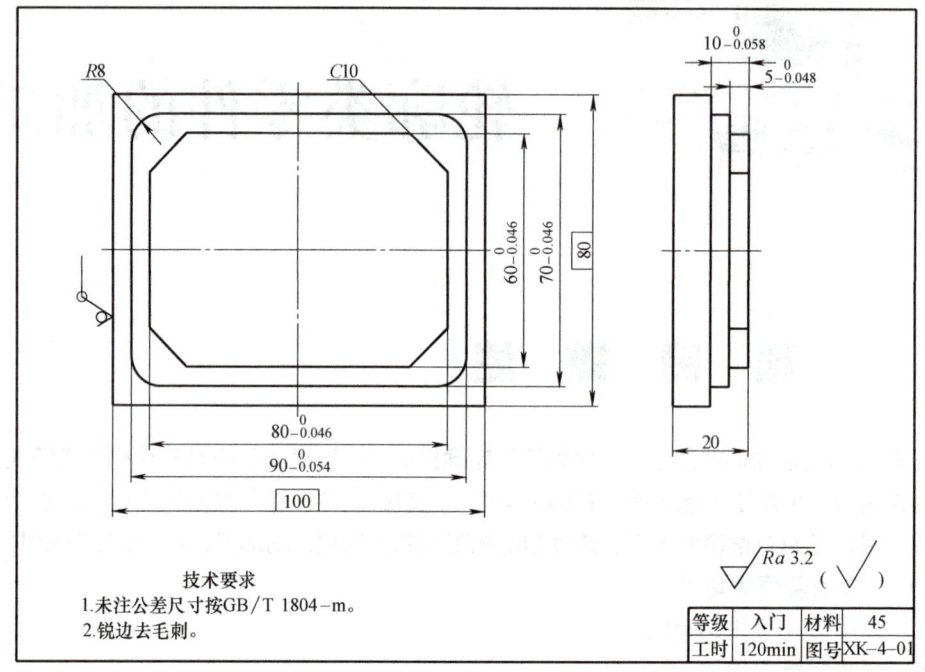

图 4-1　矩形凸台的零件图

知识链接

一、顺铣和逆铣

如图 4-2 所示，铣削有顺铣与逆铣两种方式。铣刀与工件接触部位的旋转方向和工件进给方向相同，称为顺铣；铣刀与工件接触部位的旋转方向和工件进给方向相反，称为逆铣。

1. 逆铣的特点

刀齿切入工件时的切削厚度值为零，随着刀齿的回转，切削厚度值在理论上逐渐增大。鉴于采用这种方法会产生一些副作用，诸如后刀面磨损加快从而降低刀具寿命、在加工高合金钢时产生表面硬化、表面质量不理想等，所以这种方法极少采用。只有在粗加工时，特别是工件表面有硬皮时采用逆铣，刀齿从已加工表面切入，不会崩刃。

2. 顺铣的特点

顺铣时，铣刀齿刚开始切入工件时的切削厚度最大，而后逐渐减小，避免了逆铣切入时

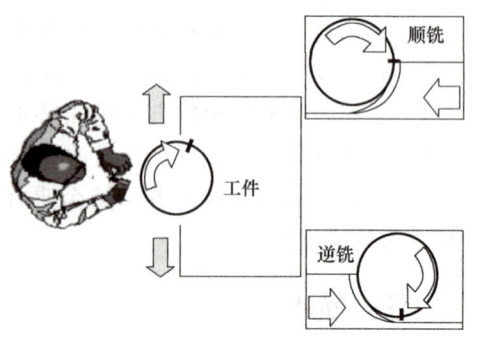

图 4-2　顺铣和逆铣

的挤压和啃刮现象,而且刀齿的切削距离较短,铣刀磨损较小,寿命比逆铣时高 2~3 倍,已加工表面质量也较好,特别是铣削硬化趋势强的难加工材料时效果更明显。顺铣不宜加工含硬表层的工件(如铸件表层),因为这时切削刃必须从外部通过工件的硬化表层,从而产生较大的磨损。

二、刀具的基本知识

1. 面铣刀

面铣刀的主偏角是指刀片刃口和工件的加工表面之间的夹角。主偏角会影响切屑的厚度、切削力的大小和方向,从而影响刀具寿命。在相同的进给速度下减小主偏角,则切屑厚度变薄,切屑与切削刃的接触长度更长。较小的主偏角也可使刀具更为平缓地进入切口,有助于减小背向力和保护切削刃口。但是进给力太大,会增加对工件和锥孔的压力。面铣刀常用的主偏角是:90°、45°、10°以及圆刀片,如图 4-3 所示。

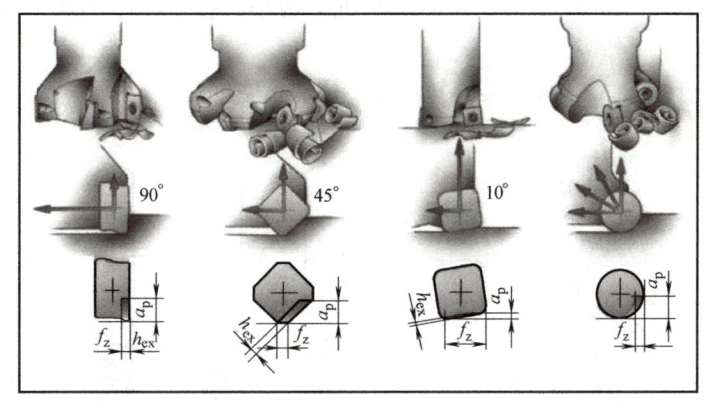

图 4-3　面铣刀的主偏角

90°主偏角的面铣刀,可以铣削具有台肩要求的工件,可以获得直角边,但是会产生绝大部分的背向力,同时也意味着被切的表面承受的进给力较小。这对于低强度结构的工件和薄壁工件的加工很有意义。

45°主偏角的面铣刀,加工时同时存在大小值接近的进给力和背向力,会产生更为平稳的压力,并且对机床功率的要求相对较小,为平面铣削的首选刀具。

10°主偏角的面铣刀,主要用于插铣,并且也是小背吃刀量、大进给量的面铣刀。常用于模具的宽大型腔加工,大量快速去除余量。因为背向力很小,因而可以降低因刀杆悬伸过长而产生的振动趋势。

圆刀片刀具意味着连续可变的主偏角,范围为 0°~90°,其具体值取决于背吃刀量的情况。圆刀片半径具有非常坚固的切削刃,并且由于产生薄屑,切削力会顺着长长的切削刃均匀分布,因而适合于高进给速率的加工,常用于模具型腔的快速去除余量。薄切屑效应适合加工耐热合金和钛合金,因为其为平稳切削,因而对机床功率和稳定性的要求低。

2. 立铣刀

数控铣床上最常用的刀具为立铣刀,可加工台阶、型腔、槽等,应用范围广。

立铣刀根据铣刀材料可分为高速钢立铣刀和硬质合金立铣刀;根据刀具刃数,又可分为 2 刃(键槽立铣刀)、3 刃、4 刃甚至 5 刃以上的立铣刀。

立铣刀的几何形状如图4-4所示。芯核直径越大，表示刀具刚性越好；容屑槽越大，粗加工排屑越好，但刀具的强度和刚性较差。立铣刀还有两个重要参数，即刃数和螺旋角。

（1）刃数（齿数） 在选用立铣刀时首选3刃的铣刀，其切削最为稳定；2刃的铣刀排屑容积更大，但稳定性不如3刃的铣刀好；4刃的铣刀加工效率高，但容屑槽空间更小，稳定性变差，仅在精加工应用中使用6个或以上的切削刃。

粗加工选用2刃、3刃立铣刀，为了提高稳定性和增大容屑空间；半精加工、精加工选用4刃立铣刀，为了提高生产效率。

（2）螺旋角 螺旋角为30°~60°，如图4-4所示。螺旋角越大，切入和切出时越平稳，进给力越大，铣刀刃口越长。

首选50°、45°螺旋角的立铣刀，其加工时背向力小，刀具偏斜小，可获得良好的表面质量，以及良好的排屑性能。

30°螺旋角是最常见的螺旋角，其加工时进给力小，排屑槽空间大，适于加工不锈钢、铝合金等长屑材料。

60°螺旋角用于精加工，其刀具偏斜最小，排屑槽空间小。

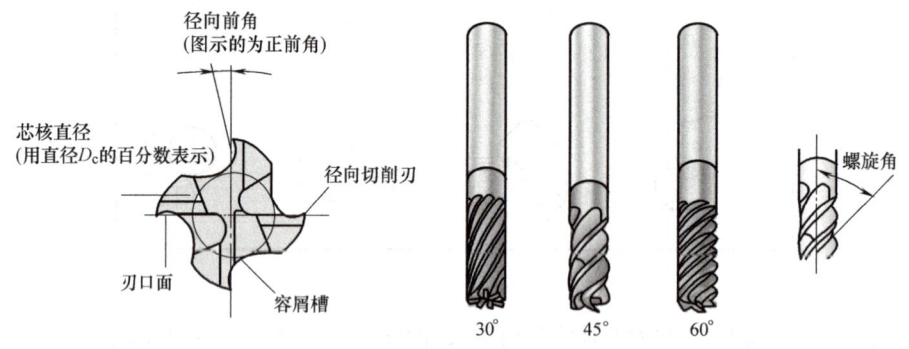

图4-4 立铣刀的几何形状及螺旋角

3. 刀具的选择

应根据机床的加工能力、工件材料的性能、加工工序、切削用量以及其他相关因素正确选用刀具及刀柄。选择刀具总的原则是：安装调整方便、刚度好、寿命长、精度高；在满足加工要求的前提下，尽量选择较短的刀柄，以提高刀具加工的刚度。

首先分析零件图，确定零件图上凹圆弧的最小曲率半径，从而确定精加工刀具的直径；选择粗加工刀具的直径时应尽可能选大些，可快速去除多余的材料，提高加工效率，也能提高刀具的刚度。

在数控加工中，为节约辅助时间，应尽可能减少换刀次数，直径相差不大的精加工刀具可用直径较小的刀具代替。

想一想

1）在加工材料为铝的工件时，应如何选择刀具？
2）如何确定精加工刀具的直径？

三、任意角度倒圆角、倒角（R、C）

倒角和倒圆角过渡程序段可以自动地插入下面的程序段之间：直线插补和直线插补程序段之间；直线插补和圆弧插补程序段之间；圆弧插补和直线插补程序段之间；圆弧插补和圆弧插补程序段之间。

1. 指令格式

$$\text{G01 } X\_\_ \ Y\_\_ \begin{Bmatrix} , C\_\_ \\ , R\_\_ \end{Bmatrix}$$

$$\begin{Bmatrix} G02 \\ G03 \end{Bmatrix} X\_\_ \ Y\_\_ \ R\_\_ \begin{Bmatrix} , C\_\_ \\ , R\_\_ \end{Bmatrix}$$

2. 指令注释

C、R 指令加在直线插补（G01）和圆弧插补（G02、G03）程序段的末尾时，加工中自动在拐角处加上倒角和倒圆角。

在倒角指令 C 之后，指定从虚拟拐点到拐点起点和终点的距离。虚拟拐点是假定不执行倒角时实际存在的拐角点，如图 4-5 所示。

在倒角指令 R 之后，指定拐角半径，如图 4-6 所示。

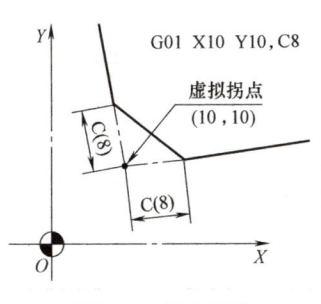

图 4-5　插入倒角

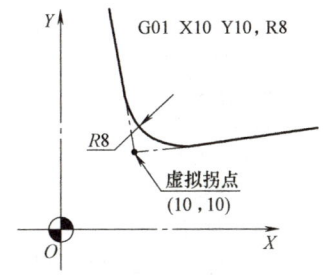

图 4-6　插入圆角

任务实施

一、工艺分析

1. 图样分析

如图 4-1 所示，零件材料为 45 钢，因此选择刀具时应尽量选用硬质合金铣刀，但考虑加工成本也可以选择高速钢铣刀。此工件属于一般简单平面轮廓类零件，加工要素主要由直线和圆弧组成。零件加工尺寸公差等级为 IT8，表面粗糙度值为 $Ra3.2\mu m$，采用数控铣削可以达到以上加工要求。

2. 毛坯备料和装夹方式

零件毛坯属于方料，尺寸为 100mm×80mm×20mm，六面精铣。选用通用夹具，精密机用平口钳装夹工件。

3. 刀具和量具的确定

根据零件图样的加工内容、技术要求及检测要求，确定刀具及刀柄清单见表 4-1，工、量具清单见表4-2。

表4-1　刀具及刀柄清单

序号	刀具名称	规格或型号	分度值/mm	数量
1	BT 平面铣刀柄	BT40-FMA25.4-60L		1
2	SE45°平面铣刀	SE445-3		1
3	BT-ER 铣刀夹头	BT40-ER32-70L		自定
4	筒夹	ER32-φ10mm、φ16mm、φ20mm		自定
5	平面铣刀刀片	SENN1203-AFTN1		6
6	立铣刀	φ10mm、φ16mm、φ20mm		各1

表4-2　工、量具清单

序号	名称	规格或型号	分度值/mm	数量
1	游标卡尺	0~150mm	0.02	1
2	外径千分尺	0~25mm、25~50mm、50~75mm、75~100mm	0.01	各1
3	深度千分尺	0~50mm	0.01	1
4	半径样板	$R1~R25$mm		1
5	杠杆百分表	0~0.8mm	0.01	1
6	磁力表座			1
7	回转式寻边器	ME-1020	0.01	1
8	Z 轴设定器	ZDI-50	0.01	1
9	铜棒或塑料榔头			1
10	内六角扳手	6mm、8mm、10mm、12mm		各1
11	等高垫铁	根据精密机用平口钳和工件自定		1副
12	锉刀、磨石			自定
13	科学计算器、铅笔、橡皮、绘图工具			自定

4. 加工方案的制订

根据基准先行、先粗后精、工序集中的原则，该零件的数控加工工艺卡见表4-3。

表4-3　数控加工工艺卡

零件装夹图	装夹要点
(见装夹图)	1. 用机用平口钳装夹前要用杠杆百分表找正固定钳口与机床导轨的平行度 2. 毛坯高出钳口8mm以上

工步	加工要点	加工简图	刀具		切削用量		
			名称	直径/mm	背吃刀量/mm	主轴转速/(r/min)	进给速度/(mm/min)
1	精铣工件上表面	(见简图)	面铣刀	φ63	0.2	800	80

（续）

工步	加工要点	加工简图	刀具		切削用量		
			名称	直径/mm	背吃刀量/mm	主轴转速/(r/min)	进给速度/(mm/min)
2	粗铣矩形凸台，留单边余量0.3mm，底面留余量0.2mm		立铣刀(HSS)	φ16	9.8 分层加工	500	100
3	粗铣矩形凸台，留单边余量0.3mm，底面留余量0.2mm		立铣刀(HSS)	φ16	4.8	500	100
4	半精、精铣所有轮廓，保证尺寸	略	立铣刀(HSS)	φ16	5/10	500	100

二、程序编制

1. 编程零点的确定

通过对零件图样的分析，将编程零点定于工件上表面中心处。

2. 走刀路线的设计

加工零件的走刀路线是刀具在整个加工工序中的运动轨迹，不仅包括了工步内容，也反映工步顺序。合理安排走刀路线，对提高加工效率、提高加工质量和保证安全都是必要的。确定走刀路线的一般原则如下：

1）保证零件的加工精度和表面质量。

2）方便数值计算，减少编程工作量。

3）缩短走刀路线，减少进退刀时间和其他辅助时间。

4）尽量减少程序段数。

用面铣刀加工平面的走刀路线设计：采用直径为63mm的面铣刀加工100mm×80mm的大平面，走刀路线如图4-7所示。

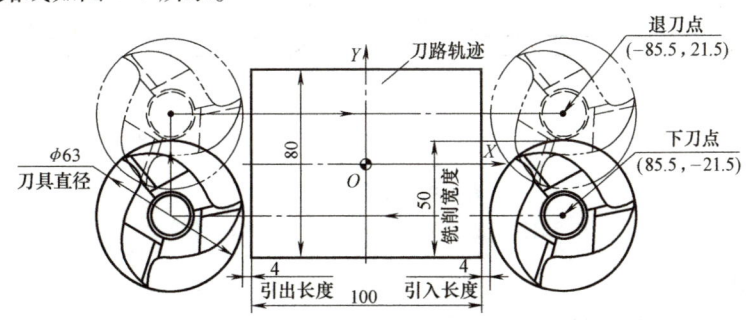

图4-7 面铣刀铣削大平面的走刀路线

外轮廓（矩形凸台）加工的走刀路线：如图 4-8 所示，采用 G41（刀具半径左补偿）指令编制程序，设计矩形凸台的走刀路线。首先确定下刀点、切入点、切出点，然后选择合适的切入、切出方式即可。

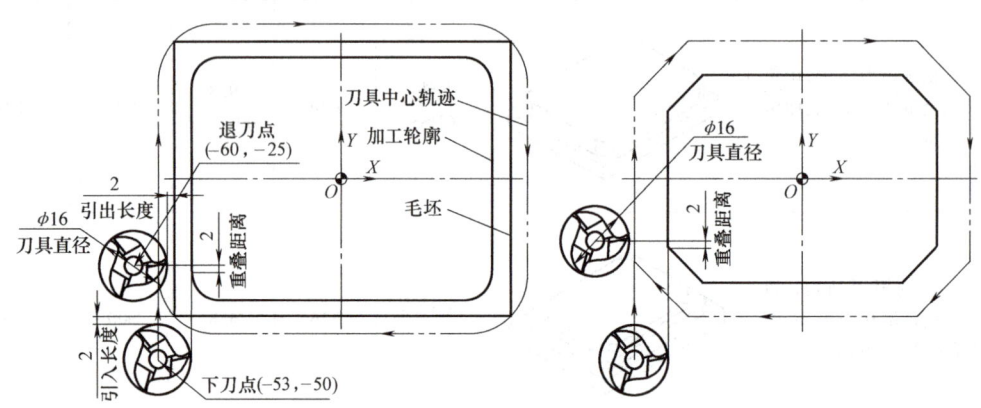

图 4-8　矩形凸台的走刀路线

想一想

1）用面铣刀铣削平面时必须在毛坯外下刀，分析其原因。
2）加工外轮廓时，如何确定下刀点？切入、切出时应注意哪些事项？

3. 数学处理及基点的计算

根据编程方法的不同，坐标点计算的方式也不同。如图 4-9a 所示，采用一般编程方式，需要计算图中 16 个基点的坐标，程序段较多，编程复杂；如图 4-9b 所示，采用插入倒圆角、倒角指令编制程序，只需计算图中 8 个点的坐标，程序段少，编程简单。

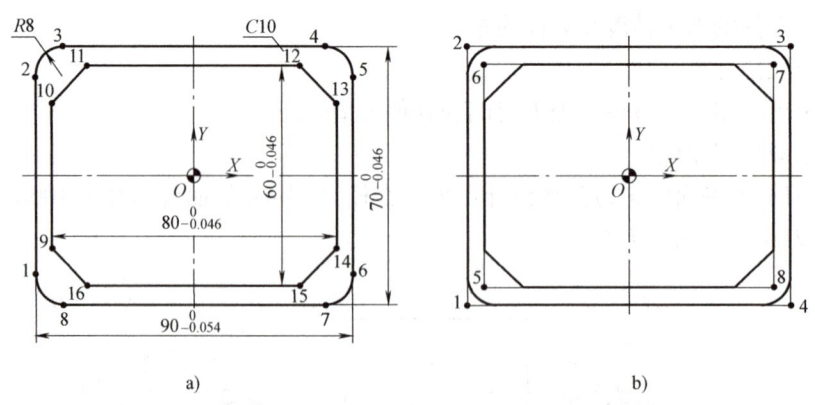

图 4-9　基点坐标计算
a）普通编程方式　b）插入倒圆角、倒角指令编程方式

4. 编制程序

矩形凸台加工参考程序见表 4-4。

表 4-4 矩形凸台加工参考程序

程 序 内 容	说　　明
O4001；	程序名(面铣刀加工程序)
N02　G54 G17 G40 G90 G80 G21 G69；	G54 工件零点偏置
N04　T1；	刀具号设定(φ63mm 面铣刀)
N06　G00 G43 Z100 H01 M03 S800；	刀具快速定位到100mm,主轴 800r/min 正转
N08　G00 X85.5 Y-21.5；	快速定位在下刀点处
N10　Z2；	快速接近工件上表面,安全距离为2mm
N12　G01 Z0 F30 M08；	刀具工进至指定深度,切削液开
N14　G01 X-85.5 Y-21.5 F120；	直线插补
N16　G01 X-85.5 Y21.5 F300；	直线插补
N18　G01 X85.5 Y21.5 F120；	直线插补
N20　G00 Z100 M09；	快速抬刀至工件初始平面,切削液关
N22　G00 G91 G28 Z0；	Z 轴回参考点
N24　G49；	取消刀具长度补偿
N26　M05；	主轴停止
N28　M30；	程序结束并返回程序开头
O4002；	程序名(圆角凸台加工程序)
N02　G54 G17 G40 G90 G80 G21 G69；	G54 工件零点偏置
N04　T1；	刀具号设定(φ16mm 立铣刀)
N06　G00 G43 Z100 H01 M03 S500；	刀具快速定位到100mm,主轴 500r/min 正转
N08　G00 X-53 Y-50；	快速定位在下刀点处
N10　Z2；	快速接近工件上表面,安全距离为2mm
N12　G01 Z-10 F30 M08；	刀具工进至指定深度,切削液开
N14　G01 G41 X-45 Y-35 D01 F100；	建立刀具半径左补偿至点1
N16　G01 X-45 Y35,R8；	直线插补并插入倒圆角 R8,点2
N18　G01 X45 Y35,R8；	直线插补并插入倒圆角 R8,点3
N20　G01 X45 Y-35,R8；	直线插补并插入倒圆角 R8,点4
N22　G01 X-45 Y-35,R8；	直线插补并插入倒圆角 R8,点1
N24　G01 X-45 Y-25；	直线插补,重叠距离为2mm
N26　G01 G40 X-60 Y-25；	直线取消刀具半径补偿
N28　G00 Z100 M09；	快速抬刀至工件初始平面,切削液关
N30　G00 G91 G28 Z0；	Z 轴回参考点
N32　G49；	取消刀具长度补偿
N34　M05；	主轴停止
N36　M30；	程序结束并返回程序开头

(续)

程序内容	说　　明
O4003；	程序名（小凸台加工程序）
N02　G54 G17 G40 G90 G80 G21 G69；	G54 工件零点偏置
N04　T1；	刀具号设定（φ16mm 立铣刀）
N06　G00 G43 Z100 H01 M03 S500；	刀具快速定位到100mm，主轴800r/min 正转
N08　G00 X-48 Y-50；	快速定位在下刀点处
N10　Z2；	快速接近工件上表面，安全距离为2mm
N12　G01 Z-5 F30 M08；	刀具工进至指定深度，切削液开
N14　G01 G41 X-40 Y-30 D01F100；	建立刀具半径左补偿至点5
N16　G01 X-40 Y30，C10；	直线插补并插入倒角 C10，点6
N18　G01 X40 Y30，C10；	直线插补并插入倒角 C10，点7
N20　G01 X40 Y-30，C10；	直线插补并插入倒角 C10，点8
N22　G01 X-40 Y-30，C10；	直线插补并插入倒角 C10，点5
N24　G01 X-40 Y-18；	直线插补，重叠距离为2mm
N26　G01 G40 X-60 Y-18；	取消刀具半径补偿
N28　G00 Z100 M09；	快速抬刀至工件初始平面，切削液关
N30　G00 G91 G28 Z0；	Z 轴回参考点
N32　G49；	取消刀具长度补偿
N16　M05；	主轴停止
N18　M30；	程序结束并返回程序开头

 想一想

在应用插入倒圆角、倒角指令时，重叠距离起什么作用？

三、操作加工

1. 装夹工件

在工件紧贴两钳口处放上高度适当的两块等高平行垫铁，要求工件高出机用平口钳钳口 12mm 以上，保证刀具与夹具不发生干涉，用木锤或铜棒敲击工件进行找正，要求夹紧工件后平行垫铁不能抽动。

2. 设置工件零点

工件零点 G54 设置在工件中心，如图 4-10 所示，通过单边对刀，设定工件零点 G54 "X" "Y" 轴方向偏置值。操作步骤如下：

1）在手轮方式下，移动刀具（或使用回转式寻边器）使其与工件左侧面轻擦，此时假设当前机床坐标系显示值为"X -324.12"。

2）在 MDI 单元上按下刀偏、设定功能键，

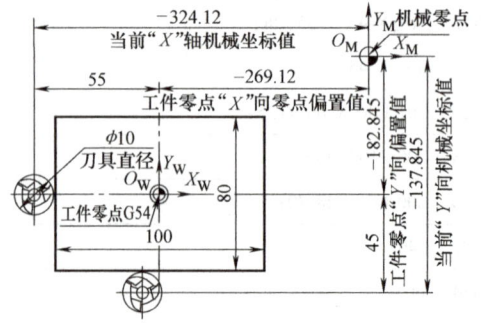

图 4-10　工件零点设置

按下软键【坐标系】，将光标定位于 G54 "X" 轴偏置值上。

3）在键入缓冲器中输入 "X-55"（该值有正负号，取决于对刀的左右位置，反之取 X55），按下软键【测量】，此时 G54 "X" 的零点偏置值自动修改为 "-269.12"（-324.12+55）。

4）"Y" 轴操作同上。

5）"Z" 轴的工件零点偏置值为 0。

> **想一想**
>
> 采用单边对刀对于加工精度会产生哪些影响？

3. 确定刀具长度补偿值和半径补偿值

安装刀具并进行对刀，测量并输入刀具长度补偿值及刀具半径补偿值，如图 4-11 所示。

1）按下 MDI 单元上的刀偏、设定功能键，按下软键【补正】，显示刀偏页面。

2）安装 T01 号刀具，在手轮方式下移动刀具使刀位点（立铣刀为切削刃的刀尖）与工件上表面轻擦（可在对刀处贴一块湿纸，方法同上）。

3）记录当前位置的机械坐标值，光标移至刀偏表 H01 处，在键入缓冲器内输入数值 -245.36，按屏幕软键【输入】或按 MDI 单元上的输入键 "INPUT" 即可。

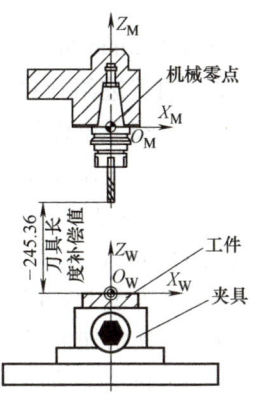

图 4-11　刀具长度补偿值的测量

4. 输入并校验程序

采用计算机模拟仿真软件检查程序的正确性。这种模拟仿真可大大提高教学效率，提高机床的使用效率和检验程序的正确性，并可检查刀具和工件是否干涉，避免撞刀等事故；或者使用机床自身带有的图形模拟功能，这时可在机床上直接模拟，查看刀具的加工轨迹是否与图形一致。除了以上的程序校验方法，还可使用 "Z" 轴锁定、空运行等方法校验程序，直观、动态观察刀具的运行轨迹。

"Z" 轴锁住是指三根进给轴中只有 Z 轴被锁住，X、Y 轴不被锁住。该功能可实现在 Z 轴被锁住不动的情况下直观检查刀具在 G17 平面内的运行轨迹，安全、可靠，避免因程序错误造成撞刀危险。

空运行是指忽略程序中指定的速度，以参数中设定的速度移动刀具。空运行进给速度很高，利用该功能检查刀具的移动时应先把工件从工作台上移走，如图 4-12 所示，保证刀具与工件、夹具不发生任何干涉。

使用空运行校验程序时，为使观察直观，在 "对刀" 完成的情况下可不移走工件，只要将工件零点在 Z 方向向上平移一个安全距离。具体操作方法如图 4-13 所示：为安全考虑，在基本工件坐标系 "Z" 值中输入 "100"，程序空运行时，刀具轨迹整体向 Z 轴正方向抬高 100mm，刀具与工件便不会发生干涉。

5. 自动加工

首件试切的一般步骤如下：

1）调用所要执行的程序，设置刀具半径磨损补偿值和刀具长度磨损补偿值，轮廓侧面

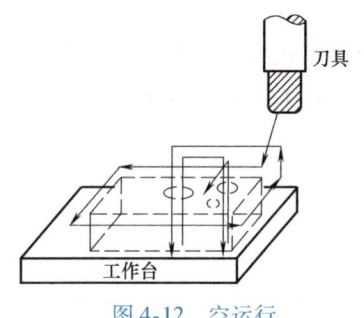

图 4-12 空运行

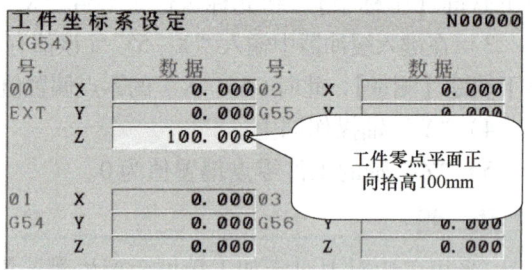

图 4-13 基本坐标系设置

粗加工留 0.3mm 余量,底面留 0.2mm 余量,见表 4-5。

2)调整进给速度倍率开关至"0",快速倍率开关调至最低档,主轴倍率开关调至"100%",按下单程序段运行方式键。

3)按下"循环开始"启动键,程序自动运行,调整进给速度倍率值,机床移动部件开始移动。观察刀具与工件的相对位置,刀具接近工件(观察刀具与工件上表面的垂直距离大约为 15mm),按下"进给保持"键,机床移动部件暂停,查看坐标页面上的剩余进给值(该值应略大于 15mm),避免对刀错误或数值输错造成撞刀。

4)更换精加工刀具并对刀,修改刀具半径磨损补偿值和刀具长度磨损补偿值并执行程序。轮廓侧面半精加工留 0.1mm 余量,底面留 0.1mm 余量,见表 4-5。

5)测量、修改刀具补偿值,执行程序,精加工结束并进行检测。

表 4-5 尺寸精度控制过程

序号	加工过程	刀具直径 /mm	半径补偿值 /mm	半径磨损补偿值 /mm	长度磨损补偿值 /mm	备注
1	粗加工	φ20	10	$D_{粗补}(0.3)$	$H_{粗补}(0.2)$	单边留 0.3mm 余量,深度留 0.2mm 余量
2	半精加工	φ10	5	$D_{半精补}(0.1)$	$H_{半精补}(0.1)$	单边留 0.1mm 余量,深度留 0.2mm 余量
3	精加工	φ10	5	$D_{精补}$	$H_{精补}$	根据测量随时调整

试一试

加工尺寸为 $80_{-0.046}^{0}$ mm × $60_{-0.046}^{0}$ mm,深度为 $5_{-0.048}^{0}$ mm 的矩形凸台,粗加工选用 φ16mm 立铣刀,半精加工、精加工选用 φ12mm 立铣刀,半精加工后测量矩形长度方向的尺寸为 80.24mm,根据以上条件按要求完成表 4-6。

表 4-6 尺寸精度控制过程

序号	加工过程	刀具直径 /mm	半径补偿值 /mm	半径磨损补偿值 /mm	长度磨损补偿值 /mm	备注
1	粗加工					单边留 0.5mm 余量,深度留 0.3mm 余量
2	半精加工					单边留 0.1mm 余量,深度留 0.2mm 余量
3	精加工					半精加工后测量矩形长度方向尺寸为 80.24mm,深度为 4.92mm

任务评价

根据图样,选择合适的量具并自行检测零件,填写检测结果评分表,见表4-7。

表4-7 检测结果评分表

评 分 表			图号	XK-4-01	检测编号	
序号	考核内容	考核要求	配分	评分标准	自检结果	检测结果	得分
1	尺寸精度	$90_{-0.054}^{0}$mm	10	超差不得分			
		$70_{-0.046}^{0}$mm	10	超差不得分			
		$80_{-0.046}^{0}$mm	10	超差不得分			
		$60_{-0.046}^{0}$mm	10	超差不得分			
		$10_{-0.058}^{0}$mm	7	超差不得分			
		$5_{-0.048}^{0}$mm	7	超差不得分			
2	表面粗糙度值	$Ra3.2\mu m$(12处)	6	一处超差扣0.5分			
3	其他	锐边去毛刺	2	不符不得分			
		$R8$mm(4处),$C10$(4处)	4	不符不得分			
4	程序编制及输入	指令格式正确	3	一处不对扣1分,扣完为止			
		轮廓形状、位置正确	3	一处不对扣1分,扣完为止			
		加工工艺参数正确	5	一处不对扣1分,扣完为止			
		程序输入正确	3	一处不对扣1分,扣完为止			
	机床操作	开机顺序及回参考点正确	3	违反操作全扣			
		工件零点、刀具长度补偿值设定正确	5	违反操作全扣			
		程序校验规范	3	违反操作全扣			
5	职业素养	劳保用品、防护镜穿戴规范	3	违反规范全扣			
		工、量、刀具分区摆放整齐	3	违反规范全扣			
		整理、打扫工位	3	违反规范全扣			
6	安全文明生产	安全操作规程	倒扣	不遵守操作规程扣2~5分			
配分			100	总分			
检测			日期		评分		日期

任务拓展

在实际加工中,加工一80mm×80mm的矩形凸台,采用直径为φ10mm的立铣刀,刀具半径磨损补偿值为0.1mm,半精加工后测量矩形长度方向尺寸为80.35mm,试分析其原因。

课后练习

通过查相关资料完成表4-8。

表 4-8 铣削参数的计算

材料	45 钢
立铣刀	材料为高速钢,4 刃立铣刀,直径为 $\phi 20\text{mm}$
粗加工吃刀量	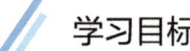 侧吃刀量 a_e:12mm 背吃刀量 a_p:4mm
主轴转速	通过查刀具手册得到该面铣刀的切削速度 v_c。
进给速度 F	通过查刀具手册 $f_z = 0.05\text{mm/z}$

任务二　圆柱凸台的加工

学习目标

1）正确选择编程零点，合理设计切入、切出。
2）应用圆弧插补指令编制圆柱凸台的加工程序。
3）熟练操作机床，正确对刀并设置工件零点参数及刀具长度补偿值。
4）采用刀具补偿值保证尺寸精度。
5）根据零件形状，选择合适的量具测量尺寸精度并分析结果。
6）提高、养成职业素养，按企业有关规定文明生产，做到工作地整洁，工件、工具、量具、刀具摆放整齐。

任务描述

1）分析图 4-14 所示圆柱凸台零件图，选择合适的夹具和机床，确定零件的加工工艺。
2）选择合适的刀具种类及规格，编制零件的加工程序。
3）进行零件装夹、对刀及参数设定，操作机床完成零件的加工。
4）选择合适的量具测量零件的精度，并进行零件的质量分析。

知识链接

1. 分中棒（回转式寻边器）**简介**

如图 4-15 所示，使用型号为 ME-1020 的分中棒，分中精度为 0.01mm。分中棒通过柄部为 $\phi 10\text{mm}$ 的圆柱体与筒夹、铣刀刀柄一起安装在主轴锥孔内，工作转速为 500r/min 左右，如果转速过高会使离心力过大，致使回转式寻边器工作部分甩出而使弹簧损坏甚至断裂。

分中棒的使用方法如图 4-15 所示。

第一步：将分中棒连同铣刀柄一起装在机床主轴上，在 MDI 方式下起动主轴以 500r/min 正转，在离心力的作用下产生明显的偏心。

项目四 轮廓类零件的加工

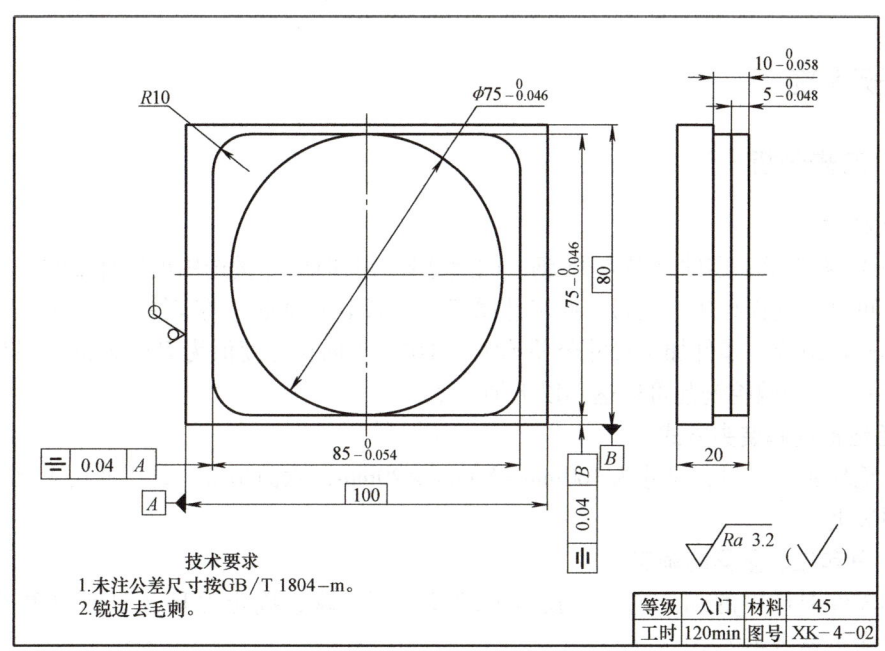

图 4-14 圆柱凸台零件图

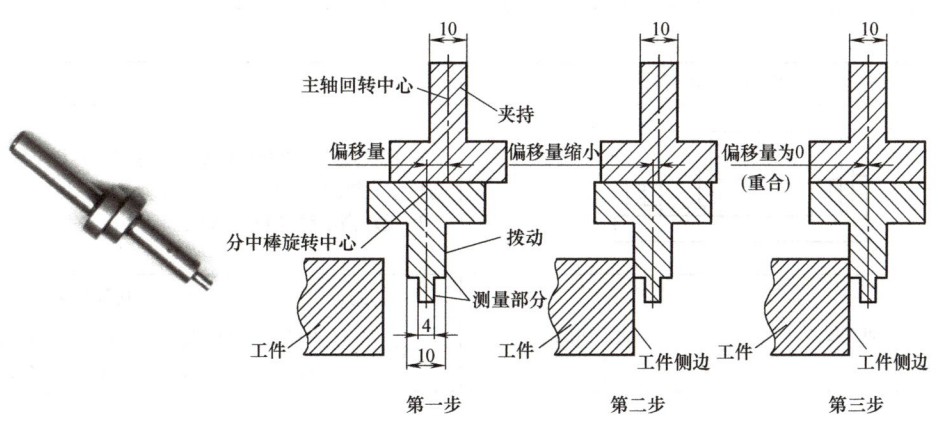

图 4-15 分中棒及其使用原理

第二步：在手轮方式下移动工作台（X 轴），分中棒缓慢接触工件的 X 向侧边，在作用力的影响下偏心值动态减少。

第三步：在外力作用下分中棒偏心距越来越小，主轴的回转中心和分中棒的回转中心重合（在操作时该重合位置只是短暂的一瞬间，因为再移动进给轴时，分中棒又出现明显的偏心），将当前机械位置记录即可。

2. 光电式寻边器简介

光电式寻边器操作简单、方便，其外形如图 4-16 所示。它由以下几部分组成：柄部连接部分为直径为 $\phi 20mm$ 的圆柱体，测量部分为精度很高的钢球，中间还有一个发光二极管，当钢球接触到工件侧面时，发光二极管指示灯亮，记录当前机械坐标值

图 4-16 光电式寻边器

即可。

任务实施

一、工艺分析

1. 图样分析

如图 4-14 所示，零件材料为 45 钢，因此选择刀具时应尽量选用硬质合金铣刀，但考虑加工成本也可以选择高速钢铣刀。此工件属于一般简单平面轮廓类零件，加工要素主要由矩形和整圆凸台组成。零件加工尺寸公差等级为 IT8，表面粗糙度值为 $Ra3.2\mu m$，对称度公差为 0.04mm。采用数控铣削可以达到以上加工要求。

2. 毛坯备料和装夹方式

零件毛坯属于方料，尺寸为 100mm×80mm×20mm，六面精铣，选用通用夹具，精密机用平口钳装夹。

3. 刀具和工、量具的确定

根据零件图样中的加工内容、技术要求及检测要求，确定刀具及刀柄清单见表 4-1，工、量具清单见表 4-2。

4. 加工方案的制订

根据基准先行、先粗后精、工序集中的原则，该零件的数控加工工艺卡见表 4-9。

表 4-9　数控加工工艺卡

零件装夹图	装夹要点
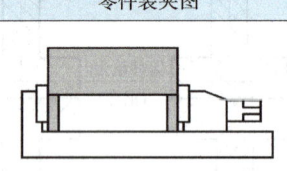	1. 用机用平口钳装夹前要用杠杆百分表找正固定钳口与机床导轨的平行度 2. 毛坯高出钳口 12mm 以上

工步	加工要点	加工简图	刀具		切削用量		
			名称	直径/mm	背吃刀量/mm	主轴转速/(r/min)	进给速度/(mm/min)
1	精铣工件上表面		面铣刀	φ63	0.2	800	80
2	粗铣矩形凸台，留单边余量 0.3mm，底面留余量 0.2mm		立铣刀（HSS）	φ16	9.8 分层加工	500	100

(续)

工步	加工要点	加工简图	刀具		切削用量		
			名称	直径/mm	背吃刀量/mm	主轴转速/(r/min)	进给速度/(mm/min)
3	粗铣圆柱凸台，留单边余量 0.3mm，底面留余量 0.2mm		立铣刀（HSS）	φ16	4.8	500	100
4	半精铣、精铣所有轮廓，保证尺寸	略	立铣刀（HSS）	φ16	5/10	500	100

二、程序编制

1. 编程零点的确定
通过零件图样的分析，编程零点定于工件上表面中心处。

2. 走刀路线的设计
用圆弧插补方式铣削整圆凸台时，应采用切线切入，避免法线切入在切入点产生刀痕。整圆加工完毕后，不要在整圆终点处直接法向退刀，而应让刀具沿切线方向多运动一段距离，以免在取消刀补时，刀具与工件表面相碰，造成工件报废。整圆凸台的刀路轨迹的切入、切出有两种：如图 4-17a 所示，采用切线切入、切出；如图 4-17b 所示，采用圆弧切入、切出。

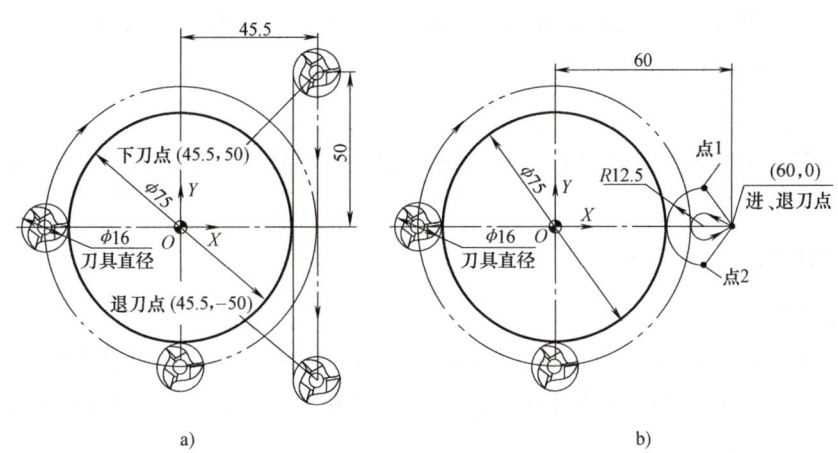

图 4-17 整圆凸台走刀路线及基点计算图
a）切线切入、切出　b）圆弧切入、切出

3. 数学处理及基点的计算
如图 4-17b 所示，根据刀路轨迹计算编程时点 1、2 的坐标值。通过计算，点 1、2 坐标值分别为（50，12.5）、（50，-12.5），下刀点坐标为（60，0）。

4. 编制程序
刀路轨迹如图 4-17b 所示，刀具采用 φ16mm 的立铣刀。圆柱凸台加工参考程序见表 4-10。

表 4-10　圆柱凸台加工参考程序

程序内容	说　明
O4004；	程序名
N02　G54 G17 G40 G90 G80 G21 G69；	G54 工件零点偏置
N04　T1；	刀具号设定（ϕ16mm 立铣刀）
N06　G00 G43 Z100 H01 M03 S500；	刀具快速定位到 100mm，主轴 500r/min 正转
N08　G00 X60 Y0；	快速定位在下刀点处
N10　Z2；	快速接近工件上表面，安全距离为 2mm
N12　G01 Z-5 F30 M08；	刀具工进至指定深度，切削液开
N14　G01 G41 X50 Y12.5 D01 F100；	建立刀具半径左补偿至点 1
N16　G03 X37.5 Y0 R12.5；	圆弧切入
N18　G02 X37.5 Y0 I-37.5 J0；	顺时针整圆插补
N20　G03 X50 Y-12.5 R12.5；	圆弧切出
N22　G01 G40 X60 Y0；	直线取消刀具半径补偿
N24　G00 Z100 M09；	快速抬刀至工件初始平面，切削液关
N26　G00 G91 G28 Z0；	Z 轴回参考点
N28　G49；	取消刀具长度补偿
N30　M05；	主轴停止
N32　M30；	程序结束并返回程序开头

编制整圆程序时，只能采用圆心增量坐标编程。采用圆弧切入、切出时，圆弧半径尽可能大，这样铣削平稳，切入点表面质量好，但加工轨迹长。因此，一般圆弧切入编程半径比刀具半径大 2mm 即可。

试一试

如图 4-17a 所示的整圆凸台的加工轨迹，采用直径 ϕ10mm 的立铣刀，试编制程序。

三、操作加工

1. 工件装夹

在工件紧贴两钳口处放上高度适当的两块等高平行垫铁，要求工件高出机用平口钳钳口 12mm 以上，保证刀具与夹具不发生干涉，利用木锤或铜棒敲击工件并找正，要求夹紧工件后平行垫铁不能抽动。

2. 工件零点设置

双边对刀设置工件零点。如图 4-18 所示，设定工件零点 G54 "X" "Y" 轴方向偏置值，操作步骤如下：

1）用同单边对刀相同的方法测量并记录 "X1" 机械坐标值。

2）用相同方法测量并记录 "X2" 机械坐标值。

3）将 "X1" "X2" 两机械坐标值相加除以 2 即为工件零点 X 轴零点偏置值，将该值输入至 G54 工件零点偏置值的寄存器中即可。

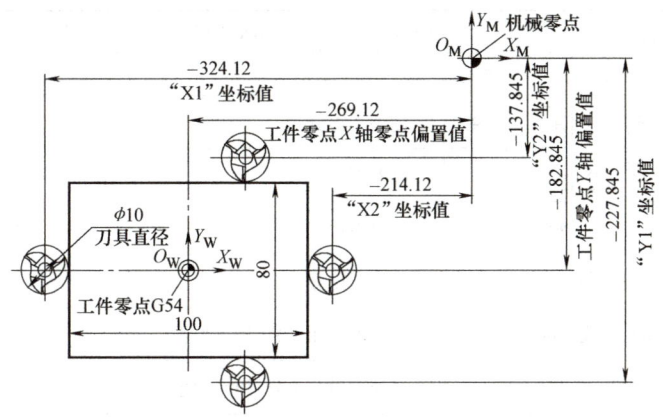

图 4-18 双边对刀示意图

4) Y 轴双边对刀步骤同上。

双边对刀可消除单边对刀的误差,提高加工精度。精密零件的对刀还可以使用回转式寻边器、光电式寻边器、杠杆百分表等辅助工具。

想一想

1) 采用双边对刀的优点有哪些？可以直接保证哪些精度？

2) 如果工件是圆柱体,工件零点设定在圆柱体上表面的中心处,如何采用分中棒完成对刀？如果采用杠杆百分表应如何找正？

3. 刀具长度补偿值和半径补偿值的确定

安装刀具并进行对刀,测量并输入刀具长度补偿值和刀具半径补偿值。

4. 输入程序并校验（略）

5. 自动加工（略）

任务评价

根据图样,选择合适的量具并自行检测,填写检测结果评分表,见表 4-11。

表 4-11 检测结果评分表

评分表				图号	XK-4-02	检测编号	
序号	考核内容	考核要求	配分	评分标准	自检结果	检测结果	得分
1	尺寸精度	$85_{-0.054}^{0}$ mm	12	超差不得分			
		$75_{-0.046}^{0}$ mm	12	超差不得分			
		$\phi 75_{-0.046}^{0}$ mm	12	超差不得分			
		$10_{-0.058}^{0}$ mm	8	超差不得分			
		$5_{-0.048}^{0}$ mm	8	超差不得分			
2	表面粗糙度值	$Ra3.2\mu m$(8 处)	4	一处超差扣 0.5 分			

(续)

评分表				图号	XK-4-02	检测编号		
序号	考核内容	考核要求	配分	评分标准	自检结果	检测结果	得分	
3	几何公差	⌮ 0.04 A	4	超差不得分				
		⌮ 0.05 B	4	超差不得分				
4	其他	锐边去毛刺	2	不符不得分				
		R10mm(4处)	4	不符不得分				
5	程序编制及输入	指令格式正确	3	一处不对扣1分,扣完为止				
		轮廓形状、位置正确	3	一处不对扣1分,扣完为止				
		加工工艺参数正确	5	一处不对扣1分,扣完为				
		程序输入正确	4	一处不对扣1分,扣完为止				
	机床操作	开机顺序及回参考点正确	2	违反操作全扣				
		工件零点、刀具长度补偿值设定正确	5	违反操作全扣				
		程序校验规范	2	违反操作全扣				
6	职业素养	劳保用品、防护镜穿戴规范	2	违反规范全扣				
		工、量、刀具分区摆放整齐	2	违反规范全扣				
		整理、打扫工位	2	违反规范全扣				
7	安全文明生产	安全操作规程	倒扣	不遵守操作规程扣2~5分				
配分			100	总分				
检测			日期		评分		日期	

想一想

在加工中发现X轴、Y轴两个方向上的尺寸偏差不一致,原因是什么?应该采取什么措施解决?

任务拓展

理解几何公差中对称度的含义和检测方法,应用磁力表座、杠杆百分表测量图4-14所示零件的两对称度误差值。

课后练习

1)如图4-17a所示,刀具采用直径ϕ10mm的立铣刀,按照刀路轨迹编制程序。

2)如图4-19所示,编制精加工程序,刀具采用直径ϕ10mm的立铣刀。

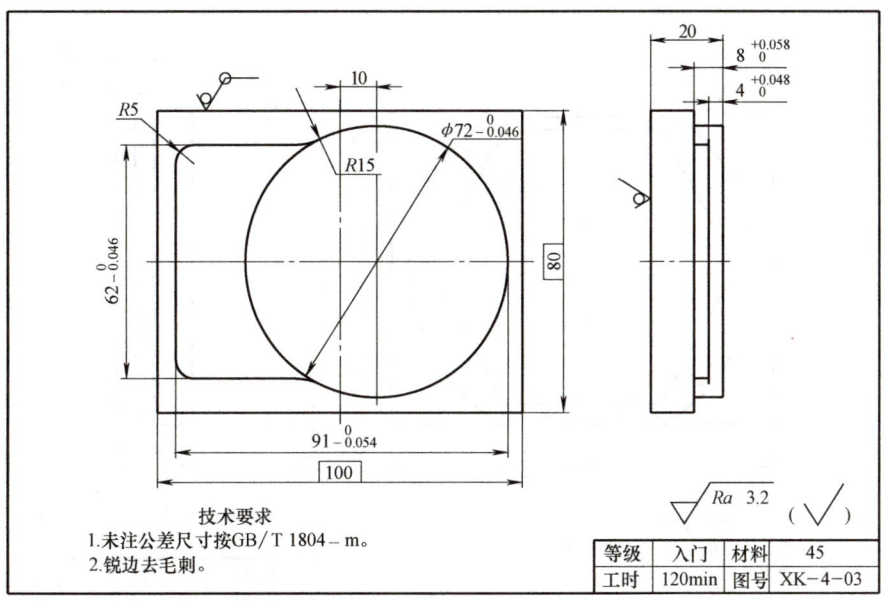

图 4-19 圆柱凸台和矩形凸台组合零件图

任务三　　六角凸台的加工

学习目标

1) 正确选择编程零点，计算基点坐标值。
2) 指定合理的刀具走刀路线，编制多边形凸台程序。
3) 熟练操作机床，正确对刀并设置工件零点参数及刀具长度补偿值。
4) 采用刀具补偿值来保证尺寸精度。
5) 根据零件形状，选择合适的量具测量尺寸精度并分析结果。
6) 提高、养成职业素养，按企业有关规定文明生产，做到工作地整洁，工件、工具、量具、刀具摆放整齐。

任务描述

1) 分析图 4-20 所示六角凸台零件图，选择合适的夹具和机床，确定零件的加工工艺。
2) 选择合适的刀具种类及规格，编制零件的加工程序。
3) 进行零件装夹，对刀及参数设定，操作机床完成零件的加工。
4) 选择合适的量具测量零件的精度，并进行零件的质量分析。

任务实施

一、工艺分析

1. 图样分析

如图 4-20 所示，零件材料为 45 钢，因此选择刀具时应尽量选用硬质合金铣刀，但考虑

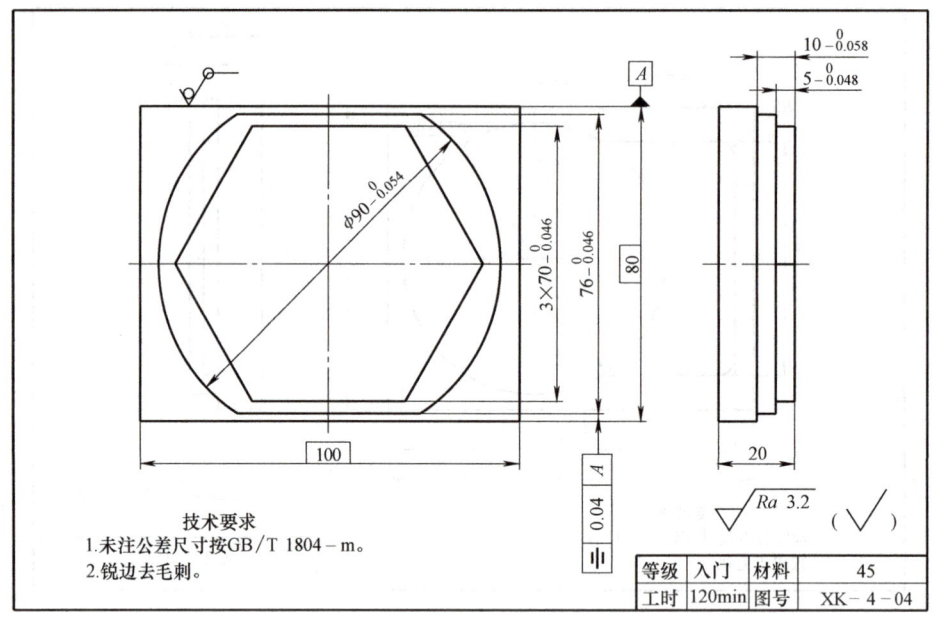

图 4-20 六角凸台零件图

加工成本也可以选择高速钢铣刀。此工件属于一般简单平面轮廓类零件,加工要素主要由六角和圆弧凸台组成,零件加工尺寸公差等级为 IT8,表面粗糙度值为 $Ra3.2\mu m$,对称度公差为 0.025mm。采用数控铣削可以达到以上加工要求。

2. 毛坯备料和装夹方式

零件毛坯属于方料,尺寸为 100mm×80mm×20mm,六面精铣。选用通用夹具,精密机用平口钳装夹。

3. 刀具和工、量具的确定

根据零件图样中的加工内容、技术要求及检测要求,确定刀具及刀柄清单见表 4-1,工、量具清单见表 4-2。

4. 加工方案的制订

根据基准先行、先粗后精、工序集中的原则,该零件的数控加工工艺卡见表 4-12。

表 4-12 数控加工工艺卡

零件装夹图	装 夹 要 点
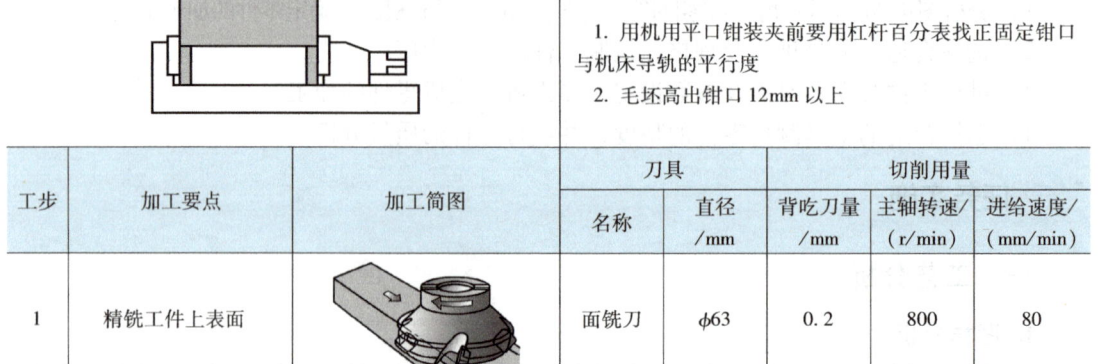	1. 用机用平口钳装夹前要用杠杆百分表找正固定钳口与机床导轨的平行度 2. 毛坯高出钳口 12mm 以上

工步	加工要点	加工简图	刀具		切削用量		
			名称	直径/mm	背吃刀量/mm	主轴转速/(r/min)	进给速度/(mm/min)
1	精铣工件上表面		面铣刀	φ63	0.2	800	80

(续)

工步	加工要点	加工简图	刀具		切削用量		
			名称	直径/mm	背吃刀量/mm	主轴转速/(r/min)	进给速度/(mm/min)
2	粗铣圆弧凸台,留单边余量 0.3mm,底面留余量 0.2mm		立铣刀(HSS)	φ16	9.8 分层加工	500	100
3	粗铣六角凸台,留单边余量 0.3mm,底面留余量 0.2mm		立铣刀(HSS)	φ16	4.8	500	100
4	半精铣、精铣所有轮廓,保证尺寸	略	立铣刀(HSS)	φ16	5/10	500	100

二、程序编制

1. 编程零点的确定

通过零件图样的分析,编程零点定于工件上表面中心处。

2. 走刀路线的设计

图 4-21 所示为六角凸台的刀路轨迹,切入点选择在六边形的角点上,在角点处分别添加一段轮廓,用于消除少切或过切,简化编程。

3. 数学处理及基点的计算

如图 4-22 所示,采用直角三角形的勾股定理分别计算图中各点的坐标值,计算过程略。下刀点定于工件毛坯外。

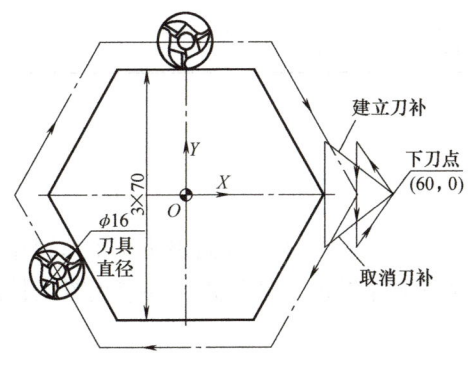

图 4-21 六角凸台走刀路线

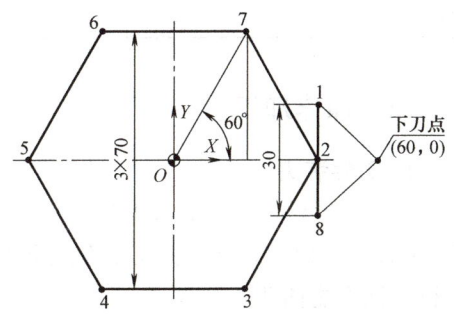

图 4-22 六边形基点计算图

试一试

如图 4-22 所示,试用直角三角形勾股定理计算基点坐标值。

4. 编制程序

图 4-21 所示为六角凸台刀路轨迹，刀具采用 φ16mm 的立铣刀。六角凸台加工参考程序见表 4-13。

表 4-13　六角凸台加工参考程序

程 序 内 容	说　　明
O4005；	程序名
N02　G54 G17 G40 G90 G80 G21 G69；	G54 工件零点偏置
N04　T1；	刀具号设定（φ16mm 立铣刀）
N06　G00 G43 Z100 H01 M03 S500；	刀具快速定位到 100mm，主轴 500r/min 正转
N08　G00 X60 Y0；	快速定位在下刀点处
N10　Z2；	快速接近工件上表面，安全距离为 2mm
N12　G01 Z-5 F30 M08；	刀具工进至指定深度，切削液开
N14　G01 G41 X40.415 Y15 D01 F100；	建立刀具半径左补偿至点 1
N16　G01 X40.415 Y0；	直线插补点 2
N18　G01 X20.207 Y-35；	直线插补点 3
N20　G01 X-20.207 Y-35；	直线插补点 4
N22　G01 X-40.415 Y0；	直线插补点 5
N24　G01 X-20.207 Y35；	直线插补点 6
N26　G01 X20.207 Y35；	直线插补点 7
N28　G01 X40.415 Y0；	直线插补点 2
N30　G01 X40.415 Y-15；	直线插补点 8
N32　G01 G40 X60 Y0；	直线取消刀具半径补偿
N34　G00 Z100 M09；	快速抬刀至工件初始平面，切削液关
N36　G00 G91 G28 Z0；	Z 轴回参考点
N38　G49；	取消刀具长度补偿
N40　M05；	主轴停止
N42　M30；	程序结束并返回程序开头

三、操作加工

1. 工件装夹

在工件紧贴两钳口处放上高度适当的两块等高平行垫铁，要求工件高出机用平口钳钳口 12mm 以上，保证刀具与夹具不发生干涉，利用木锤或铜棒敲击工件找正，要求夹紧工件后平行垫铁不能抽动。

2. 工件零点设置（略）

3. 刀具长度补偿值和半径补偿值的确定

安装刀具并进行对刀，测量并输入刀具长度补偿值和刀具半径补偿值。

4. 输入程序并校验（略）

5. 自动加工（略）

任务评价

根据图样，选择合适的量具并自行检测，填写检测结果评分表，见表4-14。

表4-14 检测结果评分表

评 分 表			图号	XK-4-04	检测编号	
序号	考核内容	考核要求	配分	评分标准	自检结果	检测结果	得分
---	---	---	---	---	---	---	---
1	尺寸精度	$3×70_{-0.046}^{0}$ mm	21	超差不得分			
		$76_{-0.046}^{0}$ mm	12	超差不得分			
		$\phi 90_{-0.054}^{0}$ mm	12	超差不得分			
		$10_{-0.058}^{0}$ mm	8	超差不得分			
		$5_{-0.048}^{0}$ mm	8	超差不得分			
2	表面粗糙度值	$Ra3.2\mu m$(10处)	5	一处超差扣0.5分			
3	几何公差	= 0.04 A	4	超差不得分			
4	其他	锐边去毛刺	2	不符不得分			
5	程序编制及输入	指令格式正确	3	一处不对扣1分，扣完为止			
		轮廓形状、位置正确	3	一处不对扣1分，扣完为止			
		加工工艺参数正确	5	一处不对扣1分，扣完为止			
		程序输入正确	2	一处不对扣1分，扣完为止			
	机床操作	开机顺序及回参考点正确	2	违反操作全扣			
		工件零点、刀具长度补偿值设定正确	5	违反操作全扣			
		程序校验规范	2	违反操作全扣			
6	职业素养	劳保用品、防护镜穿戴规范	2	违反规范全扣			
		工、量、刀具分区摆放整齐	2	违反规范全扣			
		整理、打扫工位	2	违反规范全扣			
7	安全文明生产	安全操作规程	倒扣	不遵守操作规程扣2~5分			
	配分		100	总分			
检测			日期		评分		日期

任务拓展

如图4-20所示，加工六角凸台，精加工结束后测量六边形的三个尺寸，发现大小不一，试分析其原因并提出改进措施。

课后练习

如图4-23所示，编制该零件的精加工程序，刀具采用$\phi 10$mm的立铣刀。

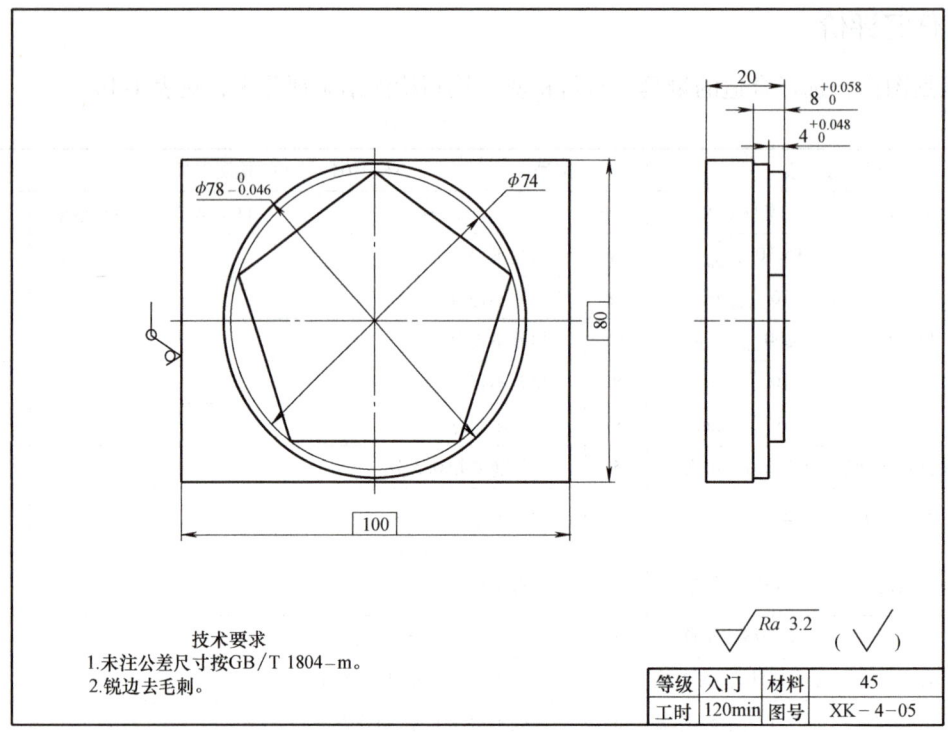

图 4-23　五角凸台零件图

任务四　八角凸台的加工

学习目标

1）正确选择编程零点，制订合理的刀具走刀路线。
2）应用极坐标指令编制程序。
3）熟练操作机床，正确对刀并设置工件零点参数及刀具长度补偿值。
4）采用刀具补偿值来保证尺寸精度。
5）根据零件形状，选择合适的量具测量尺寸精度并分析结果。
6）提高、养成职业素养，按企业有关规定文明生产，做到工作地整洁，工件、工具、量具、刀具摆放整齐。

任务描述

1）分析图 4-24 所示八角凸台零件图，选择合适的夹具和机床，确定零件的加工工艺。
2）选择合适的刀具种类及规格，编制零件的加工程序。
3）进行零件装夹，对刀及参数设定，操作机床完成零件的加工。
4）选择合适的量具测量零件的精度，并进行零件的质量分析。

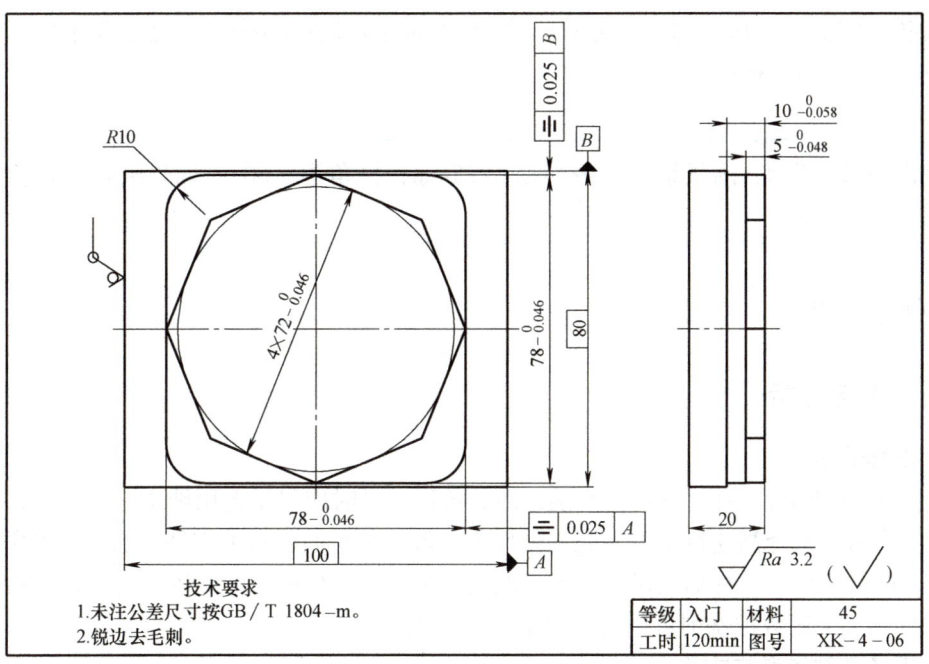

图 4-24　八角凸台零件图

知识链接

极坐标编程

加工的终点坐标可以用极坐标形式表达，如图 4-25 所示

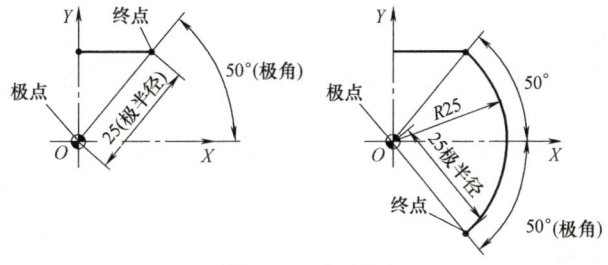

图 4-25　极坐标

1. 指令格式

N_　G17 G90 G16；

N_　G01 X25 Y50 F100；（表示直线插补终点在极半径25mm、极角50°坐标处）

N_　G02 X25 Y-50 R25；（表示圆弧插补终点在极半径25mm、极角-50°坐标处）

……

N_　G15；

2. 指令注释

G16 为启动极坐标指令，G17 指定加工平面，G90 指定工件坐标系的零点作为极坐标系的原点，从极点测量极半径。

坐标值所选平面的第一轴（X）指令极半径，第二轴（Y）指令极角，如图 4-25 所示，终点坐标用极坐标表示为（X25，Y50）、（X25，Y-50）。

规定：所选平面内第一轴（正方向）逆时针方向为角度的正方向，反之则为角度的负方向。G15 为取消极坐标指令。

> **想一想**
>
> 如图 4-25 所示，圆弧编程中极半径为 25mm，极角为 -50°，如果极角用正值表示，应该写成多少？

任务实施

一、工艺分析

1. 图样分析

如图 4-24 所示，零件材料为 45 钢，因此选择刀具时应尽量选用硬质合金铣刀，但考虑加工成本也可以选择高速钢铣刀。此工件属于一般简单平面轮廓类零件，加工要素主要由八角和矩形凸台组成。零件加工尺寸公差等级为 IT8，表面粗糙度值为 $Ra3.2\mu m$，对称度公差为 0.025mm。采用数控铣削可以达到以上加工要求。

2. 毛坯备料和装夹方式

零件毛坯属于方料，尺寸为 100mm×80mm×20mm，六面精铣。选用通用夹具，精密机用平口钳装夹。

3. 刀具和工、量具的确定

根据零件图样中的加工内容、技术要求及检测要求，确定刀具及刀柄清单见表 4-1，工、量具清单见表 4-2。

4. 加工方案的制订

根据基准先行、先粗后精、工序集中的原则，该零件的数控加工工艺卡见表 4-15。

表 4-15 数控加工工艺卡

零件装夹图	装夹要点				
（见图）	1. 用机用平口钳装夹前要用杠杆百分表找正固定钳口与机床导轨的平行度 2. 毛坯高出钳口 12mm 以上				

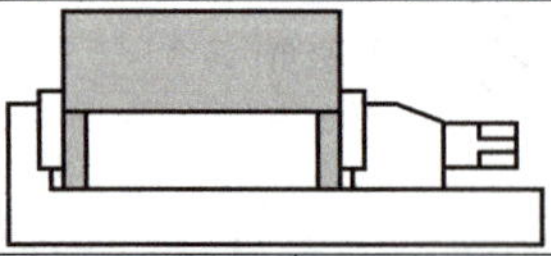

工步	加工要点	加工简图	刀具		切削用量	
			名称	直径/mm	背吃刀量/mm	主轴转速/(r/min)	进给速度/(mm/min)
1	精铣工件上表面	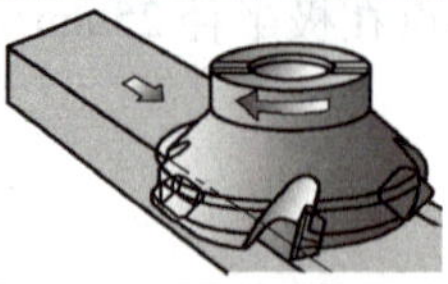	面铣刀	φ63	0.2	800	80
2	粗铣矩形凸台，留单边余量 0.3mm，底面留余量 0.02mm	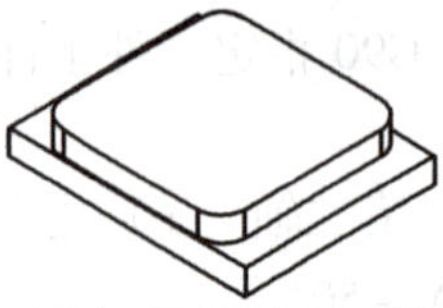	立铣刀（HSS）	φ16	9.8（分层加工）	500	100

(续)

工步	加工要点	加工简图	刀具		切削用量		
			名称	直径/mm	背吃刀量/mm	主轴转速/(r/min)	进给速度/(mm/min)
3	粗铣八角凸台，留单边余量0.3mm，底面留余量0.2mm		立铣刀(HSS)	φ16	4.8	500	100
4	半精铣、精铣所有轮廓，保证尺寸	略	立铣刀(HSS)	φ16	5/10	500	100

二、程序编制

1. 编程零点的确定
通过对零件图样的分析，编程零点定于工件上表面中心处。

2. 走刀路线的设计
如图4-26所示，八角凸台的刀路轨迹与六角凸台相同，切入点选择在八边形的角点上，在切入、切出处分别添加一段轮廓，用于消除少切或过切，简化编程。

3. 数学处理及基点的计算
根据图形的特征，可以采用直角坐标和极坐标两种编程方法。如图4-27所示，八边形坐标点计算见表4-16。

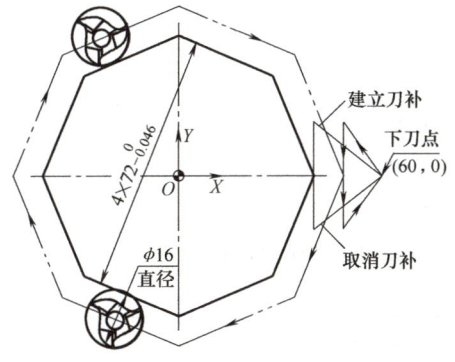

图4-26　八角凸台走刀路线

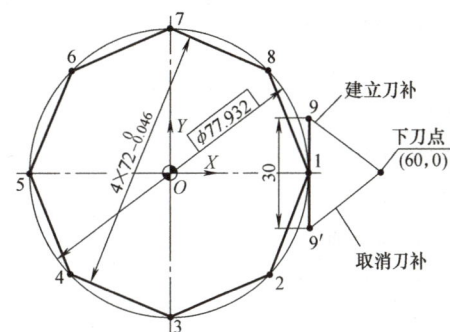

图4-27　八边形坐标点计算图

表4-16　八边形坐标点计算

坐标点	直角坐标系坐标值		极坐标系坐标值		备注
	X	Y	极半径	极角	
1	38.966	0	38.966	0°	
2	27.553	-27.553	38.966	315°(或-45°)	
3	0	-38.966	38.966	270°(或-90°)	
4	-27.553	-27.553	38.966	225°(或-135°)	
5	-38.966	0	38.966	180°(或-180°)	
6	-27.553	27.553	38.966	135°(或-225°)	
7	0	38.966	38.966	90°(或-270°)	
8	27.553	27.553	38.966	45°(或-315°)	

4. 编制程序

图 4-26 所示为刀路轨迹，刀具采用 φ16mm 的立铣刀。八角凸台加工参考程序见表 4-17。

表 4-17　八角凸台加工参考程序

程 序 内 容	说　　明
O4006；	程序名
N02 G54 G17 G40 G90 G80 G21 G69；	G54 工件零点偏置
N04 T1；	刀具号设定（φ16mm 立铣刀）
N06 G00 G43 Z100 H01 M03 S500；	刀具快速抬高到 100mm，主轴 500r/min 正转
N08 G00 X60 Y0 M08；	快速定位在轮廓 1 的下刀点处，切削液开
N10 Z2；	快速接近工件上表面，安全距离为 2mm
N12 G01 Z−5 F30；	刀具工进至指定深度，进给速度为 30mm/min
N14 G01 G41 X38.966 Y15 D01 F100；	建立刀具半径左补偿，直线插补点 9
N16 G16；	建立极坐标（极坐标极点为工件中心）
N18 G01 X38.966 Y0；	直线插补点 1
N20 G01 X38.966 Y315；	直线插补点 2
N22 G01 X38.966 Y270；	直线插补点 3
N24 G01 X38.966 Y225；	直线插补点 4
N26 G01 X38.966 Y180；	直线插补点 5
N28 G01 X38.966 Y135；	直线插补点 6
N30 G01 X38.966 Y90；	直线插补点 7
N32 G01 X38.966 Y45；	直线插补点 8
N34 G01 X38.966 Y0	直线插补点 1
N36 G15；	取消极坐标编程
N38 G01 X38.966 Y−15；	直线插补点 9′
N40 G01 G40 X60 Y0；	直线取消插补
N42 G00 Z100 M09；	快速抬刀至工件初始平面，切削液关
N44 G00 G91 G28 Z0；	Z 轴回参考点
N46 G49；	取消刀具长度补偿
N48 M05；	主轴停止
N50 M30；	程序结束并返回程序开头

试一试

如图 4-26 所示为加工正八边形的刀路轨迹，试用直角坐标编程方法编制八角凸台加工程序。

三、操作加工

1. 工件装夹

在工件紧贴两钳口处放上高度适当的两块等高平行垫铁，要求工件高出机用平口钳钳口

12mm 以上，保证刀具与夹具不发生干涉，利用木锤或铜棒敲击工件并找正，要求夹紧工件后平行垫铁不能抽动。

2. 工件零点设置（略）

3. 刀具长度补偿值和半径补偿值的确定

安装刀具并进行对刀，测量并输入刀具长度补偿值及刀具半径补偿值。

4. 输入程序并校验（略）

5. 自动加工（略）

任务评价

根据图样，选择合适的量具并自行检测，填写检测结果评分表，见表 4-18。

表 4-18 检测结果评分表

序号	考核内容	评 分 表 考核要求	配分	图号 XK-4-06 评 分 标 准	检测编号 自检结果	检测结果	得分
1	尺寸精度	$78_{-0.046}^{\ 0}$ mm	10	超差不得分			
		$78_{-0.046}^{\ 0}$ mm	10	超差不得分			
		$4\times72_{-0.046}^{\ 0}$ mm	24	超差不得分			
		$10_{-0.058}^{\ 0}$ mm	8	超差不得分			
		$5_{-0.048}^{\ 0}$ mm	8	超差不得分			
2	表面粗糙度值	$Ra3.2\mu m$（12 处）	6	一处超差扣 0.5 分			
3	几何公差	= 0.025 A	4	超差不得分			
		= 0.025 B	4	超差不得分			
4	其他	锐边去毛刺	1	不符不得分			
		$R10$mm（4 处）	2	不符不得分			
5	程序编制及输入	指令格式正确	2	一处不对扣 1 分，扣完为止			
		轮廓形状、位置正确	2	一处不对扣 1 分，扣完为止			
		加工工艺参数正确	3	一处不对扣 1 分，扣完为止			
		程序输入正确	2	一处不对扣 1 分，扣完为止			
	机床操作	开机顺序及回参考点正确	2	违反操作全扣			
		工件零点、刀具长度补偿值设定正确	4	违反操作全扣			
		程序校验规范	2	违反操作全扣			

(续)

评 分 表			图号	XK-4-06	检测编号		
序号	考核内容	考核要求	配分	评分标准	自检结果	检测结果	得分
6	职业素养	劳保用品、防护镜穿戴规范	2	违反规范全扣			
		工、量、刀具分区摆放整齐	2	违反规范全扣			
		整理、打扫工位	2	违反规范全扣			
7	安全文明生产	安全操作规程	倒扣	不遵守操作规程扣2~5分			
	配 分		100	总 分			
检测			日期		评分		日期

任务拓展

如图4-20所示，应用极坐标指令编制正六角凸台的加工程序。

课后练习

采用φ10mm 的立铣刀，应用极坐标指令编制图4-28所示腰形凸台的加工程序。

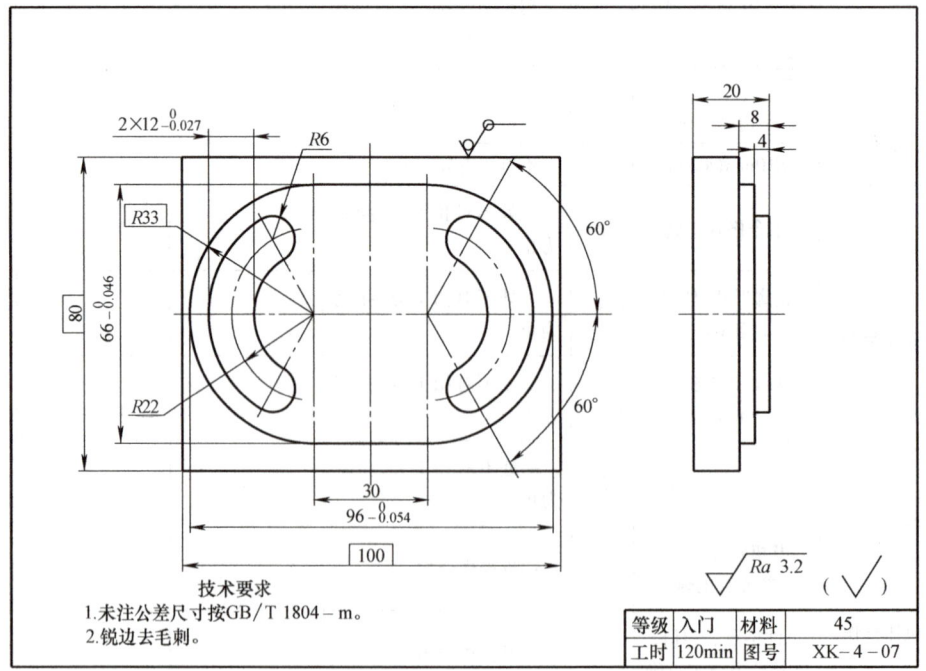

图4-28　腰形凸台零件图

项目四 轮廓类零件的加工

任务五　槽轮的加工

学习目标

1）正确选择编程零点，合理分解图形，简化编程。
2）应用坐标系旋转指令和子程序调用指令简化程序编制。
3）熟练操作机床，正确对刀并设置工件零点参数及刀具长度补偿值。
4）采用刀具补偿值来保证尺寸精度。
5）根据零件形状，选择合适的量具测量尺寸精度并分析结果。
6）提高、养成职业素养，按企业有关规定文明生产，做到工作地整洁，工件、工具、量具、刀具摆放整齐。

任务描述

1）分析图4-29所示槽轮零件图，选择合适的夹具和机床，确定零件的加工工艺。
2）选择合适的刀具种类及规格，编制零件的加工程序。
3）进行零件装夹，对刀及参数设定，操作机床完成零件的加工。
4）选择合适的量具测量零件的精度，并进行零件的质量分析。

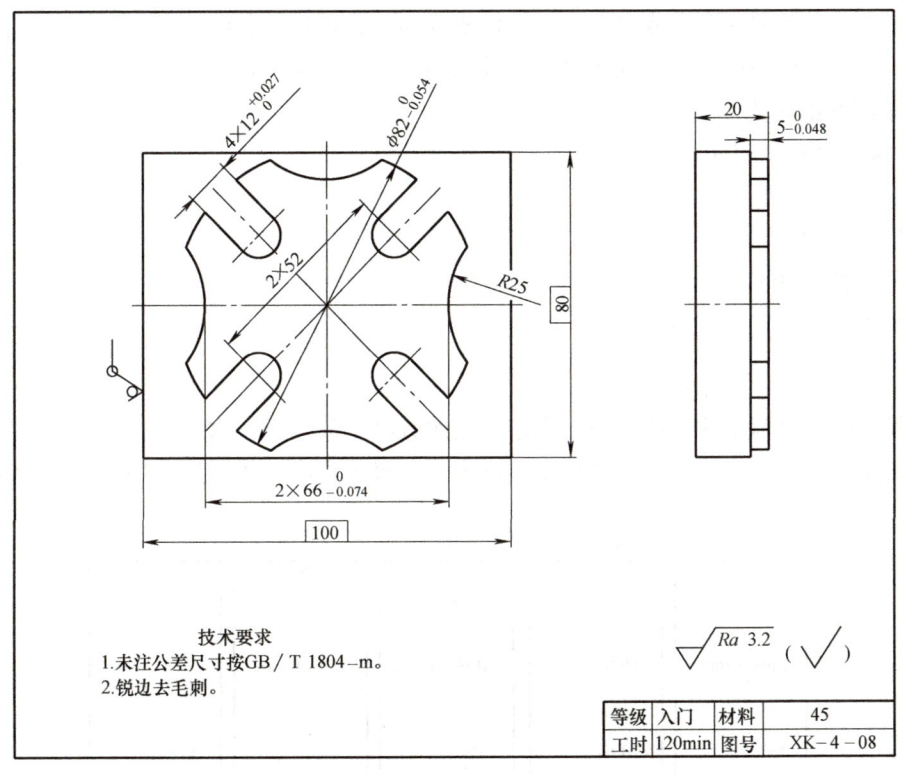

图4-29　槽轮零件图

知识链接

一、坐标系旋转指令（G68/G69）

用该功能（旋转指令）可将工件旋转某一指定的角度，如图 4-30 所示。另外，如果工件的形状由许多相同的图形组成，则可将图形单元编成子程序，然后用主程序的旋转指令调用子程序，这样可简化程序编制。

1. 指令格式

G17 G68 X＿ Y＿ R＿；

G69；

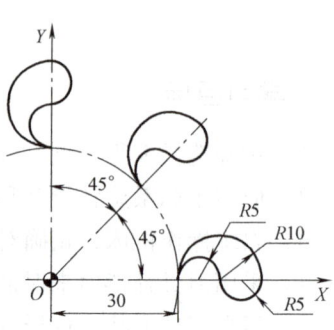

图 4-30　坐标系旋转

2. 指令注释

G17：选择 XY 工作平面。

G68：坐标系旋转指令。

X＿ Y＿：坐标系旋转中心。

R：旋转角度，逆时针方向为正，顺时针方向为负。

G69：坐标系旋转取消指令。

二、子程序调用（M98、M99）

程序中包含固定的顺序或多次重复的模式程序时，可以将其编成子程序储存在存储器中以简化编程。子程序可以被主程序调用，被调用的子程序可以调用另一个子程序。

1. 子程序的格式

O××××；子程序号

…

M99；子程序结束

2. 子程序调用格式

M98　P×××　××××

　　　　↓　　　　↓

　　　　　　　　子程序号

子程序被重复调用的次数，当不指定重复次数时，只调用一次。

当主程序调用子程序时，该子程序被认为是一级子程序。子程序调用可以嵌套 4 级，如图 4-31 所示。

主程序	子程序	子程序	子程序	子程序
O0001; ． ． ． M98 P1000; ． ． ． M30;	O1000 ． ． ． M98 P1001; ． ． ． M99;	O1001; ． ． ． M98 P1002; ． ． ． M99;	O1002; ． ． ． M98 P1003; ． ． ． M99;	O1003; ． ． ． ． ． ． ． M99;

图 4-31　子程序嵌套

项目四 轮廓类零件的加工

想一想

主程序和子程序在结构上有什么相同之处和不同之处？

任务实施

一、工艺分析

1. 图形分析

如图 4-29 所示，零件材料为 45 钢，因此选择刀具时应尽量选用硬质合金铣刀，但考虑加工成本也可以选择高速钢铣刀。此工件属于间歇运行机构中的典型零件，属于平面轮廓类零件的加工，加工要素由锁止弧、槽轮和圆凸台组成。零件加工尺寸公差等级为 IT8，表面粗糙度值为 $Ra3.2\mu m$。采用数控铣削可以达到以上加工要求。

2. 毛坯备料和装夹方式

零件毛坯属于方料，尺寸为 $100mm \times 80mm \times 20mm$，六面精铣。选用通用夹具，精密机用平口钳装夹。

3. 刀具和工、量具的确定

根据零件图样的加工内容、技术要求及检测要求，确定刀具及刀柄清单见表 4-1，工、量具清单见表 4-2。

4. 加工方案的制订

根据基准先行、先粗后精、工序集中的原则，该零件的数控加工工艺卡见表 4-19。

表 4-19 数控加工工艺卡

零件装夹图	装夹要点				
	1. 用机用平口钳装夹前要用杠杆百分表找正固定钳口与机床导轨的平行度 2. 毛坯高出钳口 8mm 以上				
工步	加工要点	加工简图	刀具		切削用量	
			名称	直径/mm	背吃刀量/mm	主轴转速/(r/min)	进给速度/(mm/min)
1	精铣工件上表面		面铣刀	φ63	0.2	800	80
2	粗铣圆台，留单边余量 0.3mm，底面留余量 0.2mm		立铣刀（HSS）	φ16	4.8	500	100

115

(续)

工步	加工要点	加 工 简 图	刀 具 名称	直径 /mm	背吃刀量 /mm	主轴转速 /(r/min)	进给速度 /(mm/min)
3	粗铣四个锁止弧，留单边余量0.3mm，底面留余量0.2mm		立铣刀（HSS）	φ10	4.8	800	160
4	粗铣四个开口槽，留单边余量0.3mm，底面留余量0.2mm		立铣刀（HSS）	φ10	4.8	800	160
5	半精铣、精铣所有轮廓，保证尺寸	略	立铣刀（HSS）	φ10	5	800	160

> **想一想**
>
> 加工工艺卡中将平面槽轮加工分解成圆台、锁止弧、槽轮三个部分，这样加工的优点在哪里？

二、程序编制

1. 编程零点的确定

通过对零件图样的分析，编程零点定于工件上表面中心处。

2. 走刀路线的设计

槽轮的整个轮廓形状由整圆、锁止弧和槽轮组成，因此加工时将这三个特征分解进行加工，详见数控加工工艺卡。分解加工可以选择直径比较大的立铣刀，快速去除周边的余量，编程简单，计算量少。由于锁止弧和槽轮大小、形状都相同，可编制子程序，结合坐标系旋转指令，简化程序的编制。锁止弧和槽轮分解加工走刀路线如图4-32所示。

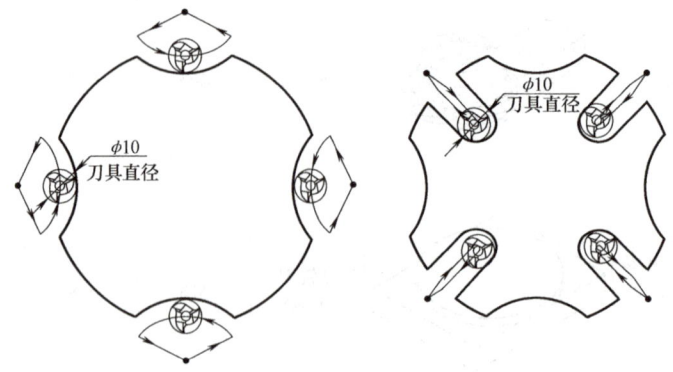

图4-32　锁止弧和槽轮分解加工走刀路线

3. 数学处理及基点的计算

如图 4-33 所示，计算图中 6 个点的坐标值，其中点 1、2 的坐标值通过直角三角形勾股定理计算（计算过程略）。

4. 编制程序

图 4-32 所示为刀路轨迹，应用子程序和坐标系旋转指令编制锁止弧和槽轮的加工程序，刀具采用 φ10mm 的立铣刀。锁止弧和槽轮加工参考程序见表 4-20。

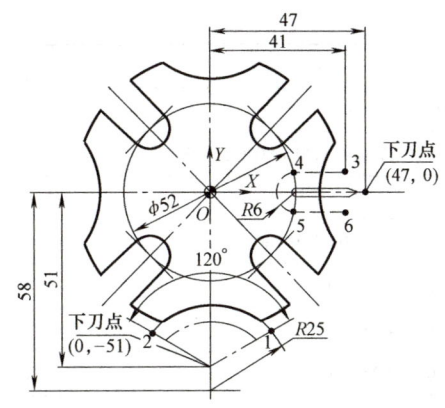

图 4-33 锁止弧和槽轮坐标点计算图

表 4-20 锁止弧和槽轮加工参考程序

程序内容	说　　明
O4007；	程序名（主程序）
N02 G54 G17 G40 G90 G80 G21 G69；	G54 工件零点偏置
N04 T1；	刀具号设定（φ10mm 立铣刀）
N06 G00 G43 Z100 H01 M03 S800；	刀具快速抬高到 100mm，主轴 800r/min 正转
N08 M98 P4008；	调用子程序 O4008
N10 G68 X0 Y0 R90；	坐标系旋转 90°
N12 M98 P4008；	调用子程序 O4008
N14 G68 X0 Y0 R180；	坐标系旋转 180°
N16 M98 P4008；	调用子程序 O4008
N18 G68 X0 Y0 R270；	坐标系旋转 270°
N20 M98 P4008；	调用子程序 O4008
N22 G00 Z100 M09；	快速抬刀至工件初始平面，切削液关
N24 G69；	取消坐标系旋转
N26 G00 G91 G28 Z0；	自动回 Z 轴参考点
N28 G49；	取消刀具长度补偿
N30 M05；	主轴停止
N32 M30	程序结束并返回程序开头
O4008；	锁止弧子程序
N08 G00 X0 Y－51；	快速定位至下刀点处
N10 G00 Z2 M08；	快速接近工件上表面，安全距离为 2mm，切削液开
N12 G01 Z－5 F30；	刀具工进至指定深度，进给速度为 30mm/min
N14 G01 G41 X17.973 Y－40.623 D01 F160；	建立刀具半径左补偿，直线插补点 1
N16 G03 X－17.973 Y－40.623 R25；	圆弧插补点 2
N18 G01 G40 X0 Y－51；	直线取消刀具半径补偿
N42 G00 Z10；	快速抬刀
N44 M99；	子程序结束

(续)

程 序 内 容	说　　　明
O4009；	程序名
N02 G54 G17 G40 G90 G80 G21 G69；	G54 工件零点偏置
N04 T1；	刀具号设定（φ10mm 立铣刀）
N06 G00 G43 Z100 H01 M03 S800；	刀具快速抬高到100mm，主轴800r/min 正转
N08 G68 X0 Y0 R45	坐标系旋转45°
N10 M98 P4010；	调用子程序 O4010
N12 G68 X0 Y0 R135；	坐标系旋转135°
N14 M98 P4010；	调用子程序 O4010
N16 G68 X0 Y0 R225；	坐标系旋转225°
N18 M98 P4010；	调用子程序 O4010
N20 G68 X0 Y0 R315；	坐标系旋转315°
N22 M98 P4010；	调用子程序 O4010
N24 G00 Z100 M09；	快速抬刀至工件初始平面，切削液关
N26 G69；	取消坐标系旋转
N28 G00 G91 G28 Z0；	自动回 Z 轴参考点
N30 G49；	取消刀具长度补偿
N32 M05；	主轴停止
N34 M30；	程序结束并返回程序开头
O4010；	开槽子程序
N08 G00 X47 Y0；	快速定位至下刀点处
N10 G00 Z2 M08；	快速接近工件上表面，安全距离为2mm，切削液开
N12 G01 Z–5 F30；	刀具工进至指定深度，进给速度为30mm/min
N14 G01 G41 X41 Y6 D01 F100；	建立刀具半径左补偿，直线插补点3
N16 G01 X26 Y6；	直线插补点4
N18 G03 X26 Y–6 R6；	圆弧插补点5
N20 G01 X41 Y–6；	直线插补点6
N22 G01 G40 X47 Y0；	直线取消刀具半径补偿
N24 G00 Z10；	快速抬刀
N26 M99；	子程序结束

三、操作加工

1. 工件装夹

在工件紧贴两钳口处放上高度适当的两块等高平行垫铁，要求工件高出机用平口钳钳口8mm 以上，保证刀具与夹具不发生干涉，利用木锤或铜棒敲击工件并找正，要求夹紧工件后平行垫铁不能抽动。

2. 工件零点设置（略）

3. 刀具长度补偿值和半径补偿值的确定

安装刀具并进行对刀，测量并输入刀具长度补偿值和刀具半径补偿值。

4. 输入程序并校验（略）

5. 自动加工（略）

任务评价

根据图样，选择合适的量具并自行检测，填写检测结果评分表，见表4-21。

表4-21 检测结果评分表

评分表			图号	XK-4-08	检测编号		
序号	考核内容	考核要求	配分	评分标准	自检结果	检测结果	得分
1	尺寸精度	$\phi 82_{-0.054}^{0}$ mm	12	超差不得分			
		$4 \times 12_{0}^{+0.027}$ mm	28	超差不得分			
		$2 \times 66_{-0.074}^{0}$ mm	10	超差不得分			
		$5_{-0.048}^{0}$ mm	8	超差不得分			
2	表面粗糙度值	$Ra3.2\mu$m（12处）	6	一处超差扣0.5分			
3	其他	锐边去毛刺	2	不符不得分			
		$R25$mm（4处），2×52mm	4	不符不得分			
4	程序编制及输入	指令格式正确	3	一处不对扣1分，扣完为止			
		轮廓形状、位置正确	3	一处不对扣1分，扣完为止			
		加工工艺参数正确	4	一处不对扣1分，扣完为止			
		程序输入正确	3	一处不对扣1分，扣完为止			
	机床操作	开机顺序及回参考点正确	3	违反操作全扣			
		工件零点、刀具长度补偿值设定正确	5	违反操作全扣			
		程序校验规范	3	违反操作全扣			
5	职业素养	劳保用品、防护镜穿戴规范	2	违反规范全扣			
		工、量、刀具分区摆放整齐	2	违反规范全扣			
		整理、打扫工位	2	违反规范全扣			
6	安全文明生产	安全操作规程	倒扣	不遵守操作规程扣2~5分			
	配 分		100	总 分			
检测		日期		评分		日期	

任务拓展

在表 4-14 中，粗加工整圆凸台，假如采用子程序进行深度分层加工，每层 1mm，试编制加工程序。

课后练习

采用直径为 φ10mm 的立铣刀，应用坐标系旋转及子程序调用指令编制图 4-34 所示零件的加工程序。

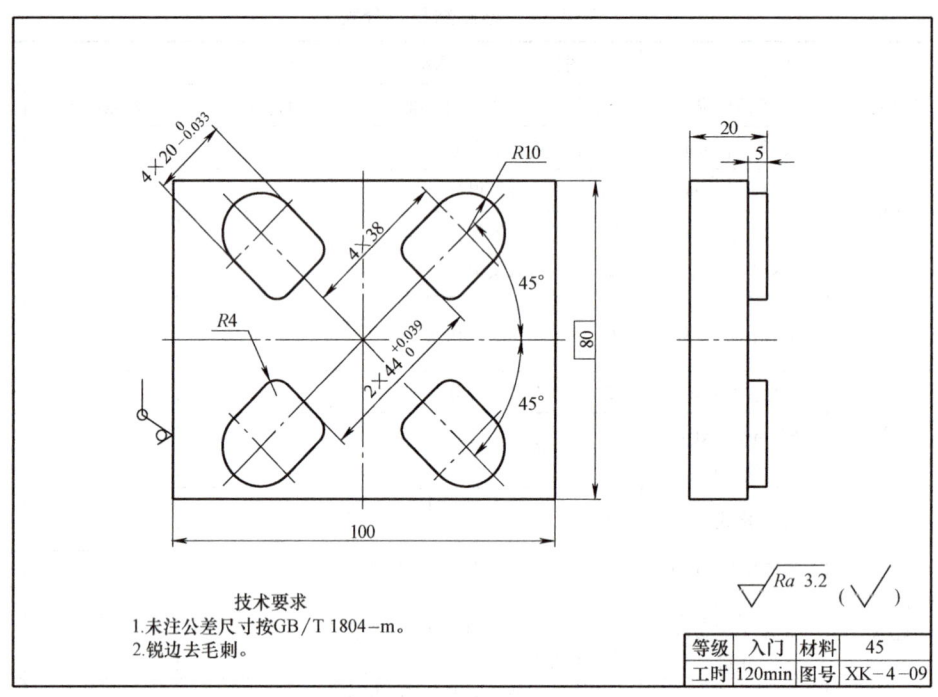

图 4-34　旋转凸台零件图

任务六　对称轮廓的加工

学习目标

1）正确选择编程零点，制订合理的刀具走刀路线。

2）应用镜像指令简化程序编制。

3）熟练操作机床，正确对刀并设置工件零点参数及刀具长度补偿值。

4）采用刀具补偿值来保证尺寸精度。

5）根据零件形状，选择合适的量具测量尺寸精度并分析结果。

6）提高、养成职业素养，按企业有关规定文明生产，做到工作地整洁，工件、工具、量具、刀具摆放整齐。

任务描述

1）分析如图 4-35 所示对称轮廓零件图,选择合适的夹具和机床,确定零件的加工工艺。

2）选择合适的刀具种类及规格,编制零件的加工程序。

3）进行零件装夹,对刀及参数设定,操作机床完成零件的加工。

4）选择合适的量具测量零件的精度,并进行零件的质量分析。

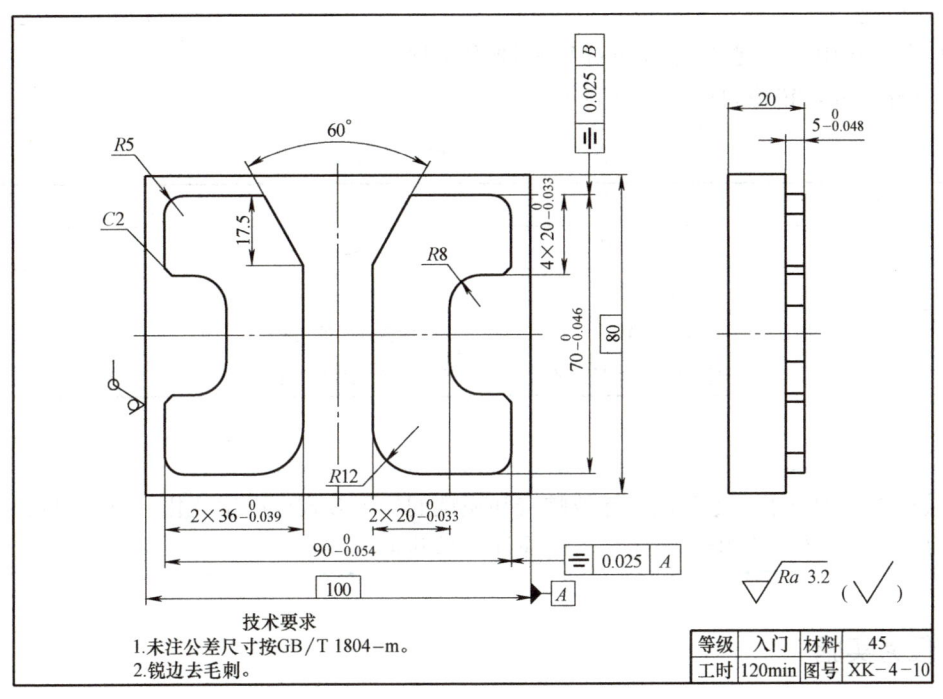

图 4-35 对称轮廓零件图

知识链接

用镜像指令可实现坐标轴的对称加工。

1. 指令格式

G51.1 $\begin{cases} X\_\_; & Y\text{轴镜像} \\ Y\_\_; & X\text{轴镜像} \\ X\_\_\ Y\_\_; & X、Y\text{轴同时镜像,也称为原点镜像} \end{cases}$

G50.1 $\begin{cases} X\_\_; & \text{取消}Y\text{轴镜像} \\ Y\_\_; & \text{取消}X\text{轴镜像} \\ X\_\_\ Y\_\_; & \text{取消原点镜像} \end{cases}$

2. 指令注释

G51.1:镜像指令。

G51.0:取消可编程镜像。

镜像轴可以是 Y 轴(X0)、X 轴(Y0)镜像,或是采取原点镜像(X0,Y0)。也可以采取图 4-36 所示对称轴进行镜像。各图像说明如下：

（1）为程序编制的图像。

（2）该图像的对称轴与 Y 轴平行，并与 X 轴在 X = 50 处相交。

（3）图像对称点在 (50, 50) 处。

（4）该图像的对称轴与 X 轴平行，并与 Y 轴在 Y = 50 处相交。

从图 4-36 中可清楚地得出当对某一轴镜像时的指令变化。左右镜像轨迹比较见表 4-22。

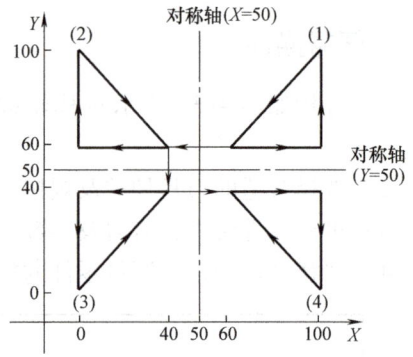

图 4-36　对称轴镜像

表 4-22　左右镜像轨迹比较

序　号	指　　令	说　　明	备　注
1	刀具半径补偿	G41、G42 被互换	
2	圆弧插补	G02、G03 被互换	
3	坐标旋转	旋转方向被互换	
4	对称点镜像相当于坐标系旋转 180°，指令无任何变化		

　想一想

镜像加工中由于指令变换，导致顺铣和逆铣的加工方式也产生变化，对于刀具和表面粗糙度值会产生何种影响？镜像加工时应注意哪些事项？

任务实施

一、工艺分析

1. 图样分析

如图 4-35 所示，零件材料为 45 钢，因此选择刀具时应尽量选用硬质合金铣刀，但考虑加工成本也可以选择高速钢铣刀。该零件形状简单，为两个形状、大小相同的左右对称凸台。零件加工尺寸公差等级为 IT8，表面粗糙度值为 $Ra3.2\mu m$，对称度公差为 0.025mm。采用数控铣削可以达到以上加工要求。

2. 毛坯备料和装夹方式

零件毛坯属于方料，尺寸为 100mm×80mm×20mm，六面精铣。选用通用夹具，精密机用平口钳装夹。

3. 刀具和工、量具的确定

根据零件图样的加工内容、技术要求及检测要求，确定刀具及刀柄清单见表 4-1，工、量具清单见表 4-2。

4. 加工方案的制订

根据基准先行、先粗后精、工序集中的原则，该零件的数控加工工艺卡见表 4-23。

表 4-23　数控加工工艺卡

零件装夹图	装夹要点						
	1. 用机用平口钳装夹前要用杠杆百分表找正固定钳口与机床导轨的平行度 2. 毛坯高出钳口 8mm 以上						
工步	加工要点	加工简图	刀 具		切 削 用 量		
			名称	直径/mm	背吃刀量/mm	主轴转速/(r/min)	进给速度/(mm/min)
1	精铣工件上表面		面铣刀	φ63	0.2	800	80
2	粗铣左轮廓凸台,留单边余量 0.3mm,底面留余量 0.2mm		立铣刀(HSS)	φ10	4.8	800	160
3	粗铣右侧对称凸台,留单边余量 0.3mm,底面留余量 0.2mm		立铣刀(HSS)	φ10	4.8	800	160
4	半精铣、精铣所有轮廓,保证尺寸	略	立铣刀(HSS)	φ10	5	800	160

二、程序编制

1. 编程零点的确定

通过对零件图样的分析,编程零点定于工件上表面中心处。

2. 走刀路线的设计

通过图样分析,该零件的加工轮廓形状为左右对称特征,因此设计刀路轨迹过程中可采用镜像来完成。如图 4-37 所示,零件右侧为原始刀路轨迹,以 Y 轴镜像得到零件左侧刀路轨迹。

3. 数学处理及基点的计算

如图 4-38 所示,通过直角三角形勾股定理计算图中点 1 坐标值(计算过程略)。

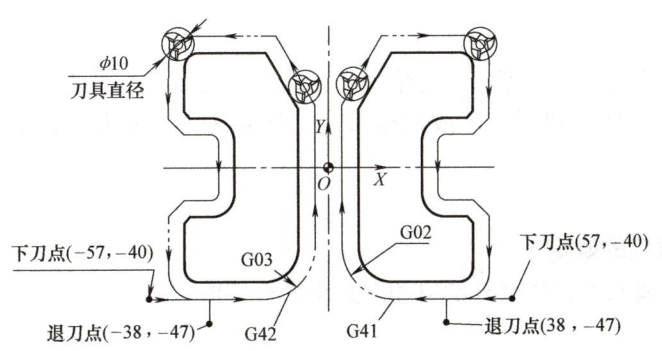

图 4-37　左右对称轮廓走刀路线

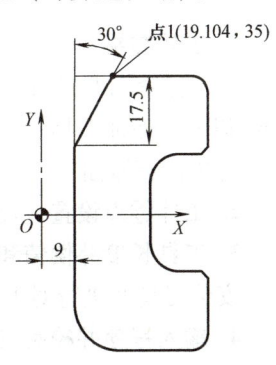

图 4-38　坐标点计算图

4. 编制程序

如图 4-37 所示为刀路轨迹，应用子程序和镜像指令编制程序，刀具采用 φ10mm 的立铣刀。左右对称轮廓加工参考程序见表 4-24。

表 4-24　左右对称轮廓加工参考程序

程序内容	说　　明
O4011;	程序名
N02 G54 G17 G40 G90 G80 G21 G69;	G54 工件零点偏置
N04 T1;	刀具号设定（φ10mm 立铣刀）
N06 G00 G43 Z100 H01 M03 S800;	刀具快速抬高到100mm，主轴800r/min 正转
N08 M98 P4012;	调用子程序 O4012
N10 G51.1 X0;	Y 轴镜像
N12 M98 P4012;	调用子程序 O4012
N14 G00 Z100 M09;	快速抬刀至工件初始平面，切削液关
N16 G50.1 X0;	取消坐标系镜像
N18 G00 G91 G28 Z0;	自动回 Z 轴参考点
N20 G49;	取消刀具长度补偿
N22 M05;	主轴停止
N24 M30	程序结束并返回程序开头
O4012;	子程序
N08 G00 X57 Y-40;	快速定位至下刀点处
N10 G00 Z2 M08;	快速接近工件上表面，安全距离为2mm，切削液开
N12 G01 Z-5 F50;	刀具工进至指定深度，进给速度为50mm/min
N14 G01 G41 X45 Y-35 D01 F160;	建立刀具半径左补偿，直线插补点
N16 G01 X9 Y-35,R12;	直线插补并倒圆角
N18 G01 X9 Y17.5;	直线插补
N20 G01 X19.104 Y35;	直线插补
N22 G01 X45 Y35,R5;	直线插补并倒圆角
N24 G01 X45 Y15,C2;	直线插补并倒角
N26 G01 X29 Y15,R8;	直线插补并倒圆角
N28 G01 X29 Y-15,R8;	直线插补并倒圆角
N30 G01 X45 Y-15,C2;	直线插补并倒角
N32 G01 X45 Y-35,R5;	直线插补并倒圆角
N34 G01 X38;	直线插补
N36 G01 G40 X38 Y-47;	直线取消刀具半径补偿
N38 G00 Z10;	快速抬刀
N40 M99;	子程序结束

三、操作加工

1. 工件装夹

在工件紧贴两钳口处放上高度适当的两块等高平行垫铁，要求工件高出机用平口钳钳口8mm 以上，保证刀具与夹具不发生干涉，利用木锤或铜棒敲击工件并找正，要求夹紧工件后平行垫铁不能抽动。

2. 工件零点设置（略）

3. 刀具长度补偿值和半径补偿值的确定

安装刀具并进行对刀，测量并输入刀具长度补偿值和刀具半径补偿值。

4. 输入程序并校验（略）

5. 自动加工（略）

任务评价

根据图样，选择合适的量具并自行检测，填写检测结果评分表，见表4-25。

表4-25 检测结果评分表

评 分 表			图号	XK-4-10	检测编号		
序号	考核内容	考核要求	配分	评 分 标 准	自检结果	检测结果	得分
1	尺寸精度	$90_{-0.054}^{0}$ mm	6	超差不得分			
		$70_{-0.046}^{0}$ mm	6	超差不得分			
		$2 \times 36_{-0.039}^{0}$ mm	10	超差不得分			
		$2 \times 20_{-0.033}^{0}$ mm	10	超差不得分			
		$4 \times 20_{-0.033}^{0}$ mm	20	超差不得分			
		$5_{-0.048}^{0}$ mm	5	超差不得分			
2	表面粗糙度值	$Ra3.2\mu m$(12处)	6	一处超差扣0.5分			
3	几何公差	= 0.025 A	4	超差不得分			
		= 0.025 B	4	超差不得分			
4	其他	锐边去毛刺	1	不符不得分			
		R8mm(4处),R12mm(两处),R5mm(4处),C2(4处),17.5,60°	5	不符不得分			
5	程序编制及输入	指令格式正确	2	一处不对扣1分,扣完为止			
		轮廓形状、位置正确	2	一处不对扣1分,扣完为止			
		加工工艺参数正确	3	一处不对扣1分,扣完为止			
		程序输入正确	2	一处不对扣1分,扣完为止			
	机床操作	开机顺序及回参考点正确	2	违反操作全扣			
		工件零点、刀具长度补偿值设定正确	2	违反操作全扣			
		程序校验规范	2	违反操作全扣			
6	职业素养	劳保用品、防护镜穿戴规范	2	违反规范全扣			
		工、量、刀具分区摆放整齐	2	违反规范全扣			
		整理、打扫工位	2	违反规范全扣			
7	安全文明生产	安全操作规程	倒扣	不遵守操作规程扣2~5分			
	配 分		100	总 分			
检测			日期		评分		日期

试一试

如图 4-37 所示为刀路轨迹，精加工采用同一刀具半径补偿值，检测两对称形状的尺寸并对比结果，分析其原因。

任务拓展

如图 4-28 所示，分别使用镜像、旋转指令调用子程序编制左右两对称腰形凸台的加工程序，试分析两种刀路轨迹有何不同。

课后练习

采用直径为 φ10mm 的立铣刀，应用镜像及子程序调用指令编制图 4-39 所示零件的加工程序。

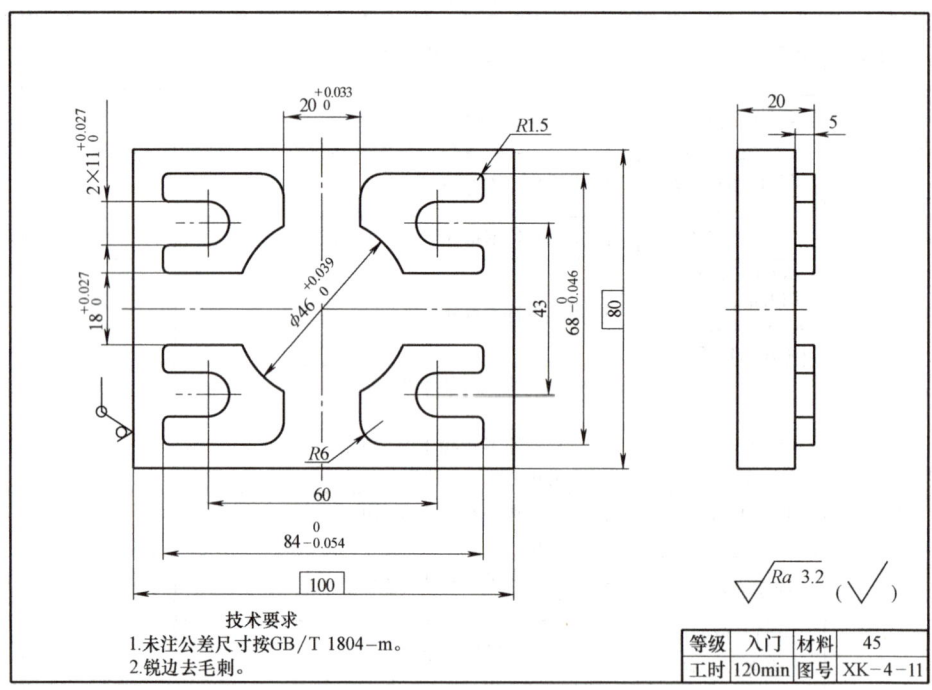

图 4-39　对称轮廓零件图

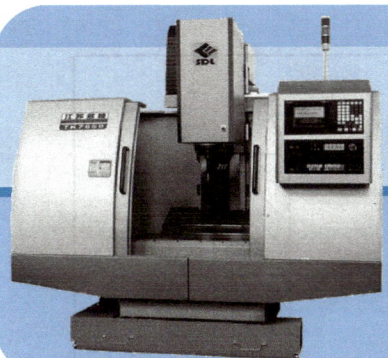

项目五

腔槽类零件的加工

项目描述

能够对键槽、圆槽、矩形槽等内轮廓进行数控加工工艺分析,并编制程序,能装夹工件、输入数控加工程序、进行工件零点设定、进行刀具补偿值的设定,选择自动加工方式进行粗、精加工,并达到如下要求。

1) 尺寸公差等级达 IT8。
2) 几何公差等级达 IT8。
3) 表面粗糙度值达 $Ra3.2\mu m$。

根据《铣工国家职业技能标准》(数控铣工)中级工的技能要求,本项目安排六个任务,分别为键槽的加工、矩形槽的加工、圆槽的加工、腰形槽的加工、圆环槽的加工和型腔的加工。

任务一 键槽的加工

学习目标

1) 合理选择下刀方式,正确选择切入点,设计合理的封闭轮廓的走刀路线并编制程序。
2) 应用直线、圆弧插补指令编制键槽的加工程序。
3) 熟练操作机床,正确对刀并设置工件零点参数及刀具长度补偿值。
4) 根据零件形状,选择合适的量具测量尺寸精度并分析结果。
5) 提高、养成职业素养,按企业有关规定文明生产,做到工作地整洁,工件、工具、量具、刀具摆放整齐。

任务描述

1) 分析图 5-1 所示键槽零件图,选择合适的夹具和机床,确定零件的加工工艺。

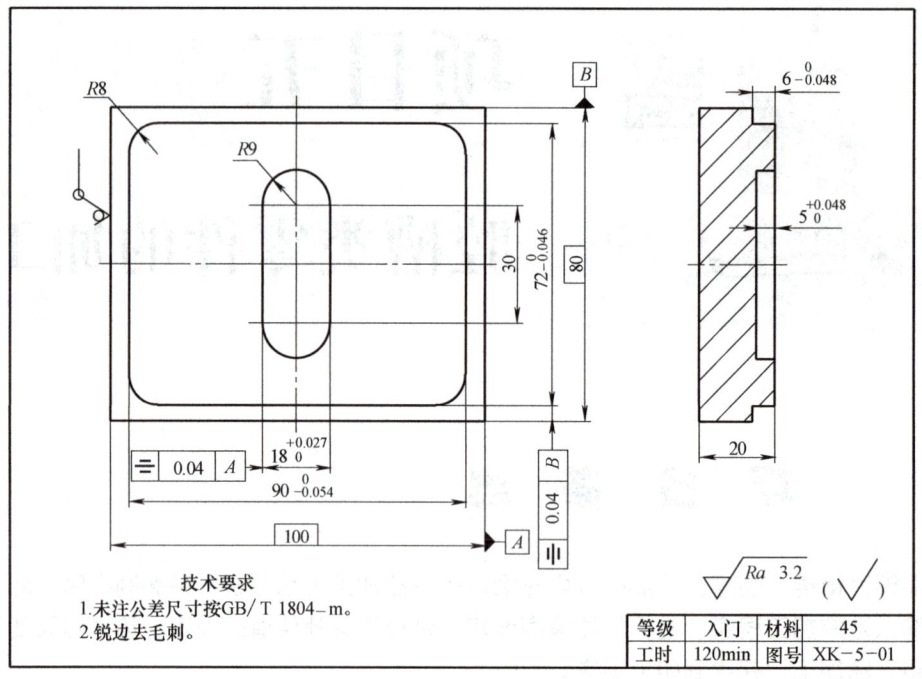

图 5-1 键槽零件图

2）选择合适的刀具种类及规格，编制零件的加工程序。

3）进行零件装夹，对刀及参数设定，操作机床完成零件的加工。

4）选择合适的量具测量零件的精度，并进行零件的质量分析。

知识链接

一、挖槽和型腔加工中的进刀方式

对于封闭型腔零件的加工，下刀方式主要有垂直下刀、螺旋下刀和斜线下刀三种。

1. 垂直下刀

1）小面积切削和零件表面质量要求不高的情况下，采用键槽铣刀直接垂直下刀进行切削的方式。

2）大面积切削和零件表面质量要求较高的情况下，先采用直径合适的麻花钻加工下刀工艺孔，再换多刃立铣刀加工型腔。

2. 螺旋下刀

通过铣刀刀片的侧刃和底刃的切削，避开刀具中心无切削刃部分与工件的干涉，使刀具沿螺旋槽深度方向渐进，如图 5-2 所示，从而达到进刀的目的。

3. 斜线下刀

斜线下刀时刀具使用 X（或）Y 和 Z 方向的渐降斜插切削，如图 5-3 所示，以达到加工至全部轴向切削深度的目的。

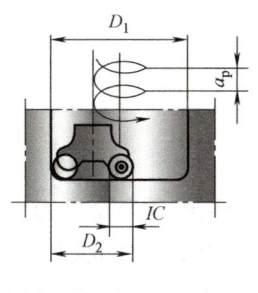

图 5-2 螺旋铣

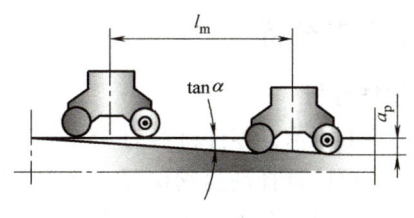

图 5-3 渐降斜插

二、走刀路线

1. 圆腔挖腔的走刀路线

圆腔挖腔加工时，一般从圆心开始，根据所用刀具，也可先预钻一孔，以便进刀。挖腔加工多用立铣刀或键槽铣刀。

2. 方腔挖腔的走刀路线

方腔挖腔与圆腔挖腔相似，但走刀路线可有以下几种，如图 5-4 所示。

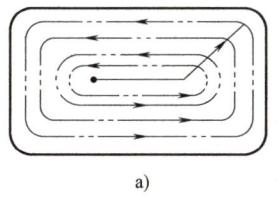
a)

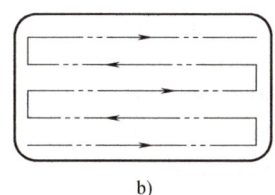
b)

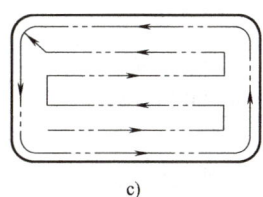
c)

图 5-4 方腔挖腔三种走刀路线

a) 回旋加工 b) 平行加工 c) 平行加轮廓加工

3. 不规则形状挖腔的走刀路线

对于不规则形状的挖腔，走刀路线和加工程序较规则形状要复杂，计算工作量有时较大。为简化编程，可先将其变成内轮廓进行加工，再将剩余部分变成无界平面进行铣削加工。

4. 弧岛挖腔的走刀路线

弧岛挖腔时，不但要照顾到轮廓，还要保证弧岛。为简化编程，可先将腔的外形按内轮廓进行加工，再将弧岛按外轮廓进行加工，使剩余部分远离轮廓及弧岛，再按无界平面进行挖腔加工。

三、刀具的选择

内轮廓通常应用键槽铣刀来加工，在数控铣床上使用的键槽铣刀为整体结构，刀具材料为高速钢或硬质合金。与普通立铣刀不同的是，键槽铣刀端面中心处有切削刃，所以键槽铣刀能做轴向进给，起刀点可以在工件内部。一般粗加工选择 2 刃键槽铣刀，精加工选择 3 刃或 4 刃立铣刀。

任务实施

一、工艺分析

1. 图样分析

如图 5-1 所示,零件材料为 45 钢,因此选择刀具时应尽量选用硬质合金铣刀,但考虑加工成本也可以选择高速钢铣刀。该零件形状简单,外轮廓为矩形凸台,内轮廓为常见的键槽。零件加工尺寸公差等级为 IT8,表面粗糙度值为 $Ra3.2\mu m$,对称度公差为 0.04mm。采用数控铣削可以达到以上加工要求。

2. 毛坯备料和装夹方式

零件毛坯属于方料,尺寸为 100mm×80mm×20mm,六面精铣。选用通用夹具,精密机用平口钳装夹。

3. 刀具和工、量具的确定

根据零件图样的加工内容、技术要求及检测要求,确定刀具及刀柄清单见表 5-1,工、量具清单见表 5-2。

表 5-1 刀具及刀柄清单

序号	刀具名称	规格或型号	精度/mm	数量
1	BT 平面铣刀柄	BT40-FMA25.4-60L		1
2	SE45°平面铣刀	SE445-3		1
3	BT-ER 铣刀夹头	BT40-ER32-70L		自定
4	筒夹	ER32-ϕ8mm、ϕ10mm、ϕ16mm、ϕ20mm		自定
5	平面铣刀刀片	SENN1203-AFTN1		6
6	立铣刀	ϕ8mm、ϕ10mm、ϕ16mm、ϕ20mm		各1
7	键槽铣刀	ϕ10mm、ϕ8mm		各1

表 5-2 工、量具清单

序号	名称	规格或型号	分度值/mm	数量
1	游标卡尺	0~150mm	0.02	1
2	外径千分尺	0~25mm、25~50mm、50~75mm、75~100mm	0.01	各1
3	深度千分尺	0~50mm	0.01	1
4	内测千分尺	5~30mm、25~50mm		1
5	半径样板	$R1~R25$mm		1
6	杠杆百分表	0~0.8mm	0.01	1
7	磁力表座			1
8	回转式寻边器	ME-1020	0.01	1
9	Z 轴设定器	ZDI-50	0.01	1
10	铜棒或塑料榔头			1
11	内六角扳手	6mm、8mm、10mm、12mm		各1
12	等高垫铁	根据机用平口钳和工件自定		1 副
13	锉刀、磨石			自定
14	科学计算器、铅笔、橡皮、绘图工具			自定

4. 加工方案的制订

根据基准先行、先粗后精、工序集中的原则，该零件的数控加工工艺卡见表5-3。

表5-3 数控加工工艺卡

零件装夹图	装夹要点				
（图示）	1. 用机用平口钳装夹前要用杠杆百分表找正固定钳口与机床导轨的平行度 2. 毛坯高出钳口8mm以上				
工步	加工要点	加工简图	刀具		切削用量		

工步	加工要点	加工简图	名称	直径/mm	背吃刀量/mm	主轴转速/(r/min)	进给速度/(mm/min)
1	精铣工件上表面	（图示）	面铣刀	φ63	0.2	800	80
2	粗铣矩形凸台，留单边余量0.3mm，底面余量留0.2mm	（图示）	立铣刀（HSS）	φ16	5.8	500	100
3	粗铣键槽，留单边余量0.3mm，底面余量留0.2mm	（图示）	立铣刀（HSS）	φ10	4.8	800	160
4	半精铣、精铣所有轮廓，保证尺寸	略	立铣刀（HSS）	φ10	6/5	800	160

二、程序编制

1. 编程零点的确定

通过对零件图样的分析，编程零点定于工件上表面中心处。

2. 走刀路线的设计

图5-5所示为键槽铣削的三种走刀路线，分别采用不同的切入、切出方式。如图5-5a

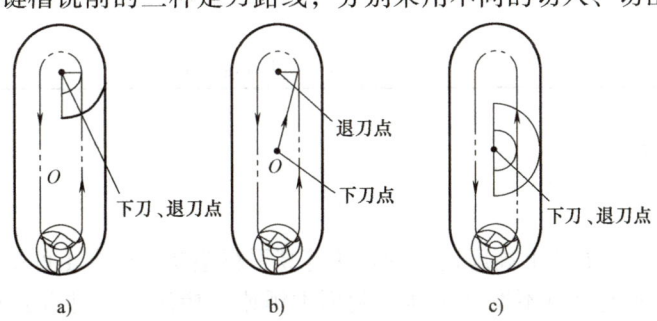

图5-5 键槽铣削的三种走刀路线

所示，采用圆弧切入、法向切出，加工路径最短；如图 5-5b 所示，采用斜向切入、法向切出，切入长度较长；如图 5-5c 所示，采用圆弧切入、切出，但切入点定于键槽几何元素的中间，影响表面质量。综上所述，第一种走刀路线较好。

想一想

试分析如图 5-5 所示键槽的三种走刀路线的优缺点。

3. 数学处理及基点的计算

计算下刀工艺孔的坐标值，在加工键槽前可先钻下刀工艺孔，然后采用立铣刀加工轮廓。

4. 编制程序

如图 5-5a 所示为键槽刀路轨迹，刀具采用 φ10mm 的立铣刀。键槽加工参考程序见表 5-4。

表 5-4　键槽加工参考程序

程序内容	说明
O5001；	程序名
N02 G54 G17 G40 G90 G80 G21 G69；	G54 工件零点偏置
N04 T1；	刀具号设定（φ10mm 立铣刀）
N06 G00 G43 Z100 H01 M03 S800；	刀具快速抬高到 100mm，主轴 800r/min 正转
N08 G00 X0 Y15；	快速定位于下刀点（下刀工艺孔处）
N10 G00 Z2；	快速接近工件
N12 G01 Z-5 F40 M08；	工进到达指定深度，切削液开
N14 G01 G41 X0 Y6 D01 F120；	直线插补
N16 G03 X-9 Y15 R-9；	逆时针圆弧插补
N18 G01 X-9 Y-15；	直线插补
N20 G03 X9 Y-15 R9；	逆时针圆弧插补
N22 G01 X9 Y15；	直线插补
N24 G01 G40 X0 Y15；	直线取消刀具半径补偿
N26 G00 Z100 M09；	刀具快速抬刀至工件初始平面，切削液关
N28 G00 G91 G28 Z0；	自动回 Z 轴参考点
N30 G49；	取消刀具长度补偿
N32 M05；	主轴停止
N34 M30	程序结束并返回程序开头

三、操作加工

1. 工件装夹

在工件紧贴两钳口处放上高度适当的两块等高平行垫铁，要求工件高出机用平口钳钳口 8mm 以上，保证刀具与夹具不发生干涉，利用木锤或铜棒敲击工件并找正，要求夹紧工件后平行垫铁不能抽动。

2. 工件零点的设置（略）
3. 刀具长度补偿值和半径补偿值的确定（略）
4. 输入程序并校验（略）
5. 自动加工

加工键槽过程中采用调整刀具补偿值的方法保证尺寸精度。键槽加工过程刀具磨损补偿调整见表5-5。

表5-5 键槽加工过程刀具磨损补偿调整

序号	加工过程	刀具规格	半径补偿值 /mm	半径磨损补偿值 /mm	长度磨损补偿值 /mm	备 注
1	粗加工	φ10mm 键槽铣刀	10	$D_{粗补}(0.3)$	$H_{粗补}(0.2)$	单边留0.3mm余量，深度留0.2mm余量
2	半精加工	φ10mm 四刃立铣刀	5	$D_{半精补}(0.1)$	$H_{半精补}(0.1)$	单边留0.1mm余量，深度留0.1mm余量
3	精加工	同上	5	$D_{精补}$	$H_{精补}$	根据测量随时调整

想一想

凸台和型腔加工中，均采用调整刀具磨损补偿值的方法保证尺寸精度，试采用同一刀补值加工内外轮廓，加工结果会怎样？

任务评价

根据图样，选择合适的量具并自行检测，填写检测结果评分表，见表5-6。

表5-6 检测结果评分表

评 分 表			图号	XK-5-01	检测编号		
序号	考核内容	考核要求	配分	评分标准	自检结果	检测结果	得分
1	凸台	$90_{-0.054}^{0}$ mm	12	超差不得分			
		$72_{-0.046}^{0}$ mm	12	超差不得分			
		$6_{-0.048}^{0}$ mm	8	超差不得分			
		R8mm（4处）	2	不符不得分			
		Ra3.2μm（5处）	2.5	一处超差扣0.5分			
2	型腔	$18_{0}^{+0.027}$ mm	12	超差不得分			
		$5_{0}^{+0.048}$ mm	8	超差不得分			
		R9mm（两处）	2	不符不得分			
		Ra3.2μm（5处）	2.5	一处超差扣0.5分			
3	几何公差	═ 0.04 A	4	超差不得分			
		═ 0.04 B	4	超差不得分			

(续)

序号	考核内容	考核要求	配分	评分标准	图号 XK-5-01 自检结果	检测编号 检测结果	得分
4	其他	锐边去毛刺	2	不符不得分			
5	程序编制及输入	指令格式正确	3	一处不对扣1分,扣完为止			
		轮廓形状、位置正确	3	一处不对扣1分,扣完为止			
		加工工艺参数正确	4	一处不对扣1分,扣完为止			
		程序输入正确	3	一处不对扣1分,扣完为止			
	机床操作	开机顺序,及回参考点正确	2	违反操作全扣			
		工件零点、刀具长度补偿值设定正确	5	违反操作全扣			
		程序校验规范	3	违反操作全扣			
6	职业素养	劳保用品、防护镜穿戴规范	2	违反规范全扣			
		工、量、刀具分区摆放整齐	2	违反规范全扣			
		整理、打扫工位	2	违反规范全扣			
7	安全文明生产	安全操作规程	倒扣	不遵守操作规程扣2~5分			
	配 分		100	总 分			
	检测		日期	评分		日期	

任务拓展

图 5-6 所示为键槽粗加工的两种刀路轨迹,采用比槽宽略小的刀具进行分层粗加工,其中渐降斜插可减少键槽加工中的刀具种类,此时刀具不需要采用键槽铣刀,也不用在下刀点处预钻下刀工艺孔。

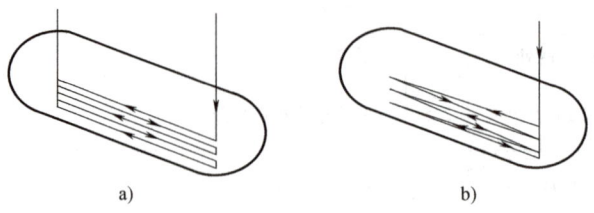

图 5-6 键槽粗加工的两种刀路轨迹
a) 分层双向铣削 b) 渐降斜插

根据渐降斜插的刀路轨迹，编制图 5-1 所示键槽的粗加工程序，渐降每层 1mm。

课后练习

如图 5-7 所示，刀具采用直径 ϕ10mm 的立铣刀，编制内、外轮廓的加工程序。

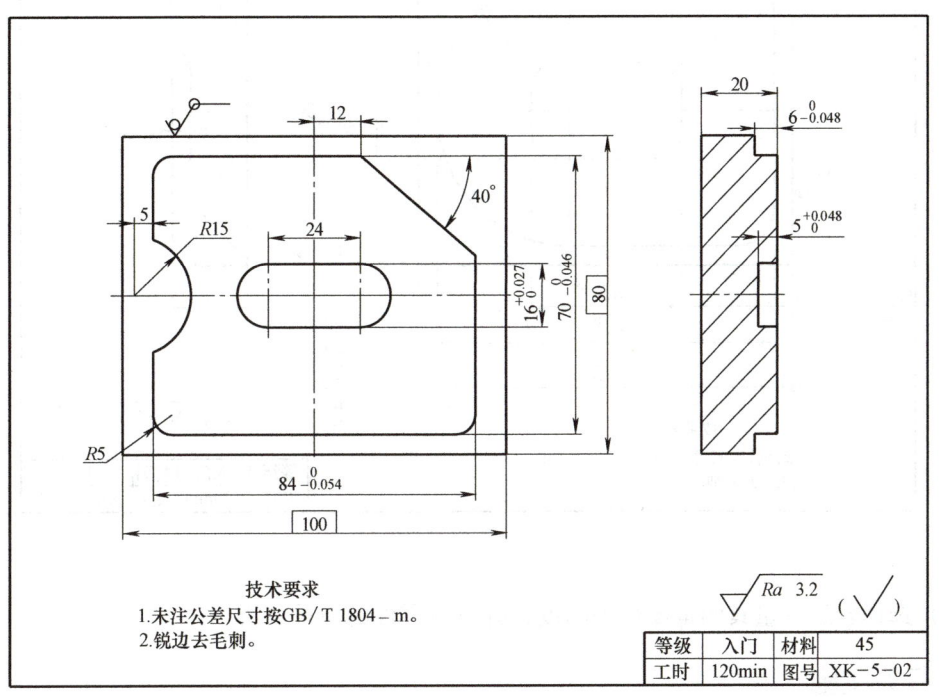

图 5-7　键槽零件图

任务二　矩形槽的加工

学习目标

1) 正确选择编程零点，设计合理的进给路线。
2) 编制矩形槽程序。
3) 熟练操作机床，正确对刀并设置工件零点参数及刀具长度补偿值。
4) 根据零件形状，选择合适的量具测量尺寸精度并分析结果。
5) 提高、养成职业素养，按企业有关规定文明生产，做到工作地整洁，工件、工具、量具、刀具摆放整齐。

任务描述

1) 分析图 5-8 所示矩形槽零件图，选择合适的夹具和机床，确定零件的加工工艺。
2) 选择合适的刀具种类及规格，编制零件的加工程序。
3) 进行零件装夹，对刀及参数设定，操作机床完成零件的加工。

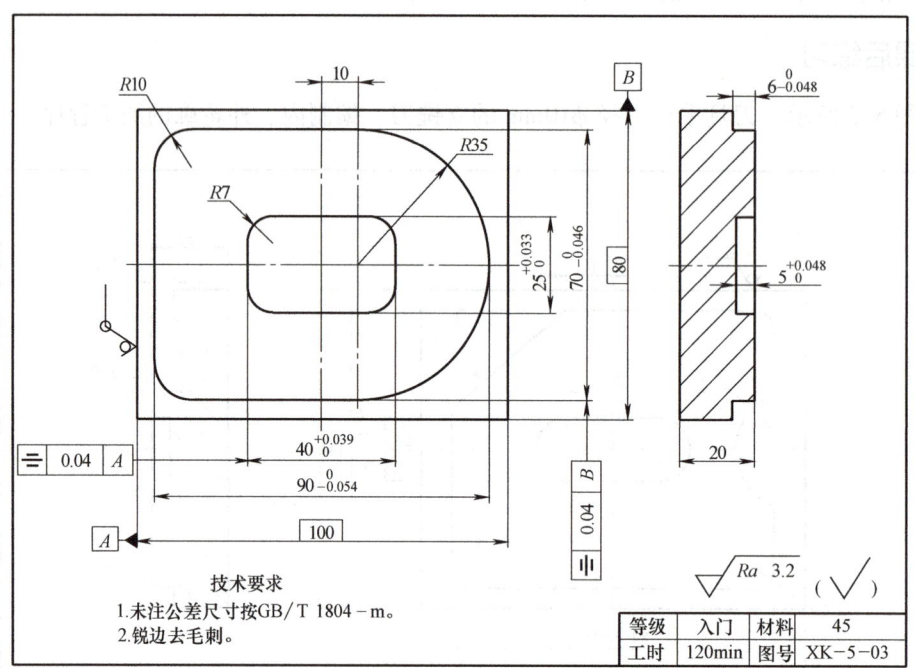

图 5-8 矩形槽零件图

4）选择合适的量具测量零件的精度，并进行零件的质量分析。

任务实施

一、工艺分析

1. 图样分析

如图 5-8 所示，零件材料为 45 钢，因此选择刀具时应尽量选用硬质合金铣刀，但考虑加工成本也可以选择高速钢铣刀。该零件的加工要素主要由半圆凸台和矩形槽组成，零件加工尺寸公差等级为 IT8，表面粗糙度值为 $Ra3.2\mu m$，对称度公差为 0.04mm。采用数控铣削可以达到以上加工要求。

2. 毛坯备料和装夹方式

零件毛坯属于方料，尺寸为 100mm×80mm×20mm，六面精铣。选用通用夹具，精密机用平口钳装夹。

3. 刀具和工、量具的确定

根据零件图样的加工内容、技术要求及检测要求，确定刀具及刀柄清单见表 5-1，工、量具清单见表 5-2。

4. 加工方案的制订

根据基准先行、先粗后精、工序集中的原则，该零件的数控加工工艺卡见表 5-7。

矩形槽加工与键槽加工相同，在下刀处可预先钻下刀工艺孔，也可采用键槽铣刀直接垂直下刀。

项目五　腔槽类零件的加工

表 5-7　数控加工工艺卡

零件装夹图	装夹要点
	1. 用机用平口钳装夹前要用杠杆百分表找正固定钳口与机床导轨的平行度 2. 毛坯高出钳口 8mm 以上

工步	加工要点	加工简图	刀具		切削用量		
			名称	直径 /mm	背吃刀量 /mm	主轴转速 /(r/min)	进给速度 /(mm/min)
1	精铣工件上表面		面铣刀	φ63	0.2	800	80
2	粗铣半圆凸台，留单边余量 0.3mm，底面留余量 0.2mm		立铣刀 （HSS）	φ16	5.8	500	100
3	粗铣矩形槽，留单边余量 0.3mm，底面留余量 0.2mm		立铣刀 （HSS）	φ10	4.8	800	160
4	半精铣、精铣所有轮廓，保证尺寸	略	立铣刀 （HSS）	φ10	6/5	800	80

二、程序编制

1. 编程零点的确定

通过零件图样的分析，编程零点定于工件上表面中心处。

2. 走刀路线的设计

图 5-9 所示为矩形槽的三种走刀路线。如图 5-9a 所示，走刀路线最短，圆弧切入、法向切出；如图 5-9b 所示，斜向切入、法向切出，走刀路线较长；如图 5-9c 所示，圆弧切

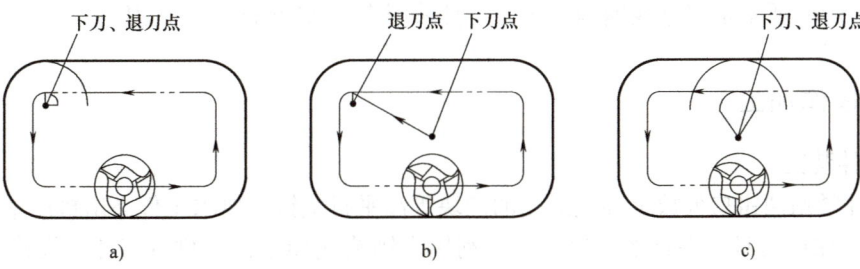

图 5-9　矩形槽的三种走刀路线

入、切出,但切入点选择连续轮廓的中点,轮廓表面质量受到影响。

3. 数学处理及基点的计算

如图 5-10 所示,计算下刀工艺孔的坐标值及其编程轮廓点的坐标值。

4. 编制程序

如图 5-9a 所示为刀路轨迹,刀具采用 φ10mm 的立铣刀。矩形槽加工参考程序见表 5-8。

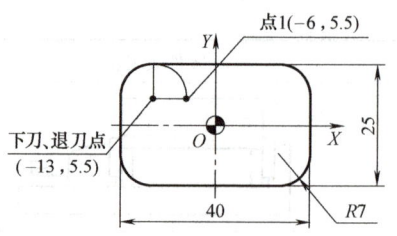

图 5-10　矩形槽坐标点计算图

表 5-8　矩形槽加工参考程序

程序内容	说　　明
O5002;	程序名
N02 G54 G17 G40 G90 G80 G21 G69;	G54 工件零点偏置
N04 T1;	刀具号设定(φ10mm 立铣刀)
N06 G00 G43 Z100 H01 M03 S800;	刀具快速抬高到100mm,主轴 800r/min 正转
N08 G00 X-13 Y5.5;	快速定位于下刀点(下刀工艺孔处)
N10 G00 Z2;	快速接近工件
N12 G01 Z-5 F50 M08;	工进到达指定深度,切削液开
N14 G01 G41 X-6 Y5.5 D01 F100;	直线插补建立刀具半径左补偿
N16 G03 X-20 Y5.5 R7;	逆时针圆弧插补
N18 G01 X-20 Y-12.5,R7;	直线插补并倒圆角
N20 G01 X20 Y-12.5,R7;	直线插补并倒圆角
N22 G01 X20 Y12.5,R7;	直线插补并倒圆角
N24 G01 X-13 Y12.5	直线插补
N26 G01 G40 X-13 Y5.5;	直线取消刀具半径补偿
N28 G00 Z100 M09;	快速抬刀至工件初始平面,切削液关
N30 G00 G91 G28 Z0;	自动回 Z 轴参考点
N32 G49;	取消刀具长度补偿
N34 M05;	主轴停止
N36 M30	程序结束并返回程序开头

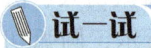

按图 5-9c 所示走刀路线编制程序,刀具采用直径 φ10mm 的立铣刀。

三、操作加工

1. 工件装夹

在工件紧贴两钳口处放上高度适当的两块等高平行垫铁,要求工件高出机用平口钳钳口 8mm 以上,保证刀具与夹具不发生干涉,利用木锤或铜棒敲击工件并找正,要求夹紧工件后平行垫铁不能抽动。

2. 工件零点的设置（略）
3. 刀具长度补偿值和半径补偿值的确定（略）
4. 输入程序并校验（略）
5. 自动加工（略）

任务评价

根据图样，选择合适的量具并自行检测，填写检测结果评分表，见表5-9。

表5-9 检测结果评分表

评分表			图号	XK-5-03	检测编号		
序号	考核内容	考核要求	配分	评分标准	自检结果	检测结果	得分
1	凸台	$90_{-0.054}^{0}$ mm	11	超差不得分			
		$70_{-0.046}^{0}$ mm	11	超差不得分			
		$6_{-0.048}^{0}$ mm	8	超差不得分			
		R10mm（两处），R35mm，10mm	2	不符不得分			
		Ra3.2μm（6处）	3	一处超差扣0.5分			
2	型腔	$40_{0}^{+0.039}$ mm	12	超差不得分			
		$25_{0}^{+0.033}$ mm	12	超差不得分			
		$5_{0}^{+0.048}$ mm	8	超差不得分			
		R7mm（4处）	1	不符不得分			
		Ra3.2μm（4处）	2	一处超差扣0.5分			
3	几何公差	= 0.04 A	3	超差不得分			
		= 0.04 B	3	超差不得分			
4	其他	锐边去毛刺	2	不符不得分			
5	程序编制及输入	指令格式正确	2	一处不对扣1分，扣完为止			
		轮廓形状、位置正确	2	一处不对扣1分，扣完为止			
		加工工艺参数正确	3	一处不对扣1分，扣完为止			
		程序输入正确	2	一处不对扣1分，扣完为止			
	机床操作	开机顺序及回参考点正确	2	违反操作全扣			
		工件零点、刀具长度补偿值设定正确	3	违反操作全扣			
		程序校验规范	2	违反操作全扣			

评分表			图号	XK-5-03	检测编号		
序号	考核内容	考核要求	配分	评分标准	自检结果	检测结果	得分
6	职业素养	劳保用品、防护镜穿戴规范	2	违反规范全扣			
		工、量、刀具分区摆放整齐	2	违反规范全扣			
		整理、打扫工位	2	违反规范全扣			
7	安全文明生产	安全操作规程	倒扣	不遵守操作规程扣2~5分			
配　分			100	总　分			
检测			日期		评分		日期

想一想

如果加工过程中，在矩形槽半精加工结束后测量 X、Y 方向的两个尺寸，发现两尺寸的加工误差相差 0.03mm，试分析产生的原因及补救措施。

任务拓展

加工图 5-8 所示的矩形槽，拐角半径为 7mm，如直接采用直径 ϕ14mm 的立铣刀加工，拐角处圆弧由刀具自然形成，试编制加工程序。

课后练习

编制如图 5-11 所示矩形槽的加工程序，刀具采用直径 ϕ10mm 的立铣刀。

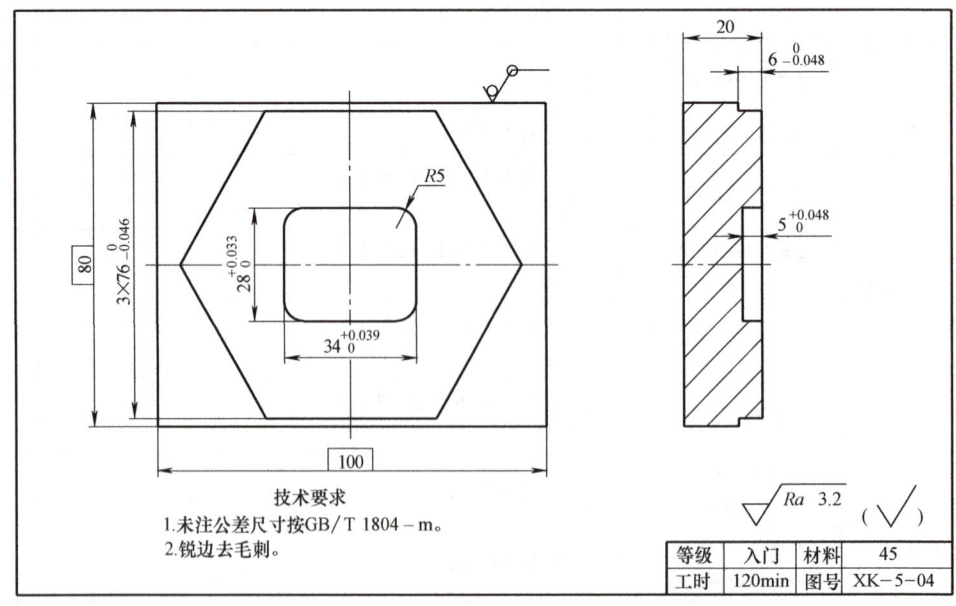

图 5-11　矩形槽零件图

任务三　圆槽的加工

学习目标

1) 采用圆弧切入、切出的方法编制圆槽的加工程序。
2) 熟练操作机床，正确对刀并设置工件零点参数及刀具长度补偿值。
3) 采用刀具补偿值来保证尺寸精度。
4) 根据零件形状，选择合适的量具测量尺寸精度并分析结果。
5) 提高、养成职业素养，按企业有关规定文明生产，做到工作地整洁，工件、工具、量具、刀具摆放整齐。

任务描述

1) 分析图 5-12 所示圆槽零件图，选择合适的夹具和机床，确定零件的加工工艺。
2) 选择合适的刀具种类及规格，编制零件的加工程序。
3) 进行零件装夹，对刀及参数设定，操作机床完成零件的加工。
4) 选择合适的量具测量零件的精度，并进行零件的质量分析。

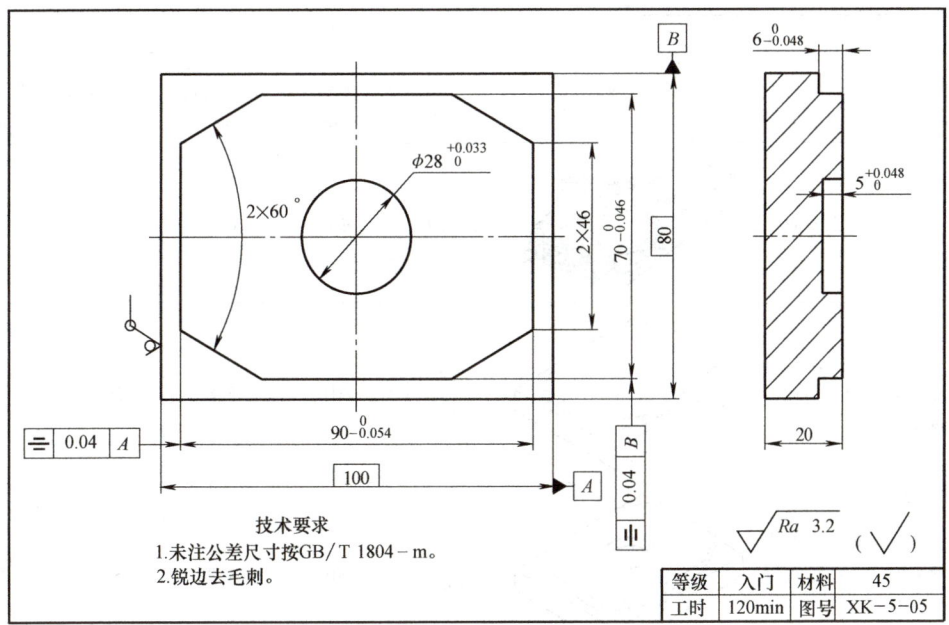

图 5-12　圆槽零件图

任务实施

一、工艺分析

1. 图样分析

如图 5-12 所示，零件材料为 45 钢，因此选择刀具时应尽量选用硬质合金铣刀，但考虑加工成本也可以选择高速钢铣刀。此工件属于一般简单平面轮廓类零件，加工要素主要由矩形凸台和圆槽组成。零件加工尺寸公差等级为 IT8，表面粗糙度值为 $Ra3.2\mu m$，对称度公差为 0.04mm。采用数控铣削可以达到以上加工要求。

2. 毛坯备料和装夹方式

零件毛坯属于方料，尺寸为 100mm×80mm×20mm，六面精铣。选用通用夹具，精密机用平口钳装夹。

3. 刀具和工、量具的确定

根据零件图样的加工内容、技术要求及检测要求，确定刀具及刀柄清单见表 5-1，工、量具清单见表 5-2。

4. 加工方案的制订

根据基准先行、先粗后精、工序集中的原则，该零件的数控加工工艺卡见表 5-10。

表 5-10 数控加工工艺卡

零件装夹图	装夹要点
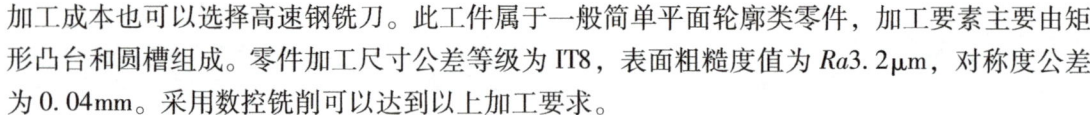	1. 用机用平口钳装夹前要用杠杆百分表找正固定钳口与机床导轨的平行度 2. 毛坯高出钳口 8mm 以上

工步	加工要点	加工简图	刀具 名称	刀具 直径/mm	切削用量 背吃刀量/mm	切削用量 主轴转速/(r/min)	切削用量 进给速度/(mm/min)
1	精铣工件上表面		面铣刀	φ63	0.2	800	80
2	粗铣矩形凸台，留单边余量 0.3mm，底面留余量 0.2mm		立铣刀（HSS）	φ16	5.8	500	100
3	粗铣圆槽，留单边余量 0.3mm，底面留余量 0.2mm		立铣刀（HSS）	φ10	4.8	800	160
4	半精铣、精铣所有轮廓，保证尺寸	略	立铣刀（HSS）	φ10	6/5	800	160

二、程序编制

1. 编程零点的确定

通过零件图样的分析，编程零点定于工件上表面中心处。

2. 走刀路线的设计

当铣削内表面轮廓时,应尽量遵循从切向切入的方法,但此时切入无法外延,最好安排从圆弧过渡到圆弧的加工路线。圆槽的走刀路线如图 5-13 所示。在圆槽中心下刀,圆弧切入、切出,保证零件表面质量。

3. 数学处理及基点的计算

如图 5-14 所示,采用圆弧切入切出,计算各点坐标值。

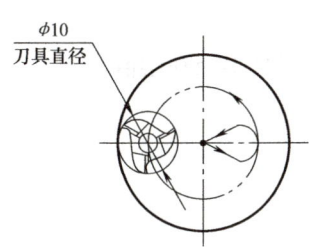

图 5-13　圆槽的走刀路线

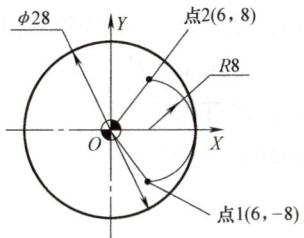

图 5-14　圆槽坐标点计算图

> **想一想**
>
> 加工圆槽时,圆弧切入、切出的半径尽可能大,保证切入点的表面质量。如图 5-14 所示,切入、切出圆弧半径最大可设定为多少？

4. 编制程序

按图 5-13 所示刀路轨迹,刀具采用 φ10mm 的立铣刀,圆槽加工参考程序见表 5-11。

表 5-11　圆槽加工参考程序

程序内容	说　　明
O5003;	程序名
N02 G54 G17 G40 G90 G80 G21 G69;	G54 工件零点偏置
N04 T1;	刀具号设定(φ10mm 立铣刀)
N06 G00 G43 Z100 H01 M03 S800;	刀具快速抬高到 100mm,主轴 800r/min 正转
N08 G00 X0 Y0;	快速定位于下刀点(下刀工艺孔处)
N10 G00 Z2;	快速接近工件
N12 G01 Z-5 F50 M08;	工进到达指定深度,切削液开
N14 G01 G41 X6 Y-8 D01 F160;	直线插补
N16 G03 X14 Y0 R8;	逆时针圆弧插补
N18 G03 X14 Y0 I-14 J0;	直线插补并倒圆角
N20 G03 X6 Y8 R8;	直线插补并倒圆角
N22 G01 G40 X0 Y0;	直线取消刀具半径补偿
N24 G00 Z100 M09;	快速抬刀至工件初始平面,切削液关
N26 G00 G91 G28 Z0;	自动回 Z 轴参考点
N28 G49;	取消刀具长度补偿
N30 M05;	主轴停止
N32 M30	程序结束并返回程序开头

三、操作加工

1. 工件装夹

在工件紧贴两钳口处放上高度适当的两块等高平行垫铁,要求工件高出机用平口钳钳口 8mm 以上,保证刀具与夹具不发生干涉,利用木锤或铜棒敲击工件并找正,要求夹紧工件后平行垫铁不能抽动。

2. 工件零点的设置(略)

3. 刀具长度补偿值和半径补偿值的确定

安装刀具并进行对刀,测量并输入刀具长度补偿值和刀具半径补偿值。

4. 输入程序并校验(略)

5. 自动加工(略)

任务评价

根据图样,选择合适的量具并自行检测,填写检测结果评分表,见表5-12。

表5-12 检测结果评分表

评分表			图号	XK-5-05	检测编号		
序号	考核内容	考核要求	配分	评分标准	自检结果	检测结果	得分
1	凸台	$90_{-0.054}^{0}$ mm	12	超差不得分			
		$70_{-0.046}^{0}$ mm	12	超差不得分			
		$6_{-0.048}^{0}$ mm	10	超差不得分			
		2×46mm,$2\times 60°$	2	不符不得分			
		$Ra3.2\mu m$(6处)	3	一处超差扣0.5分			
2	型腔	$\phi 28_{0}^{+0.033}$ mm	12	超差不得分			
		$5_{0}^{+0.048}$ mm	10	超差不得分			
		$Ra3.2\mu m$(2处)	2	一处超差扣1分			
3	几何公差	= 0.04 A	5	超差不得分			
		= 0.04 B	5	超差不得分			
4	其他	锐边去毛刺	2	不符不得分			
5	程序编制及输入	指令格式正确	3	一处不对扣1分,扣完为止			
		轮廓形状、位置正确	3	一处不对扣1分,扣完为止			
		加工工艺参数正确	3	一处不对扣1分,扣完为止			
		程序输入正确	3	一处不对扣1分,扣完为止			
	操作机床	开机顺序及回参考点正确	2	违反操作全扣			
		工件零点、刀具长度补偿值设定正确	3	违反操作全扣			
		程序校验规范	2	违反操作全扣			

（续）

评分表			图号	XK-5-05	检测编号		
序号	考核内容	考核要求	配分	评分标准	自检结果	检测结果	得分
6	职业素养	劳保用品、防护镜穿戴规范	2	违反规范全扣			
		工、量、刀具分区摆放整齐	2	违反规范全扣			
		整理、打扫工位	2	违反规范全扣			
7	安全文明生产	安全操作规程	倒扣	不遵守操作规程扣2～5分			
配 分			100	总 分			
检测			日期		评分		日期

任务拓展

圆槽粗加工刀路轨迹如图 5-15 所示。图 5-15a 所示为分层粗加工，图 5-15b 所示为螺旋加工。试用圆弧插补指令及子程序调用指令按照分层粗加工的轨迹编制程序。

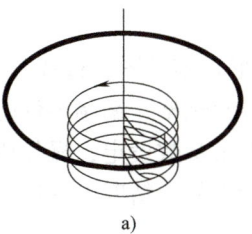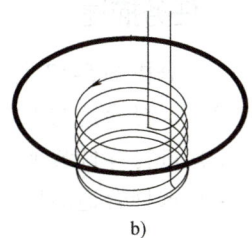

a) b)

图 5-15 圆槽粗加工刀路轨迹

a）分层粗加工 b）螺旋粗加工

课后练习

如图 5-16 所示，编制程序，刀具采用直径 $\phi 10mm$ 的立铣刀。

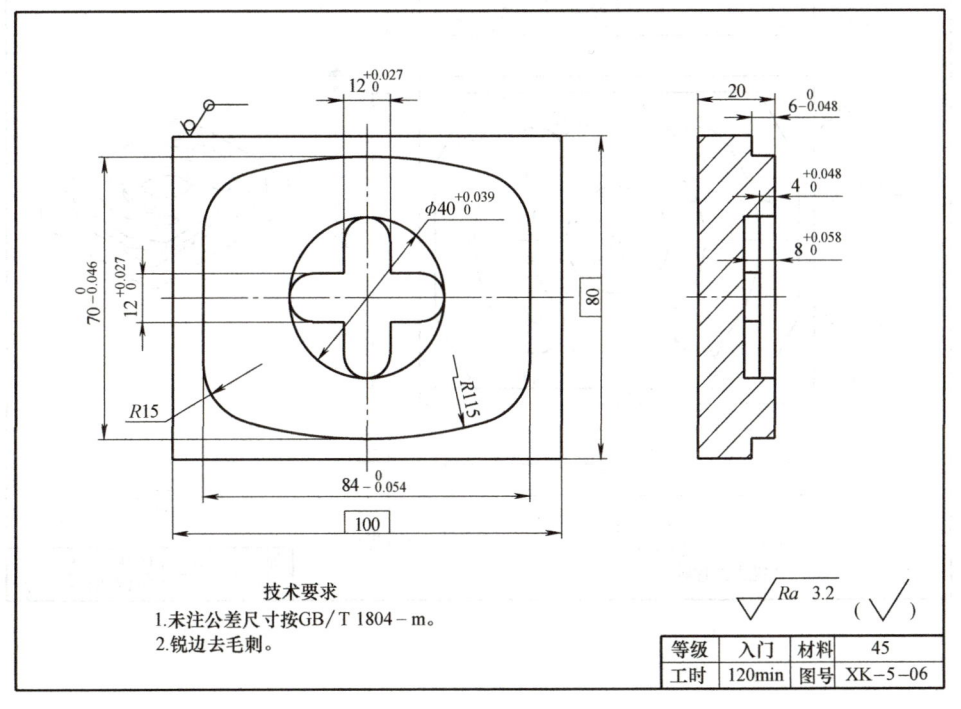

图 5-16 圆槽零件图

任务四 腰形槽的加工

学习目标

1）正确选择编程零点,制订合理的刀具走刀路线。
2）应用极坐标指令编制腰形槽的加工程序。
3）熟练操作机床,正确对刀并设置工件零点参数及刀具长度补偿值。
4）根据零件形状,选择合适的量具测量尺寸精度并分析结果。
5）提高、养成职业素养,按企业有关规定文明生产,做到工作地整洁,工件、工具、量具、刀具摆放整齐。

任务描述

1）分析图 5-17 所示腰形槽零件图,选择合适的夹具和机床,确定零件的加工工艺。
2）选择合适的刀具种类及规格,编制零件的加工程序。
3）进行零件装夹,对刀及参数设定,操作机床完成零件的加工。
4）选择合适的量具测量零件的精度,并进行零件的质量分析。

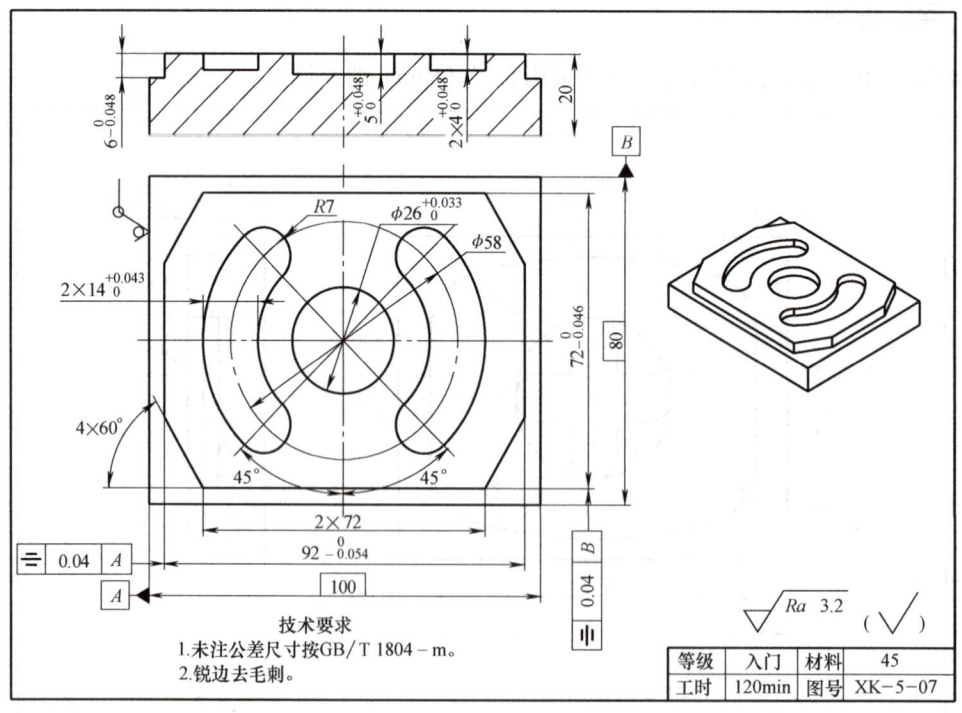

图 5-17 腰形槽零件图

任务实施

一、工艺分析

1. 图样分析

如图 5-17 所示,零件材料为 45 钢,因此选择刀具时应尽量选用硬质合金铣刀,但考虑加工成本也可以选择高速钢铣刀。此工件属于一般简单平面轮廓类零件,加工要素主要由矩形凸台、圆槽及左右对称的腰形槽组成,零件加工尺寸公差等级为 IT8,表面粗糙度值为 $Ra3.2\mu m$,对称度公差为 0.04mm。采用数控铣削可以达到以上加工要求。

2. 毛坯备料和装夹方式

零件毛坯属于方料,尺寸为 100mm×80mm×20mm,六面精铣。选用通用夹具,精密机用平口钳装夹。

3. 刀具和工、量具的确定

根据零件图样的加工内容、技术要求及检测要求,确定刀具及刀柄清单见表 5-1,工、量具清单见表 5-2。

4. 加工方案的制订

根据基准先行、先粗后精、工序集中的原则,该零件的数控加工工艺卡见表 5-13。

表 5-13 数控加工工艺卡

零件装夹图	装夹要点				
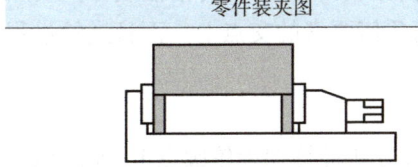	1. 用机用平口钳装夹前要用杠杆百分表找正固定钳口与机床导轨的平行度 2. 毛坯高出钳口 8mm 以上				
工步	加工要点	加工简图	刀 具		切削用量	
			名称	直径 /mm	背吃刀量 /mm	主轴转速 /(r/min)	进给速度 /(mm/min)
1	精铣工件上表面		面铣刀	φ63	0.2	800	80
2	粗铣矩形凸台,留单边余量 0.3mm,底面留余量 0.2mm		立铣刀 (HSS)	φ16	5.8	500	100
3	粗铣圆槽,留单边余量 0.3mm,底面留余量 0.2mm		立铣刀 (HSS)	φ10	4.8	800	160

(续)

工步	加工要点	加工简图	刀具		切削用量		
			名称	直径/mm	背吃刀量/mm	主轴转速/(r/min)	进给速度/(mm/min)
4	粗铣腰形槽,留单边余量 0.3mm,底面留余量 0.2mm		立铣刀（HSS）	φ10	3.8	800	160
5	半精铣、精铣所有轮廓,保证尺寸	略	立铣刀（HSS）	φ10	6/5/4	800	160

二、程序编制

1. 编程零点的确定

通过零件图样的分析,编程零点定于工件上表面中心处。

2. 走刀路线的设计

图 5-18 所示为腰形槽的走刀路线。由于腰形槽空间比较小,采用圆弧切入、切出困难,此时可采用直接切入、切出。

当铣削内表面轮廓时,如实在无法沿零件曲线的切向切入、切出,只有沿法线方向切入和切出。在这种情况下,切入、切出点应选在零件轮廓两几何要素的交点上,而且进给过程中要避免停顿。

3. 数学处理及基点的计算

如图 5-19 所示,分别采用直角坐标系和极坐标系两种方法计算编程轮廓点 1~5 的坐标值,见表 5-14。

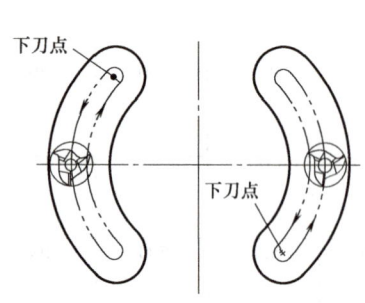

图 5-18 腰形槽的走刀路线

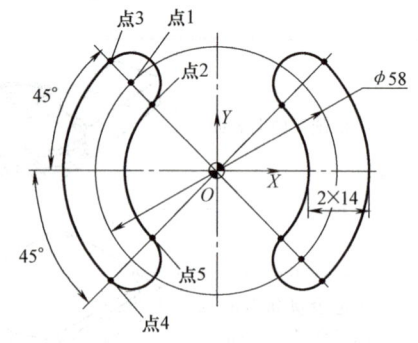

图 5-19 腰形槽坐标点计算图

表 5-14 腰形槽坐标点计算

序号	直角坐标值		极坐标值	
	X	Y	极半径	极角
1	$29\cos135° = -20.506$	$29\sin135° = 20.506$	29	135°

（续）

序号	直角坐标值		极坐标值	
	X	Y	极半径	极角
2	22cos135° = -15.556	22sin135° = 15.556	22	135°
3	36cos135° = -25.456	36sin135° = 25.456	36	135°
4	36cos225° = -25.456	36sin225° = -25.456	36	225°
5	22cos225° = -15.556	22sin225° = -15.556	22	225°

4. 编制程序

按图 5-18 所示刀路轨迹，刀具采用 ϕ10mm 的立铣刀，采用极坐标系方式编制程序。腰形槽加工参考程序见表 5-15。

表 5-15 腰形槽加工参考程序

程序内容	说　　明
O5004;	程序名（主程序）
N02 G54 G17 G40 G90 G80 G21 G69;	G54 工件零点偏置
N04 T1;	刀具号设定（ϕ10mm 立铣刀）
N06 G00 G43 Z100 H01 M03 S800;	刀具快速抬高到 100mm，主轴 800r/min 正转
N08 M98 P5005;	调用子程序
N10 G68 X0 Y0 R180;	坐标系旋转 180°
N12 M98 P5005;	调用子程序
N14 G00 Z100 M09;	快速抬刀至工件初始平面，切削液关
N16 G69	取消坐标系旋转
N18 G00 G91 G28 Z0;	自动回 Z 轴参考点
N20 G49;	取消刀具长度补偿
N22 M05;	主轴停止
N24 M30;	程序结束并返回程序开头
O5005;	子程序（右侧腰形槽加工程序）
N06 G16;	建立极坐标系
N08 G00 X29 Y135;	快速定位于下刀点 1（下刀工艺孔处）
N10 G00 Z2;	快速接近工件
N12 G01 Z-5 F50;	工进到达指定深度
N14 G01 G41 X22 Y135 D01 F160;	直线插补点 2
N16 G03 X36 Y135 R7;	圆弧插补点 3
N18 G03 X36 Y225 R36;	圆弧插补点 4
N20 G03 X22 Y225 R7;	圆弧插补点 5
N22 G02 X22 Y135 R22;	圆弧插补点 2
N24 G01 G40 X29 Y135;	直线取消刀具半径补偿
N26 G00 Z10;	快速抬刀至安全高度
N28 G15;	取消极坐标编程
N30 M99;	子程序结束

试一试

采用直角坐标方式编制腰形槽的加工程序，采用镜像指令和子程序调用指令简化程序编制。

三、操作加工

1. 工件装夹

在工件紧贴两钳口处放上高度适当的两块等高平行垫铁，要求工件高出机用平口钳钳口8mm以上，保证刀具与夹具不发生干涉，利用木锤或铜棒敲击工件并找正，要求夹紧工件后平行垫铁不能抽动。

2. 工件零点的设置（略）

3. 刀具长度补偿值和半径补偿值的确定（略）

安装刀具并进行对刀，测量并输入刀具长度补偿值和刀具半径补偿值。

4. 输入程序并校验（略）

5. 自动加工（略）

任务评价

根据图样，选择合适的量具并自行检测，填写检测结果评分表，见表5-16。

表5-16 检测结果评分表

评分表			图号	XK-5-07	检测编号	
序号	考核内容	考核要求	配分	评分标准	自检结果	检测结果	得分
1	凸台	$92_{-0.054}^{0}$ mm	9	超差不得分			
		$72_{-0.046}^{0}$ mm	9	超差不得分			
		$6_{-0.048}^{0}$ mm	6	超差不得分			
		2×72mm,$4\times60°$	2	不符不得分			
		$Ra3.2\mu$m(6处)	3	一处超差扣0.5分			
2	型腔	$\phi26_{0}^{+0.033}$ mm	9	超差不得分			
		$2\times14_{0}^{+0.043}$ mm	12	超差不得分			
		$5_{0}^{+0.048}$ mm	5	超差不得分			
		$2\times4_{0}^{+0.048}$ mm	8	超差不得分			
		$\phi58$mm,$2\times45°$	2	超差不得分			
		$Ra3.2\mu$m(6处)	3	一处超差扣0.5分			

(续)

评分表				图号	XK-5-07	检测编号		
序号	考核内容	考核要求	配分	评分标准	自检结果	检测结果	得分	
3	几何公差	= 0.04 A	4	超差不得分				
		= 0.04 B	4	超差不得分				
4	其他	锐边去毛刺	2	不符不得分				
5	程序编制及输入	指令格式正确	2	一处不对扣1分,扣完为止				
		轮廓形状、位置正确	2	一处不对扣1分,扣完为止				
		加工工艺参数正确	2	一处不对扣1分,扣完为止				
		程序输入正确	2	一处不对扣1分,扣完为止				
	机床操作	开机顺序及回参考点正确	2	违反操作全扣				
		工件零点、刀具长度补偿值设定正确	4	违反操作全扣				
		程序校验规范	2	违反操作全扣				
6	职业素养	劳保用品、防护镜穿戴规范	2	违反规范全扣				
		工、量、刀具分区摆放整齐	2	违反规范全扣				
		整理、打扫工位	2	违反规范全扣				
7	安全文明生产	安全操作规程	倒扣	不遵守操作规程扣2~5分				
	配 分		100	总 分				
检测		日期		评分		日期		

任务拓展

图5-20所示为腰形槽粗加工刀路轨迹,深度方向分层加工,快速去除腰形槽大部分余量。

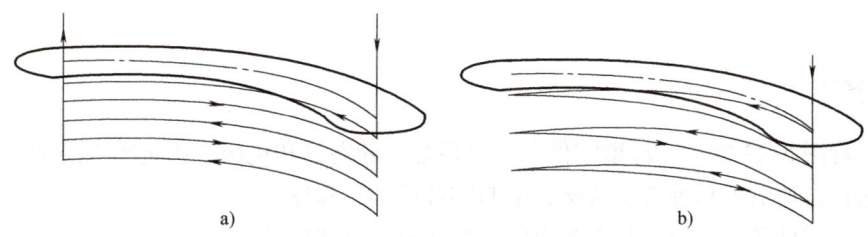

图5-20 腰形槽粗加工刀路轨迹
a) 双向分层铣削 b) 渐降斜插

根据腰形槽粗加工刀路轨迹的其中一种，编制加工程序。

课后练习

如图 5-21 所示，编制内、外轮廓的加工程序。

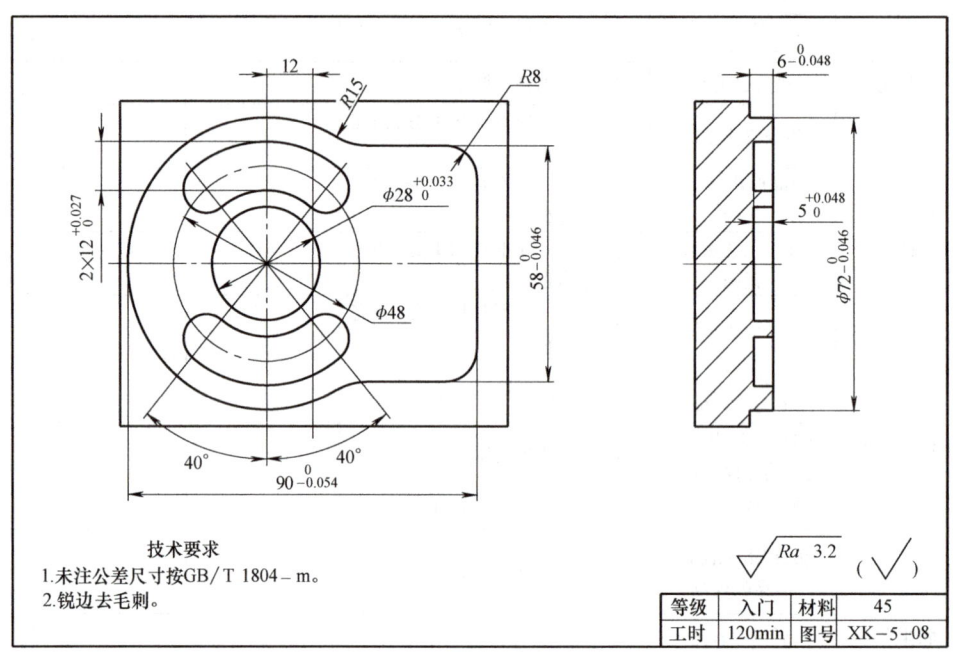

图 5-21　腰形槽零件图

任务五　圆环槽的加工

学习目标

1）掌握用整圆编程指令编制圆槽及圆台的加工程序的方法。
2）掌握两轨迹之间的过渡方法，减少切入、切出以及抬刀。
3）熟练操作机床，正确对刀并设置工件零点参数及刀具长度补偿值。
4）提高、养成职业素养，按企业有关规定文明生产，做到工作地整洁，工件、工具、量具、刀具摆放整齐。

任务描述

1）分析图 5-22 所示圆环槽零件图，选择合适的夹具和机床，确定零件的加工工艺。
2）选择合适的刀具种类及规格，编制零件的加工程序。
3）进行零件装夹，对刀及参数设定，操作机床完成零件的加工。
4）选择合适的量具测量零件的精度，并进行零件的质量分析。

项目五 腔槽类零件的加工

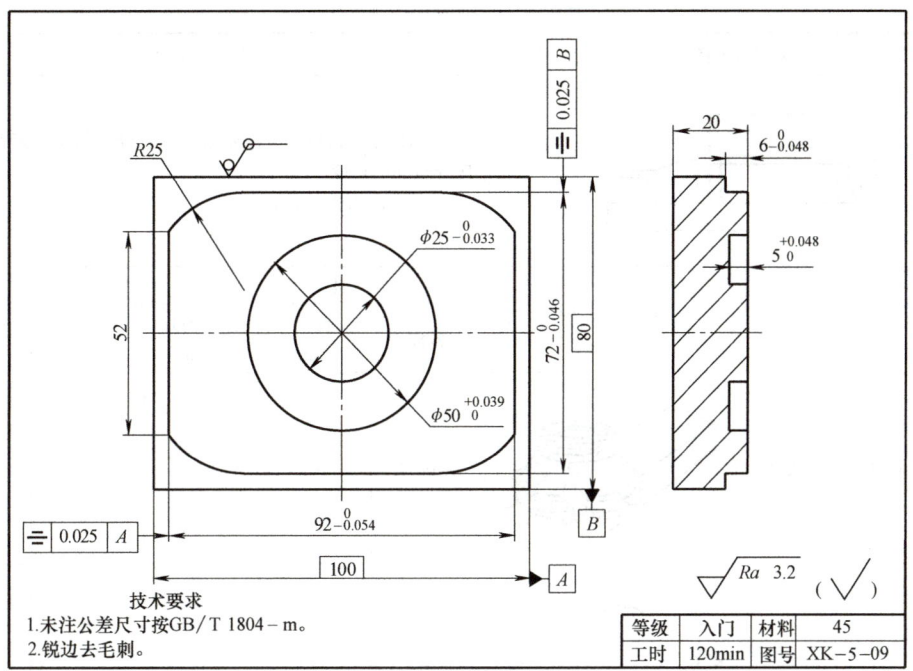

图 5-22　圆环槽零件图

任务实施

一、工艺分析

1. 图形分析

如图 5-22 所示，零件材料为 45 钢，因此选择刀具时应尽量选用硬质合金铣刀，但考虑加工成本也可以选择高速钢铣刀。此工件属于平面轮廓类零件，主要由矩形凸台和圆环槽组成，零件加工尺寸公差等级为 IT8，表面粗糙度值为 $Ra3.2\mu m$，对称度公差为 0.025mm。采用数控铣削可以达到以上加工要求。

2. 毛坯备料和装夹方式

零件毛坯属于方料，尺寸为 100mm×80mm×20mm，六面精铣。选用通用夹具，精密机用平口钳装夹。

3. 刀具和工、量具的确定

根据零件图样的加工内容、技术要求及检测要求，确定刀具及刀柄清单见表 5-1，工、量具清单见表 5-2。

4. 加工方案的制订

根据基准先行、先粗后精、工序集中的原则，该零件的数控加工工艺卡见表 5-17。

二、程序编制

1. 编程零点的确定

通过对零件图样的分析，编程零点定于工件上表面中心处。

153

表 5-17 数控加工工艺卡

零件装夹图	装夹要点
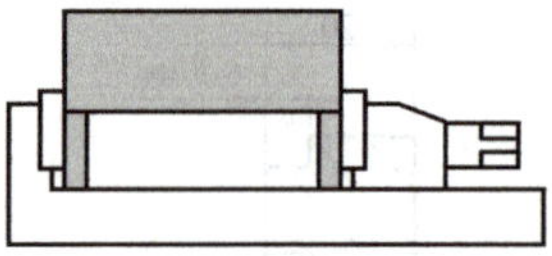	1. 用机用平口钳装夹前要用杠杆百分表找正固定钳口与机床导轨的平行度 2. 毛坯高出钳口 8mm 以上

工步	加工要点	加工简图	刀具名称	直径/mm	背吃刀量/mm	主轴转速/(r/min)	进给速度/(mm/min)
1	精铣工件上表面	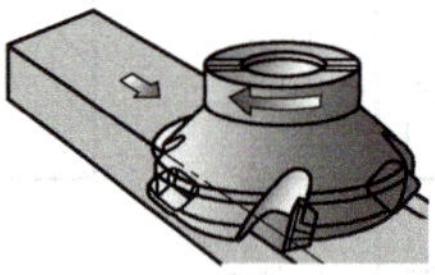	面铣刀	φ63	0.2	800	80
2	粗铣矩形凸台，留单边余量0.3mm，底面留余量0.2mm	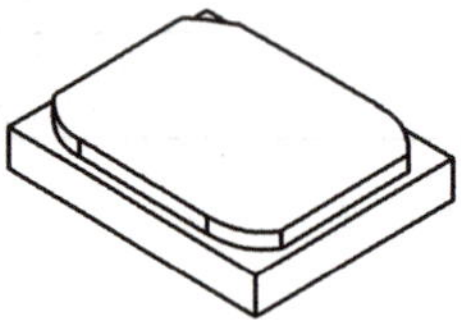	立铣刀（HSS）	φ16	5.8	500	100
3	粗铣圆环槽，留单边余量0.3mm，底面留余量0.2mm	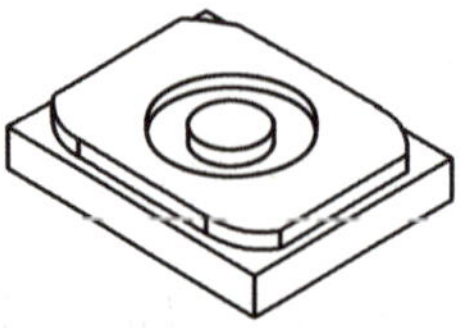	立铣刀（HSS）	φ10	4.8	800	160
4	半精铣、精铣所有轮廓，保证尺寸	略	立铣刀（HSS）	φ10	6/5	800	160

2. 走刀路线的设计

图 5-23 所示为圆环槽的走刀路线。在圆环槽中间点下刀，圆弧切入，铣削圆环槽中间凸台，通过圆弧过渡，连接圆环槽另一特征圆槽，圆槽铣削结束后圆弧切出，退回到下刀点。编程轨迹如下：

如图 5-24 所示，点 1 处下刀——→建立刀具半径补偿至点 2 ——→圆弧切入点 3 ——→整圆凸台加工至点 3 ——→圆弧过渡至点 4 ——→圆槽加工至点 4 ——→圆弧切出至点 2 ——→取消刀具半径补偿至点 1。

想一想

将圆环槽的两刀路轨迹合并在一起，编程时应注意哪些事项？

3. 数学处理及基点的计算

如图 5-24 所示，分别计算点 1~4 的坐标值。

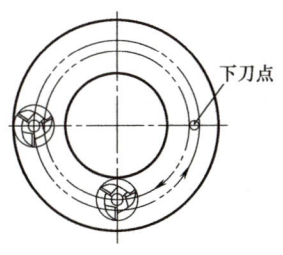

图 5-23 圆环槽的走刀路线

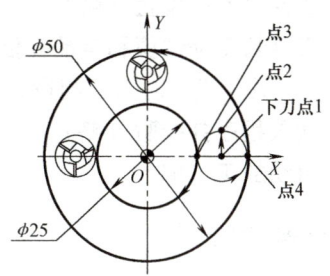

图 5-24 圆环槽坐标点计算图

4. 编制程序

按图 5-23 所示刀路轨迹,刀具采用 φ10mm 的立铣刀,采用极坐标系方式编制程序。圆环槽加工参考程序见表 5-18。

表 5-18 圆环槽加工参考程序

程序内容	说　明
O5006;	程序名
N02 G54 G17 G40 G90 G80 G21 G69;	G54 工件零点偏置
N04 T1;	刀具号设定(φ10mm 立铣刀)
N06 G00 G43 Z100 H01 M03 S800;	刀具快速抬高到 100mm,主轴 800r/min 正转
N08 G00 X18.75 Y0;	快速定位于下刀点 1(下刀工艺孔处)
N10 G00 Z2;	快速接近工件
N12 G01 Z-5 F50 M08;	工进到达指定深度,切削液开
N14 G01 G41 X18.75 Y6.25 D01 F160;	建立刀具半径补偿,直线插补点 2
N16 G03 X12.5 Y0 R6.25;	圆弧切入点 3
N18 G02 X12.5 Y0 I-12.5 J0;	整圆插补点 3
N20 G03 X25 Y0 R6.25;	圆弧过渡插补点 4
N22 G03 X25 Y0 I-25 J0	整圆插补点 4
N24 G03 X18.75 Y6.25	圆弧切出点 2
N26 G01 G40 X18.75 Y0;	直线取消刀具半径补偿,回退刀点 1
N28 G00 Z100 M09;	快速抬刀至安全高度,切削液关
N30 G00 G91 G28 Z0;	自动回 Z 轴参考点
N32 G49;	取消刀具长度补偿
N34 M05;	主轴停止
N36 M30;	主程序结束

三、操作加工

1. 工件装夹

在工件紧贴两钳口处放上高度适当的两块等高平行垫铁,要求工件高出机用平口钳钳口 8mm 以上,保证刀具与夹具不发生干涉,利用木锤或铜棒敲击工件并找正,要求夹紧工件后平行垫铁不能抽动。

2. 工件零点的设置（略）

3. 刀具长度补偿值和半径补偿值的确定

安装刀具并进行对刀，测量并输入刀具长度补偿值和刀具半径补偿值。

4. 输入程序并校验（略）

5. 自动加工（略）

任务评价

根据图样，选择合适的量具并自行检测，填写检测结果评分表，见表 5-19。

表 5-19 检测结果评分表

	评 分 表			图号	XK-5-09	检测编号	
序号	考核内容	考核要求	配分	评分标准	自检结果	检测结果	得分
1	凸台	$92_{-0.054}^{0}$ mm	10	超差不得分			
		$72_{-0.046}^{0}$ mm	10	超差不得分			
		$6_{-0.048}^{0}$ mm	8	超差不得分			
		52mm，R25mm（4处）	2	不符不得分			
		Ra3.2μm（8处）	4	一处超差扣0.5分			
2	型腔	$\phi 50_{0}^{+0.039}$ mm	10	超差不得分			
		$\phi 25_{-0.033}^{0}$ mm	10	超差不得分			
		$5_{0}^{+0.048}$ mm	8	超差不得分			
		Ra3.2μm（3处）	3	一处超差扣1分			
3	几何公差	═ 0.025 A	5	超差不得分			
		═ 0.025 B	5	超差不得分			
4	其他	锐边去毛刺	2	不符不得分			
5	程序编制及输入	指令格式正确	2	一处不对扣1分，扣完为止			
		轮廓形状、位置正确	2	一处不对扣1分，扣完为止			
		加工工艺参数正确	3	一处不对扣1分，扣完为止			
		程序输入正确	2	一处不对扣1分，扣完为止			
	机床操作	开机顺序及回参考点正确	2	违反操作全扣			
		工件零点、刀长度补偿值设定正确	4	违反操作全扣			
		程序校验规范	2	违反操作全扣			

（续）

评分表			图号	XK-5-09	检测编号		
序号	考核内容	考核要求	配分	评分标准	自检结果	检测结果	得分
6	职业素养	劳保用品、防护镜穿戴规范	2	违反规范全扣			
		工、量、刀具分区摆放整齐	2	违反规范全扣			
		整理、打扫工位	2	违反规范全扣			
7	安全文明生产	安全操作规程	倒扣	不遵守操作规程扣2~5分			
配 分			100	总 分			
检测			日期		评分		日期

任务拓展

如图5-22所示，圆环槽槽宽为12.5mm，加工时可先用直径 ϕ12mm 的立铣刀以螺旋铣削方式进行圆环槽的粗加工，然后采用刀具半径补偿的方式进行精加工。试编制粗加工程序。

课后练习

编制图5-25所示工件的加工程序，刀具采用 ϕ10mm 的立铣刀。

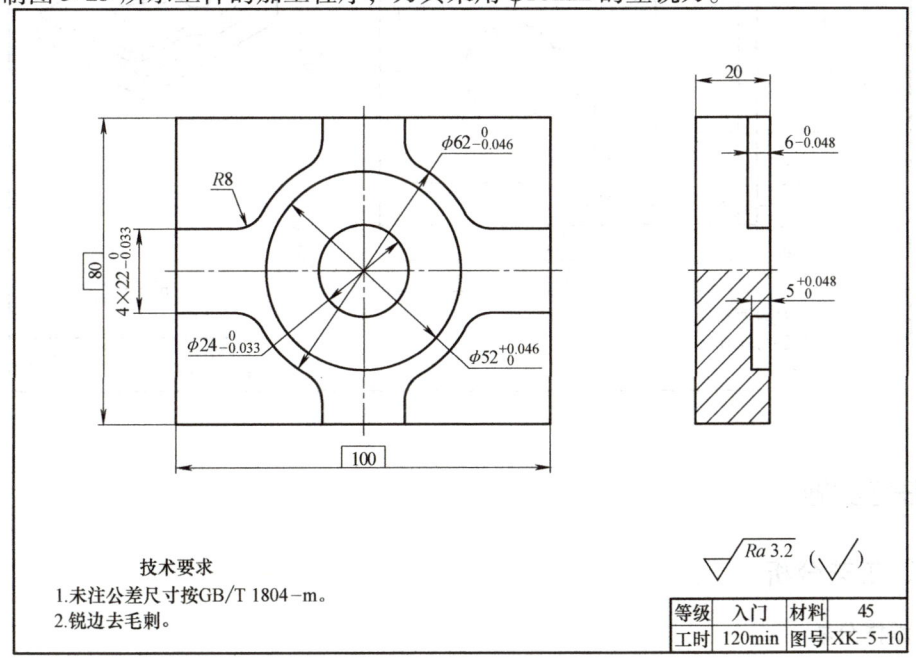

图 5-25 圆环槽零件图

任务六 型腔的加工

学习目标

1) 正确选择编程零点,制订合理的刀具走刀路线。
2) 编制复杂型腔的加工程序。
3) 熟练操作机床,正确对刀并设置工件零点参数及刀具长度补偿值。
4) 提高、养成职业素养,按企业有关规定文明生产,做到工作地整洁,工件、工具、量具、刀具摆放整齐。

任务描述

1) 分析图 5-26 所示型腔零件图,选择合适的夹具和机床,确定零件的加工工艺。
2) 选择合适的刀具种类及规格,编制零件的加工程序。
3) 进行零件装夹,对刀及参数设定,操作机床完成零件的加工。
4) 选择合适的量具测量零件的精度,并进行零件的质量分析。

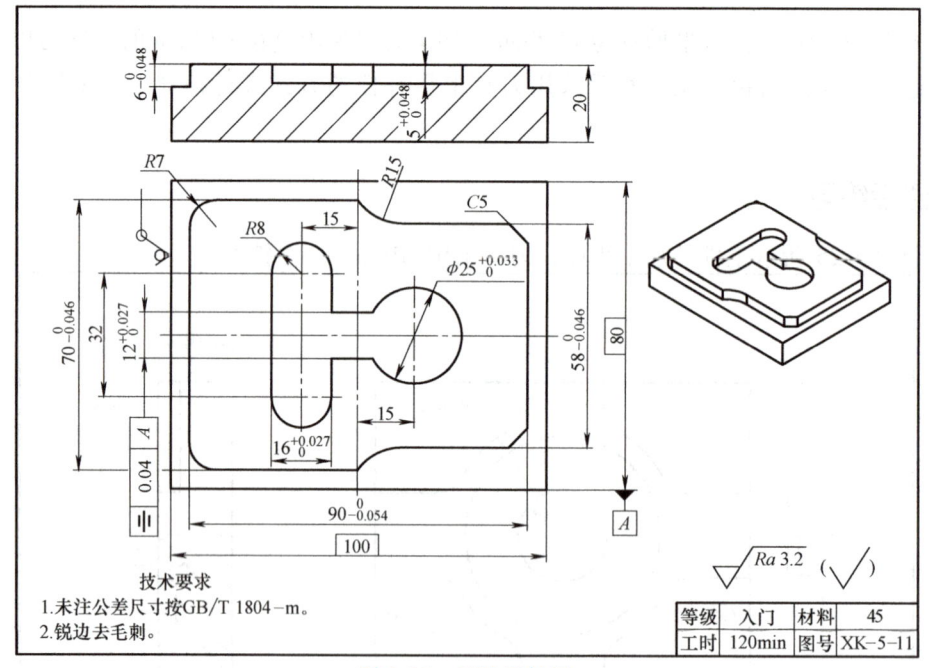

图 5-26 型腔零件图

任务实施

一、工艺分析

1. 图样分析

如图 5-26 所示,零件材料为 45 钢,因此选择刀具时应尽量选用硬质合金铣刀,但考虑加工成本也可以选择高速钢铣刀。该零件主要由型腔和方台组成，零件加工尺寸公差等级为IT8，表面粗糙度值为 $Ra3.2\mu m$，对称度公差为 0.04mm。采用数控铣削可以达到以上加工要求。

2. 毛坯备料和装夹方式

零件毛坯属于方料，尺寸为 100mm×80mm×20mm，六面精铣。选用通用夹具，精密机用平口钳装夹。

3. 刀具和工、量具的确定

根据零件图样的加工内容、技术要求及检测要求，确定刀具及刀柄清单见表 5-1，工、量具清单见表 5-2。

4. 加工方案的制订

根据基准先行、先粗后精、工序集中的原则，该零件的数控加工工艺卡见表 5-20。

表 5-20 数控加工工艺卡

零件装夹图	装夹要点				
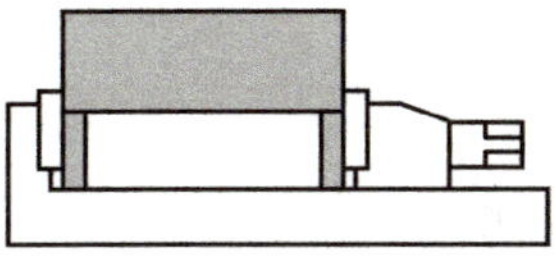	1. 用机用平口钳装夹前要用杠杆百分表找正固定钳口与机床导轨的平行度 2. 毛坯高出钳口 8mm 以上				

工步	加工要点	加工简图	刀具		切削用量		
			名称	直径/mm	背吃刀量/mm	主轴转速/(r/min)	进给速度/(mm/min)
1	精铣工件上表面	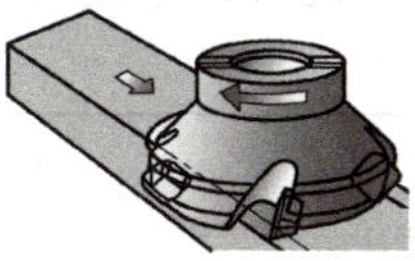	面铣刀	φ63	0.2	800	80
2	粗铣矩形凸台，留单边余量0.3mm，底面留余量0.2mm	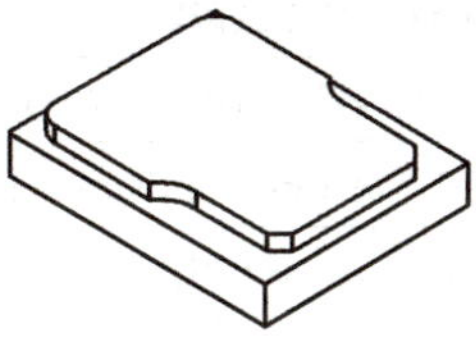	立铣刀(HSS)	φ16	5.8	500	100
3	粗铣圆槽，留单边余量0.3mm，底面留余量0.2mm	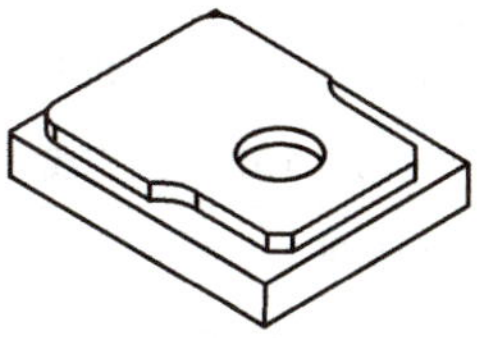	立铣刀(HSS)	φ10	4.8	800	160
4	粗铣丁字槽，留单边余量0.3mm，底面留余量0.2mm	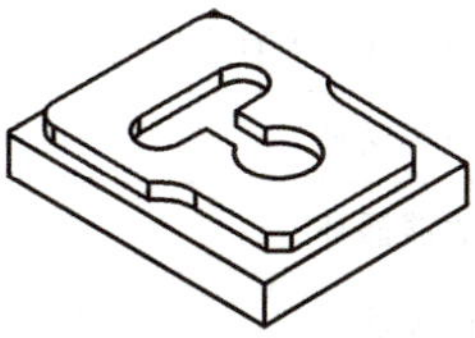	立铣刀(HSS)	φ10	4.8	800	160
5	半精铣、精铣所有轮廓，保证尺寸	略	立铣刀(HSS)	φ10	6/5	800	160

二、程序编制

1. 编程零点的确定
通过对零件图样的分析,编程零点定于工件上表面中心处。

2. 走刀路线的设计
图 5-27 所示为型腔的两种走刀路线。图 5-27a 所示为型腔连续路径加工;图 5-27b 所示为型腔分解加工,将型腔分解成圆槽和丁字槽加工,计算及程序编制简单。

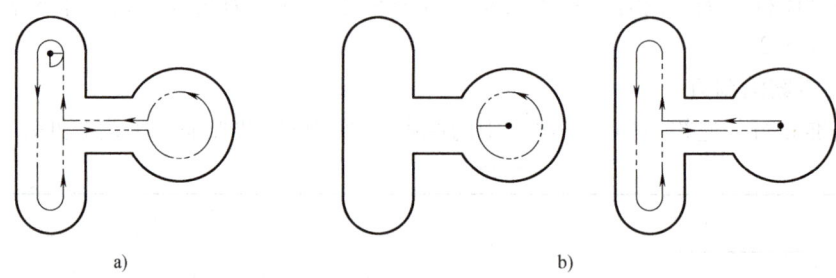

图 5-27 型腔的走刀路线
a) 型腔连续路径加工 b) 型腔分解加工

3. 数学处理及基点的计算(略)

4. 编制程序
按图 5-27b 所示刀路轨迹,刀具采用 φ10mm 的立铣刀,型腔加工参考程序见表 5-21。

表 5-21 型腔加工参考程序

程序内容	说明
O5007;	程序名
N02 G54 G17 G40 G90 G80 G21 G69;	G54 工件零点偏置
N04 T1;	刀具号设定(φ10 立铣刀)
N06 G00 G43 Z100 H01 M03 S800;	刀具快速抬高到 100mm,主轴 800r/min 正转
N08 G00 X15 Y0;	快速定位于下刀点 1(下刀工艺孔处)
N10 G00 Z2;	快速接近工件
N12 G01 Z-5 F50 M08;	工进到达指定深度,切削液开
N14 G01 G41 X2.5 Y0 D01 F160;	建立刀具半径补偿,直线插补
N16 G03 X2.5 Y0 I-12.5 J0;	圆弧插补
N18 G01 G40 X15 Y0;	直线取消刀具半径补偿
N20 G01 G41 X15 Y6 D01;	直线建立刀具半径补偿
N22 G01 X-7 Y6;	直线插补
N24 G01 X-7 Y16;	直线插补
N26 G03 X23 Y16 R8;	圆弧插补
N28 G01 X23 Y-16;	直线插补
N30 G03 X-7 Y-16 R8;	圆弧插补

（续）

程序内容	说　　明
N32 G01 X-7 Y-6;	直线插补
N34 G01 X15 Y-6;	直线插补
N36 G01 G40 X15 Y0;	直线取消刀具半径补偿
N38 G00 Z100 M09;	快速抬刀至安全高度，切削液关
N40 G00 G91 G28 Z0;	自动回 Z 轴参考点
N42 G49;	取消刀具长度补偿
N44 M05;	主轴停止
N46 M30;	主程序结束

按图 5-27a 所示刀路轨迹，试编制型腔加工程序。

三、操作加工

1. 工件装夹

在工件紧贴两钳口处放上高度适当的两块等高平行垫铁，要求工件高出机用平口钳钳口 8mm 以上，保证刀具与夹具不发生干涉，利用木锤或铜棒敲击工件并找正，要求夹紧工件后平行垫铁不能抽动。

2. 工件零点的设置（略）

3. 刀具长度补偿值和半径补偿值的确定

安装刀具并进行对刀，测量并输入刀具长度补偿值和刀具半径补偿值。

4. 输入程序并校验（略）

5. 自动加工（略）

根据图样，选择合适的量具并自行检测，填写检测结果评分表，见表 5-22。

表 5-22　检测结果评分表

评　分　表				图号	XK-5-011	检测编号		
序号	考核内容	考核要求	配分	评分标准	自检结果	检测结果		得分
1	凸台	$90_{-0.054}^{0}$ mm	8	超差不得分				
		$70_{-0.046}^{0}$ mm	8	超差不得分				
		$58_{-0.046}^{0}$ mm	8	超差不得分				
		$6_{-0.048}^{0}$ mm	5	超差不得分				
		$R15$mm（两处），$R7$mm（两处），$C5$（两处）	2	不符不得分				
		$Ra3.2\mu m$（8 处）	4	一处超差扣 0.5 分				

(续)

序号	考核内容	考核要求	配分	评分标准	自检结果	检测结果	得分
			图号	XK-5-011	检测编号		
2	型腔	$\phi25^{+0.033}_{0}$ mm	8	超差不得分			
		$16^{+0.027}_{0}$ mm	8	超差不得分			
		$12^{+0.027}_{0}$ mm	8	超差不得分			
		$5^{+0.048}_{0}$ mm	5	超差不得分			
		2×15mm,R8mm(两处)	1	不符不得分			
		Ra3.2μm(3处)	3	一处超差扣1分			
3	几何公差	═ 0.04 A	8	超差不得分			
4	其他	锐边去毛刺	2	不符不得分			
5	程序编制及输入	指令格式正确	2	一处不对扣1分,扣完为止			
		轮廓形状、位置正确	2	一处不对扣1分,扣完为止			
		加工工艺参数正确	3	一处不对扣1分,扣完为止			
		程序输入正确	2	一处不对扣1分,扣完为止			
	机床操作	开机顺序及回参考点正确	2	违反操作全扣			
		对刀设定	3	违反操作全扣			
		程序校验规范	2	违反操作全扣			
6	职业素养	劳保用品、防护镜穿戴规范	2	违反规范全扣			
		工、量、刀具分区摆放整齐	2	违反规范全扣			
		整理、打扫工位	2	违反规范全扣			
7	安全文明生产	安全操作规程	倒扣	不遵守操作规程扣2~5分			
	配 分		100	总 分			
检测			日期		评分		日期

任务拓展

如图5-27a所示,试用子程序编制丁字槽粗加工程序,刀具采用 $\phi10$mm 的立铣刀,分层粗加工,每层1mm。

课后练习

编制图 5-28 所示零件内、外轮廓的加工程序，刀具采用直径 ϕ10mm 的铣刀。

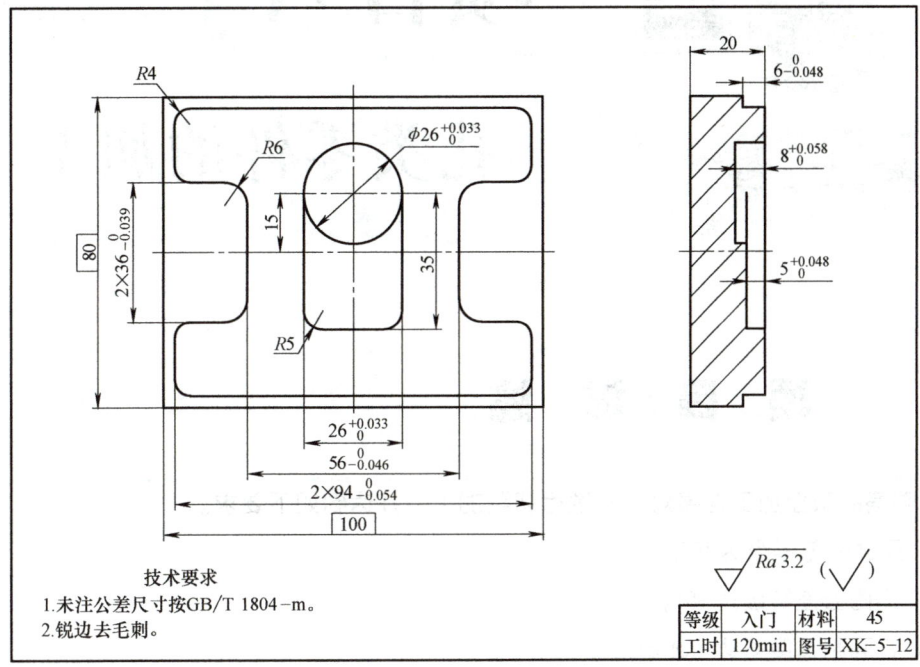

图 5-28　工字型零件图

项目六 孔类零件的加工

项目描述

能够编制数控加工程序对孔系进行切削加工,并达到如下要求。

1) 尺寸公差等级达 IT7。
2) 几何公差等级达 IT8。
3) 表面粗糙度值达 $Ra1.6\mu m$。

根据《铣工国家职业技能标准》(数控铣工)中级工的技能要求,本项目安排两个任务,分别为顶杆底板的加工和泵体端盖的加工。

任务一 顶杆底板的加工

学习目标

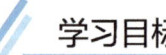

1) 掌握孔类固定循环编程指令的格式及其应用。
2) 了解钻、铰的加工工艺及其刀具的选择和加工参数的确定。
3) 熟练操作机床,正确对刀并设置工件零点参数及刀具长度补偿值。
4) 根据零件形状,选择合适的量具测量尺寸精度并分析结果。
5) 提高、养成职业素养,按企业有关规定文明生产,做到工作地整洁,工件、工具、量具、刀具摆放整齐。

任务描述

1) 分析图 6-1 所示顶杆底板零件图,选择合适的夹具和机床,确定零件的加工工艺。
2) 选择合适的刀具种类及规格,编制零件的加工程序。
3) 进行零件装夹,对刀及参数设定,操作机床完成零件的加工。
4) 选择合适的量具测量零件的精度,并进行零件的质量分析。

项目六　孔类零件的加工

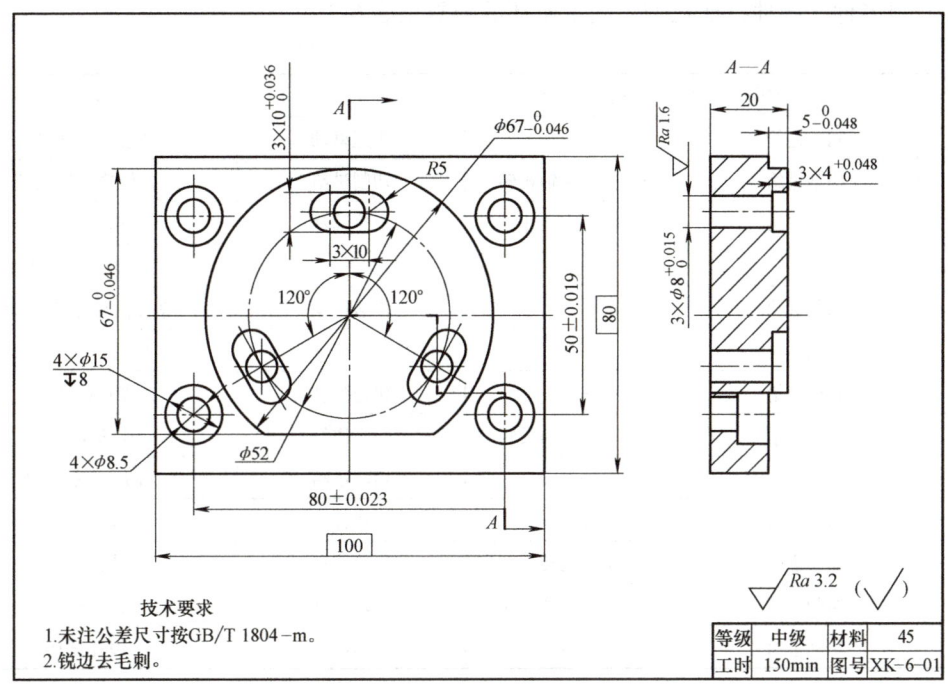

图 6-1　顶杆底板零件图

知识链接

一、固定循环基本知识

1. 固定循环的六个动作

钻孔、铰孔、攻螺纹以及镗削加工时，孔加工固定循环六个顺序动作如图 6-2 所示，并且所有孔加工运动过程基本类似，基本包括以下六个动作。

动作 1：X、Y 轴的定位。

动作 2：快速移动到 R 点（R 参考平面）。

动作 3：孔加工。

动作 4：孔底动作。

动作 5：返回到 R 点（R 参考平面）。

动作 6：快速移动到初始点。

为避免每次孔加工编程时，编写 G00、G01 运动信息的重复，数控系统软件工程师把类似的孔加工步骤、顺序动作编写成预存储的微型程序，固化存储于计算机的内存里，该存储的微型程序就称为固定循环。固定循环使编程变得容易，可以减少程序段，节省存储空间。

2. 固定循环指令代码

根据孔加工的特征以及孔加工精度的不同，固

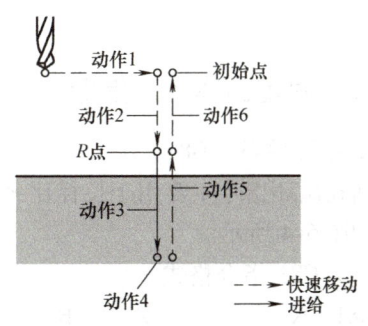

图 6-2　孔加工固定循环六个顺序动作

定循环有很多种。各种特征孔加工固定循环的分类见表6-1。

表6-1　各种特征孔加工固定循环的分类

G代码	钻削（-Z方向）	在孔底动作	回退（+Z方向）	应用
G73	间歇进给	—	快速移动	高速深孔钻循环
G74	切削进给	停刀→主轴正转	切削进给	左旋攻螺纹循环
G76	切削进给	主轴定向停止	快速移动	精镗循环
G80	—	—	—	取消固定循环
G81	切削进给	—	快速移动	钻孔循环、点钻循环
G82	切削进给	停刀	快速移动	钻孔循环、锪孔循环
G83	间歇进给	—	快速移动	深孔钻循环
G84	切削进给	停刀→主轴反转	切削进给	攻螺纹循环
G85	切削进给	—	切削进给	镗孔、铰孔循环
G86	切削进给	主轴停止	快速移动	镗孔循环
G87	切削进给	主轴反转	快速移动	背镗循环
G88	切削进给	停刀→主轴停止	手动移动	镗孔循环
G89	切削进给	停刀	切削进给	镗孔循环

3. 返回点平面（G98、G99）

当刀具到达孔底后，刀具可以返回 R 点参考平面或初始位置平面，由指令 G98、G99 指定。图 6-3 所示为 G98、G99 指令的应用。一般情况下，G99 用于第一次钻孔，G98 用于最后的钻孔。

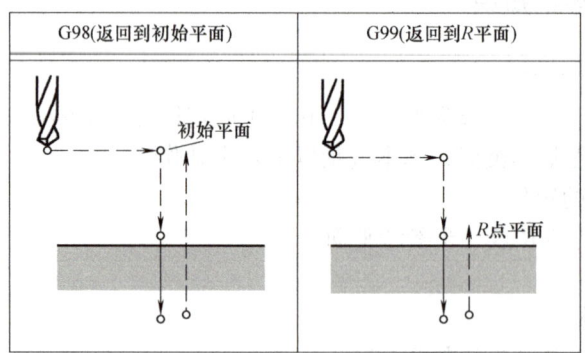

图 6-3　G98、G99 指令的应用

二、固定循环常用指令

1. 钻孔循环（G81）

钻孔循环指令主要用于长径比＜4 的孔，切削进给到孔底，然后刀具从孔底快速移动退回，如图 6-4 所示。

（1）G81 指令格式

G81　X__　Y__　Z__　R__　F__；

G80；

（2）指令注释

G81：钻孔循环指令，模态有效代码，直到被取消之前一直有效。

X、Y：孔位置的坐标。

Z：孔深度。G90 绝对编程时，表示孔底相对工件零点的坐标值；G91 相对编程时，表示孔底相对 R 点参考平面的值。

R：R 参考平面的位置。

F：切削进给速度。

G80：取消固定循环，01 组 G 代码 G00、G01 等也可取消固定循环。

2. 钻孔、锪孔循环（G82）

该循环用作正常钻孔，切削进给执行到孔底，然后执行暂停，最后刀具从孔底快速移动退回，如图 6-5 所示。该指令常用于中心钻、定心钻钻定位孔，或者是在已加工孔上钻沉孔等。

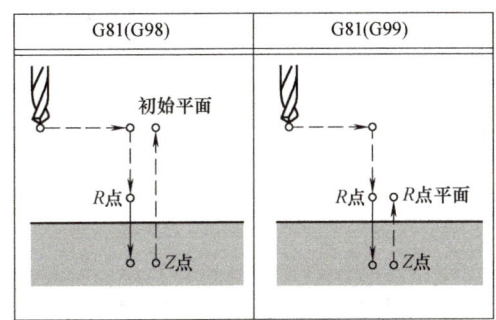

图 6-4　G81 钻孔循环　　　　图 6-5　G82 钻孔循环

（1）G82 指令格式

G82　X＿　Y＿　Z＿　R＿　P＿　F＿；

（2）指令注释

G82：钻孔、锪孔循环指令，模态有效代码，直到被取消之前一直有效。

P：在孔底暂停的时间。

3. 高速、排屑钻孔循环（G73）

该循环执行高速排屑钻孔。它执行间歇切削进给直到孔的底部，同时从孔中排除切屑，如图 6-6 所示。该指令常用于长径比 >4 的孔，并且孔径比较大的场合。

（1）G73 指令格式

G73　X＿　Y＿　Z＿　R＿　Q＿　F＿；

（2）指令注释

G73：高速、排屑钻孔循环。

Q：每次切削进给的切削深度。

4. 排屑钻孔循环（G83）

该循环执行深孔钻。它执行间歇切削进给直到孔的底部，同时从孔中排除切屑，如图 6-7 所示。该指令常用于长径比 >4 的孔，并且孔径比较小的场合。

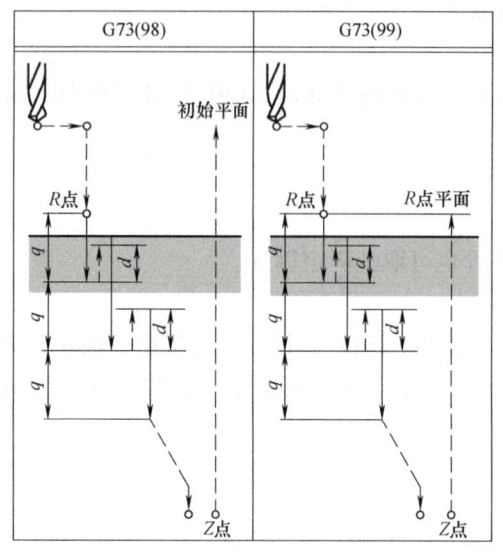

图 6-6　G73 钻孔循环

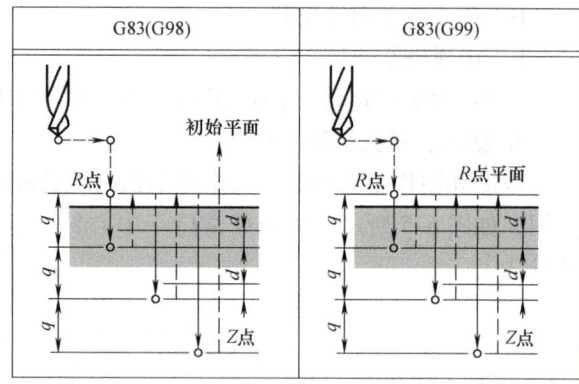

图 6-7　G83 钻孔循环

（1）G83 指令格式

G83　X__　Y__　Z__　R__　Q__　F__；

（2）指令注释

G83：排屑钻孔循环。

Q：每次切削进给的切削深度。

5. 镗孔、铰孔循环（G85）

该循环用于镗孔或铰孔。它执行切削进给直到孔的底部，然后从孔底切削进给移动刀具退出，如图 6-8 所示。

（1）G85 指令格式

G85　X__　Y__　Z__　R__　F__；

（2）指令注释

G85：镗孔、铰孔循环。

F：进给和孔底退回都采用此切削进给速度。

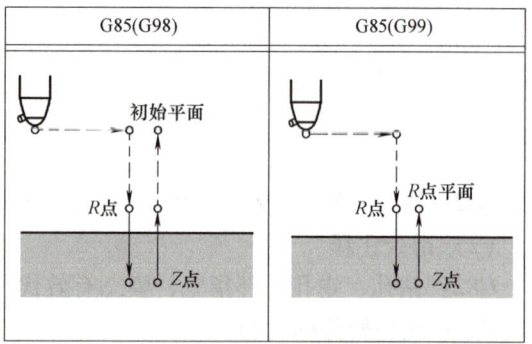

图 6-8　G85 铰孔、镗孔循环

> **想一想**
> 1）G81、G82 和 G85 指令的不同之处在哪里？G82 指令中 P 的作用是什么？
> 2）G73 和 G83 指令的不同之处在哪里？具体应用在哪些场合？

三、常见孔的几种加工工艺

如图 6-9 所示，零件中的孔根据应用不同有很多类型，针对不同的孔应该采用不同的加工工艺。

1. 螺栓过孔

螺栓过孔的尺寸精度很低，表面质量一般不做要求，所以直接采用直径与孔径相同的麻花钻钻削即可。

2. 螺纹孔

螺纹孔的加工根据螺纹孔的大小可以采用两种方法：M20 以下的螺纹可采用麻花钻加工螺纹底孔，然后用对应丝锥直接攻螺纹即可；M20 以上的螺纹孔采用立铣刀加工螺纹底孔，螺纹铣刀铣螺纹。

3. 埋头沉孔

埋头沉孔加工中，先采用麻花钻加工通孔，然后采用与沉孔直径相同的锪孔钻或平底钻加工沉孔，有时也可采用铣孔的方法来加工。

4. 配合良好的孔（销孔）

销孔用于连接或配合定位，其孔径精度比较高，尺寸公差等级达到 IT7，表面粗糙度值达到 $Ra1.6\mu m$，因此常用钻、铰的加工工艺来保证销孔的加工精度。其具体操作步骤如下：

1）用中心钻加工定位孔。
2）用麻花钻钻销孔的底孔，双边留铰孔余量 0.15~0.2mm。
3）使用铰刀铰孔，保证尺寸精度和表面粗糙度。

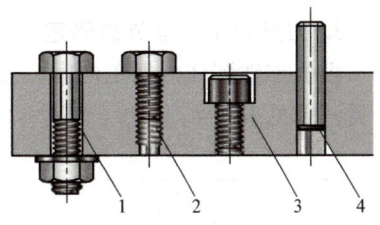

图 6-9 常见孔的类型
1—螺栓过孔 2—螺纹孔 3—埋头沉孔
4—配合良好的孔（销孔）

试一试

加工 $\phi 8H7$ 的销孔，选择合适的刀具，完成表 6-2 所示的销孔加工工艺。

表 6-2 销孔加工工艺

序号	刀具	加工内容	备注
1		加工定位孔	保证销孔位置精度
2		加工销孔底孔	双边留铰孔余量 0.2mm
3		铰孔	保证尺寸精度和表面粗糙度

任务实施

一、工艺分析

1. 图样分析

如图 6-1 所示，零件材料为 45 钢，零件形状比较复杂，除了凸台和型腔以外，还有尺寸公差等级达到 IT7、表面粗糙度值达到 $Ra1.6\mu m$ 的销孔，M8 螺栓的螺栓过孔及埋头沉孔。零件轮廓加工尺寸公差等级为 IT8，表面粗糙度值为 $Ra3.2\mu m$，采用数控铣削可以达到以上加工要求。

2. 毛坯备料和装夹方式

零件毛坯属于方料，尺寸为 100mm×80mm×20mm，六面精铣。选用通用夹具，精密机用平口钳装夹。

3. 刀具和工、量具的确定

根据零件图样的加工内容、技术要求及检测要求,确定刀具及刀柄清单见表6-3,工、量具清单见表6-4。

表6-3 刀具及刀柄清单

序号	刀具名称	规格或型号	精度/mm	数量
1	BT 平面铣刀柄	BT40-FMA25.4-60L		1
2	SE45°平面铣刀	SE445-3		1
3	BT-ER 铣刀夹头	BT40-ER32-70L		自定
4	筒夹	ER32-ϕ8mm、ϕ10mm、ϕ16mm、ϕ20mm		自定
5	平面铣刀刀片	SENN1203-AFTN1		6
6	立铣刀	ϕ8mm、ϕ10mm、ϕ16mm、ϕ20mm		各1
7	键槽铣刀	ϕ10mm、ϕ8mm		各1
8	麻花钻	ϕ7.8mm、ϕ8.5mm		1
9	铰刀	ϕ8H7		1
10	平底钻	ϕ15mm		1

表6-4 工、量具清单

序号	名称	规格或型号	分度值/mm	数量
1	游标卡尺	0~150mm	0.02	1
2	外径千分尺	0~25mm、25~50mm、50~75mm、75~100mm	0.01	各1
3	深度千分尺	0~50mm	0.01	1
4	内测千分尺	5~30mm、25~50mm		各1
5	光滑圆柱塞规	ϕ8H7		1
6	半径样板	R1~R25mm		1
7	杠杆百分表	0~0.8mm	0.01	1
8	磁力表座			1
9	回转式寻边器	ME-1020	0.01	1
10	Z轴设定器	ZDI-50	0.01	1
11	铜棒或塑料榔头			1
12	内六角扳手	6mm、8mm、10mm、12mm		各1
13	等高垫铁	根据机用平口钳和工件自定		1 副
14	锉刀、磨石			自定
15	科学计算器、铅笔、橡皮、绘图工具			自定

4. 加工方案的制订

根据基准先行、先粗后精、工序集中的原则,该零件的数控加工工艺卡见表6-5。

表 6-5 数控加工工艺卡

零件装夹图	装夹要点
	1. 用机用平口钳装夹前要用杠杆百分表找正固定钳口与机床导轨的平行度 2. 毛坯高出钳口 8mm 以上

工步	加工要点	加工简图	刀具名称	直径/mm	背吃刀量/mm	主轴转速/(r/min)	进给速度/(mm/min)
1	精铣工件上表面		面铣刀	φ63	0.2	800	80
2	粗铣矩形凸台,留单边余量 0.3mm,底面余量留 0.2mm		立铣刀(HSS)	φ16	4.8	500	100
3	钻定位孔	略	中心钻	A2.5	4	2000	30
4	钻 3×φ8$^{+0.015}_{0}$mm 的底孔		麻花钻(HSS)	φ7.8	24	1000	100
5	钻 4×φ8.5mm 的通孔		麻花钻(HSS)	φ8.5	24	900	80
6	钻 4×φ15mm 平底孔		平底麻花钻	φ15	8	360	60
7	粗铣三顶杆限位槽,留单边余量 0.3mm,底面留余量 0.2mm		立铣刀(HSS)	φ8	3.8	1000	180
8	半精铣、精铣所有内外轮廓,保证尺寸	略	立铣刀(HSS)	φ8	5/4	1000	180
9	精铰 3×φ8$^{+0.015}_{0}$mm 孔	略	铰刀(HSS)	φ8H7	24	80	30

二、程序编制

1. 编程零点的确定

通过零件图样的分析,编程零点定于工件上表面中心处。

2. 走刀路线设计

缩短走刀路线,减少进退刀时间和其他辅助时间可以提高加工效率。图6-10a所示为钻孔常规加工走刀路线,图6-10b所示为最短空行程加工走刀路线。

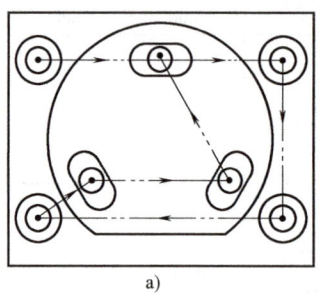
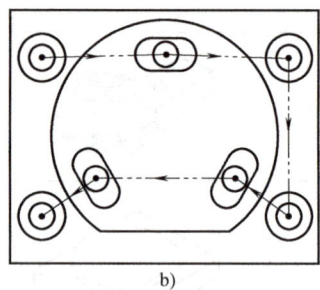

图6-10 钻孔加工走刀路线

a) 钻孔常规走刀路线 b) 最短空行程走刀路线

3. 数学处理及基点的计算

如图6-11所示,根据标注条件,采用直角三角形勾股定理计算孔2、3的定位坐标值。

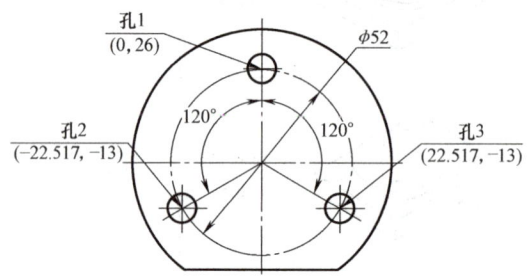

图6-11 顶杆孔定位坐标值的计算图

4. 编制程序

根据顶杆孔板的零件图,编制顶杆孔及其他四个M8内六角螺钉的安装过孔,孔加工参考程序见表6-6。

表6-6 孔加工参考程序

程序内容	说明
O6001;	程序名(钻定位孔)
N02 G54 G17 G40 G90 G80 G21 G69;	G54工件零点偏置
N04 T1;	刀具号设定(A2.5中心钻)
N06 G00 G43 Z100 H01 M03 S2000;	刀具快速定位到100mm,主轴2000r/min正转
N08 G98 G81 X-40 Y25 Z-9 R-3 F30 M08;	钻定位孔,切削液开

（续）

程序内容	说　明
N10 X0 Y26 Z－4 R2；	钻定位孔
N12 X40 Y25 Z－9 R－3；	钻定位孔
N14 X40 Y－25 Z－9 R－3；	钻定位孔
N16 X22.517 Y－13 Z－4 R2；	钻定位孔
N18 X－22.517 Y－13 Z－4 R2；	钻定位孔
N20 X－40 Y－25 Z－9 R－3；	钻定位孔
N22 G80；	取消孔固定循环
N24 G00 Z100 M09；	快速抬刀至安全高度，切削液关
N26 G00 G91 G28 Z0；	自动回 Z 轴参考点
N28 G49；	取消刀具长度补偿
N30 M05；	主轴停止
N32 M30；	主程序结束
O6002；	程序名（钻顶杆孔的底孔）
N02 G54 G17 G40 G90 G80 G21 G69；	G54 工件零点偏置
N04 T1；	刀具号设定（ϕ7.8mm 麻花钻）
N06 G00 G43 Z100 H01 M03 S1000；	刀具快速抬高到 100mm，主轴 1000r/min 正转
N08 G98 G83 X0 Y26 Z－24 Q7 R2 F100；	钻顶杆孔的底孔
N10 X22.517 Y－13 Z－24 Q7 R2；	钻顶杆孔的底孔
N12 X－22.517 Y－13 Z－4 Q7 R2；	钻顶杆孔的底孔
N14 G80；	取消孔固定循环
N16 G00 Z100 M09；	快速抬刀至安全高度，切削液关
N18 G00 G91 G28 Z0；	自动回 Z 轴参考点
N20 G49；	取消刀具长度补偿
N22 M05；	主轴停止
N24 M30；	主程序结束
O6003；	程序名（钻 M8 螺钉过孔）
N02 G54 G17 G40 G90 G80 G21 G69；	G54 工件零点偏置
N04 T1；	刀具号设定（ϕ8.5mm 麻花钻）
N06 G00 G43 Z100 H01 M03 S900；	刀具快速抬高到 100mm，主轴 900r/min 正转
N08 G98 G83 X－40 Y25 Z－24 Q7 R－3 F80；	钻 M8 螺钉过孔
N10 X40 Y25 Z－24 Q7 R－3；	钻 M8 螺钉过孔
N12 X40 Y－25 Z－24 Q7 R－3；	钻 M8 螺钉过孔
N14 X－40 Y－25 Z－24 Q7 R－3；	钻 M8 螺钉过孔
N16 G80；	取消孔固定循环

(续)

程序内容	说 明
N18 G00 Z100 M09;	快速抬刀至安全高度,切削液关
N20 G00 G91 G28 Z0;	自动回 Z 轴参考点
N22 G49;	取消刀具长度补偿
N24 M05;	主轴停止
N26 M30;	主程序结束
O6004;	程序名(钻 ϕ15mm 平底孔)
N02 G54 G17 G40 G90 G80 G21 G69;	G54 工件零点偏置
N04 T1;	刀具号设定(ϕ15mm 平底麻花钻)
N06 G00 G43 Z100 H01 M03 S360;	刀具快速抬高到100mm,主轴360r/min 正转
N08 G98 G82 X-40 Y25 Z-13 R-3 P2000 F60;	钻平底孔,孔底暂停 2s
N10 X40 Y25 Z-13 R-3 P2000;	钻平底孔,孔底暂停 2s
N12 X40 Y-25 Z-13 R-3 P2000;	钻平底孔,孔底暂停 2s
N14 X-40 Y-25 Z-13 R-3 P2000;	钻平底孔,孔底暂停 2s
N16 G80	取消孔固定循环
N18 G00 Z100 M09;	快速抬刀至安全高度,切削液关
N20 G00 G91 G28 Z0;	自动回 Z 轴参考点
N22 G49;	取消刀具长度补偿
N24 M05;	主轴停止
N26 M30;	主程序结束
O6005;	程序名(铰顶杆孔)
N02 G54 G17 G40 G90 G80 G21 G69;	G54 工件零点偏置
N04 T1;	刀具号设定(ϕ8mm 铰刀)
N06 G00 G43 Z100 H01 M03 S80;	刀具快速抬高到100mm,主轴80r/min 正转
N08 G98 G85 X0 Y26 Z-24 R2 F30;	铰顶杆孔
N10 X22.517 Y-13 Z-24 R2;	铰顶杆孔
N12 X-22.517 Y-13 Z-4 R2;	铰顶杆孔
N14 G80;	取消孔固定循环
N16 G00 Z100 M09;	快速抬刀至安全高度,切削液关
N18 G00 G91 G28 Z0;	自动回 Z 轴参考点
N20 G49;	取消刀具长度补偿
N22 M05;	主轴停止
N24 M30;	主程序结束

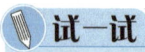

应用极坐标指令简化三个顶杆孔的加工程序的编制。

三、操作加工

1. 工件装夹

在工件紧贴两钳口处放上高度适当的两块等高平行垫铁,要求工件高出机用平口钳钳口8mm以上,保证刀具与夹具不发生干涉,利用木锤或铜棒敲击工件并找正,要求夹紧工件后平行垫铁不能抽动。

2. 工件零点的设置(略)

3. 刀具长度补偿值和半径补偿值的确定(略)

4. 输入程序并校验(略)

5. 自动加工

铰孔完成后,常用光滑圆柱塞规检测孔的尺寸精度,如图6-12所示。检测方法:光滑圆柱塞规的通端可以塞入被检测孔内,止端不能塞入即可。这是一种综合测量方法。

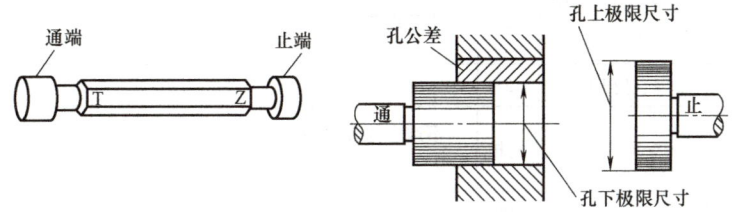

图6-12 光滑圆柱塞规检测示意图

任务评价

根据图样,选择合适的量具并自行检测,填写检测结果评分表,见表6-7。

表6-7 检测结果评分表

评 分 表				图号	XK-6-01	检测编号	
序号	考核内容	考核要求	配分	评分标准	自检结果	检测结果	得分
1	凸台	$\phi 67_{-0.046}^{0}$ mm	8	超差不得分			
		$67_{-0.046}^{0}$ mm	8	超差不得分			
		$5_{-0.048}^{0}$ mm	5	超差不得分			
		$Ra3.2\mu m$(2处)	2	一处超差扣1分			
2	型腔	$3\times 10_{0}^{+0.036}$ mm	15	超差不得分			
		$3\times 4_{0}^{+0.048}$ mm	9	超差不得分			
		3×10 mm, $R5$ mm(6处)	1	不符不得分			
		$Ra3.2\mu m$(3处)	3	一处超差扣1分			
3	孔	$3\times \phi 8_{0}^{+0.015}$ mm	12	超差不得分			
		$4\times \phi 15$ mm	8	超差不得分			
		$4\times \phi 8.5$ mm	4	超差不得分			

(续)

序号	考核内容	考核要求	配分	评分标准	自检结果	检测结果	得分
评 分 表				图号 XK-6-01		检测编号	
3	孔	4×8mm(深度)	4	超差不得分			
		(80±0.023)mm (50±0.019)mm	4	超差不得分			
		φ52mm,2×120°	3	超差不得分			
		Ra1.6μm(3处)	6	一处超差扣2分			
4	其他	锐边去毛刺	2	不符不得分			
5	职业素养	劳保用品、防护镜穿戴规范	2	违反规范全扣			
		工、量、刀具分区摆放整齐	2	违反规范全扣			
		整理、打扫工位	2	违反规范全扣			
6	安全文明生产	安全操作规程	倒扣	不遵守操作规程扣2~5分			
配 分			100	总 分			
检测			日期		评分		日期

任务拓展

由于销孔的位置精度要求较高,因此安排铰孔路线的问题就显得比较重要,安排不当就有可能把坐标轴移动的反向间隙带入,直接影响孔的位置精度。精铰孔的加工路线如图6-13所示。

如图6-13a所示,由于孔4与孔1、2、3的定位方向相反,X向的反向间隙会使定位误差增加,从而影响孔4的位置精度。

如图6-13b所示,当加工完孔3后并没有直接在孔4处定位,而是多运动了一段距离,然后折回来在孔4处定位。这样孔1、2、3与孔4的定位方向是一致的,就可以避免引入反向间隙误差,从而提高了孔与孔之间的孔距精度。

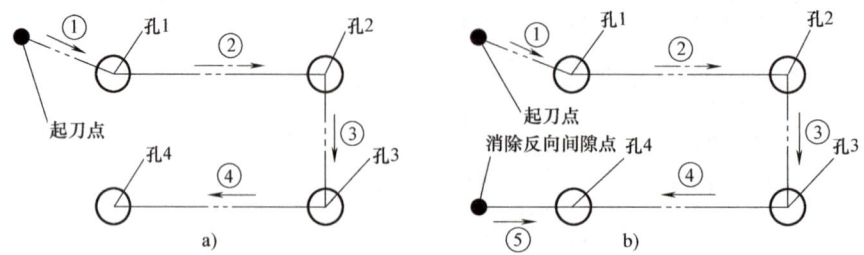

图6-13 精铰孔的加工路线
a) 引入反向间隙 b) 消除反向间隙

项目六 孔类零件的加工

课后练习

编制图 6-14 所示圆周阵列孔的加工程序。

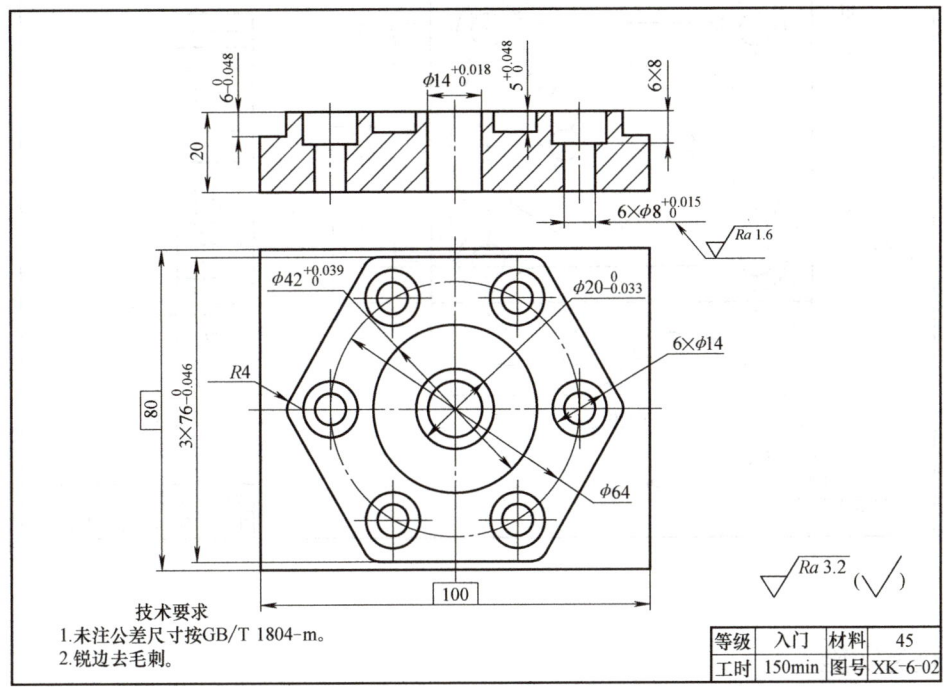

图 6-14 圆周阵列孔零件图

任务二 泵体端盖的加工

学习目标

1）掌握孔类固定循环编程指令的格式及其应用。
2）了解钻、铰的加工工艺及其刀具的选择和加工参数的确定。
3）熟练操作机床，正确对刀并设置工件零点参数及刀具长度补偿值。
4）根据零件形状，选择合适的量具测量尺寸精度并分析结果。
5）提高、养成职业素养，按企业有关规定文明生产，做到工作地整洁，工件、工具、量具、刀具摆放整齐。

任务描述

1）分析图 6-15 所示泵体端盖零件图，选择合适的夹具和机床，确定零件的加工工艺。
2）选择合适的刀具种类及规格，编制零件的加工程序。
3）进行零件装夹，对刀及参数设定，操作机床完成零件的加工。
4）选择合适的量具测量零件的精度，并进行零件的质量分析。

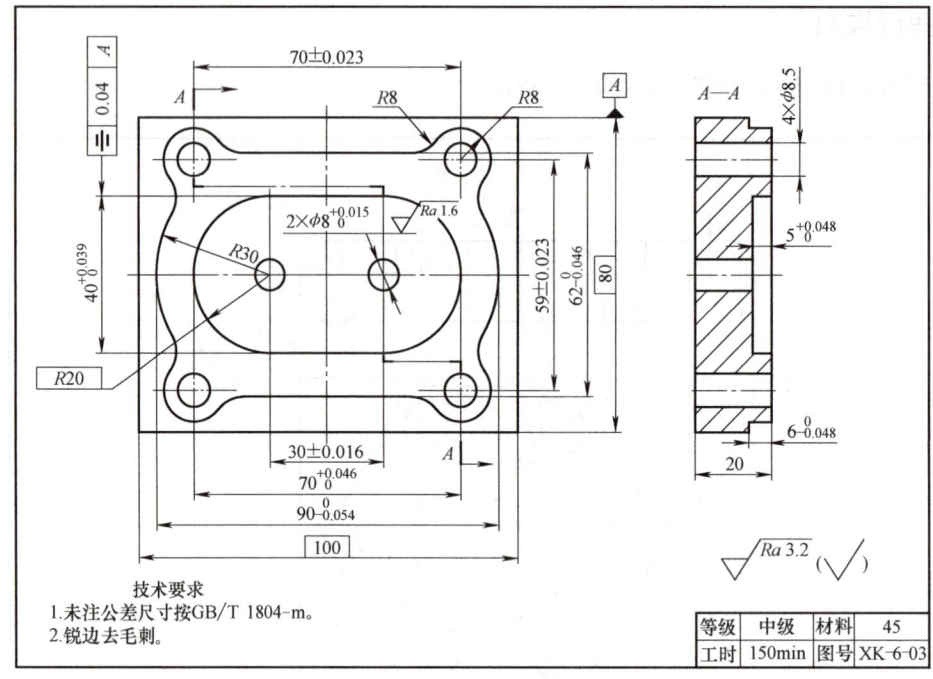

图 6-15 泵体端盖零件图

任务实施

一、工艺分析

1. 图样分析

如图 6-15 所示，零件材料为 45 钢，因此选择刀具时应尽量选用硬质合金铣刀，但考虑加工成本也可以选择高速钢铣刀。该零件的加工要素主要由圆弧凸台和矩形槽组成。零件加工尺寸公差等级为 IT8，表面粗糙度值为 $Ra3.2\mu m$，对称度公差为 0.04mm。采用数控铣削可以达到以上加工要求。

2. 毛坯备料和装夹方式

零件毛坯属于方料，尺寸为 100mm×80mm×20mm，六面精铣。选用通用夹具，精密机用平口钳装夹。

3. 刀具和工、量具的确定

根据零件图样的加工内容、技术要求及检测要求，确定刀具及刀柄清单见表 6-3，工、量具清单见表 6-4。

4. 加工方案的制订

根据基准先行、先粗后精、工序集中的原则，该零件的数控加工工艺卡见表 6-8。矩形槽加工与键槽加工相同，在下刀处预先钻下刀工艺孔，也可采用键槽铣刀垂直下刀。

二、程序编制

1. 编程零点的确定

通过零件图样的分析，编程零点定于工件上表面中心处。

表 6-8　数控加工工艺卡

零件装夹图	装夹要点
	1. 用机用平口钳装夹前要用杠杆百分表找正固定钳口与机床导轨的平行度 2. 毛坯高出钳口 8mm 以上

工步	加工要点	加工简图	刀具 名称	直径 /mm	切削用量 背吃刀量 /mm	主轴转速 /(r/min)	进给速度 /(mm/min)
1	精铣工件上表面		面铣刀	φ63	0.2	800	80
2	粗铣凸台，留单边余量 0.3mm，底面留余量 0.2mm		立铣刀（HSS）	φ16	5.8	500	100
3	粗铣内轮廓，留单边余量 0.3mm，底面留余量 0.2mm		立铣刀（HSS）	φ16	4.8	500	100
4	钻定位孔	略	中心钻	A2.5	4	2000	30
5	钻 $2 \times \phi 8^{+0.015}_{\ 0}$ mm 底孔		麻花钻（HSS）	φ7.8	24	1000	100
6	钻 4×φ8.5mm 孔		麻花钻（HSS）	φ8.5	24	900	80
7	半精铣、精铣所有轮廓，保证尺寸	略	立铣刀（HSS）	φ10	6/5	800	160
8	铰 $2 \times \phi 8^{+0.015}_{\ 0}$ mm 孔	略	铰刀（HSS）	φ8H7	24	80	30

2. 走刀路线的设计（略）
3. 数学处理及基点的计算（略）
4. 编制程序

根据顶杆孔板的零件图，编制顶杆孔及其他四个内六角螺钉的安装过孔，泵体端盖孔加工参考程序见表6-9。

表6-9 泵体端盖孔加工参考程序

程序内容	说　　明
O6006；	程序名（钻定位孔）
N02 G54 G17 G40 G90 G80 G21 G69；	G54 工件零点偏置
N04 T1；	刀具号设定（A2.5 中心钻）
N06 G00 G43 Z100 H01 M03 S2000；	刀具快速定位到100mm，主轴2000r/min 正转
N08 G98 G81 X－35 Y29.5 Z－4 R2 F30 M08；	钻定位孔，切削液开启
N10 X35 Y29.5；	钻定位孔
N12 X35 Y－29.5；	钻定位孔
N14 X－35 Y－29.5；	钻定位孔
N16 X－15 Y0 Z－8 R－3；	钻定位孔
N18 X15 Y0 Z－8 R－3；	钻定位孔
N20 G80；	取消孔固定循环
N22 G00 Z100 M09；	快速抬刀至安全高度，切削液关
N24 G00 G91 G28 Z0；	自动回 Z 轴参考点
N26 G49；	取消刀具长度补偿
N28 M05；	主轴停止
N30 M30；	主程序结束
O6007；	程序名（钻销孔的底孔）
N02 G54 G17 G40 G90 G80 G21 G69；	G54 工件零点偏置
N04 T1；	刀具号设定（φ7.8mm 麻花钻）
N06 G00 G43 Z100 H01 M03 S1000；	刀具快速定位到100mm，主轴1000r/min 正转
N08 G98 G83 X－15 Y0 Z－24 Q7 R2 F100；	钻顶杆孔的底孔
N10 X15 Y0 Z－24 Q7 R2；	钻顶杆孔的底孔
N12 G80；	取消孔固定循环
N14 G00 Z100 M09；	快速抬刀至安全高度，切削液关
N16 G00 G91 G28 Z0；	自动回 Z 轴参考点
N18 G49；	取消刀具长度补偿
N20 M05；	主轴停止
N22 M30；	主程序结束
O6008；	程序名（钻φ8.5mm 孔）

（续）

程序内容	说　　明
N02 G54 G17 G40 G90 G80 G21 G69;	G54 工件零点偏置
N04 T1;	刀具号设定(φ8.5mm 麻花钻)
N06 G00 G43 Z100 H01 M03 S900;	刀具快速定位到100mm,主轴 900r/min 正转
N08 G98 G83 X－35 Y29.5 Z－24 Q7 R－3 F80;	钻 M8 螺钉过孔
N10 X35 Y29.5 Z－24 Q7 R－3;	钻 M8 螺钉过孔
N12 X35 Y－29.5 Z－24 Q7 R－3;	钻 M8 螺钉过孔
N14 X－35 Y－29.5 Z－24 Q7 R－3;	钻 M8 螺钉过孔
N16 G80;	取消孔固定循环
N18 G00 Z100 M09;	快速抬刀至安全高度,切削液关
N20 G00 G91 G28 Z0;	自动回 Z 轴参考点
N22 G49;	取消刀具长度补偿
N24 M05;	主轴停止
N26 M30;	主程序结束
O6009;	程序名(铰孔)
N02 G54 G17 G40 G90 G80 G21 G69;	G54 工件零点偏置
N04 T1;	刀具号设定(φ8mm 铰刀)
N06 G00 G43 Z100 H01 M03 S80;	刀具快速定位到100mm,主轴 80r/min 正转
N08 G98 G85 X－15 Y0 Z－24 R－3 F30;	铰孔
N10 X15 Y0 Z－24 R－3;	铰孔
N12 G80;	取消孔固定循环
N14 G00 Z100 M09;	快速抬刀至安全高度,切削液关
N16 G00 G91 G28 Z0;	自动回 Z 轴参考点
N18 G49;	取消刀具长度补偿
N20 M05;	主轴停止
N22 M30;	主程序结束

三、操作加工

1. 工件装夹

在工件紧贴两钳口处放上高度适当的两块等高平行垫铁，要求工件高出机用平口钳钳口 8mm 以上，保证刀具与夹具不发生干涉，利用木锤或铜棒敲击工件并找正，要求夹紧工件后平行垫铁不能抽动。

2. 工件零点的设置（略）

3. 刀具长度补偿值和半径补偿值的确定（略）

4. 输入程序并校验（略）

5. 自动加工（略）

 任务评价

根据图样，选择合适的量具并自行检测，填写检测结果评分表，见表 6-10。

表 6-10 检测结果评分表

评分表			图号	XK-6-03	检测编号	
序号	考核内容	考核要求	配分	评分标准	自检结果	检测结果	得分
1	凸台	$90_{-0.054}^{0}$ mm	10	超差不得分			
		$62_{-0.046}^{0}$ mm	10	超差不得分			
		$6_{-0.048}^{0}$ mm	5	超差不得分			
		R8mm(4处),R8mm(8处),R30mm(两处)	2	不符不得分			
		Ra3.2μm(8处)	4	一处超差扣0.5分			
2	型腔	$70_{0}^{+0.046}$ mm	10	超差不得分			
		$40_{0}^{+0.039}$ mm	10	超差不得分			
		$5_{0}^{+0.048}$ mm	5	超差不得分			
		R20mm(两处)	1	不符不得分			
		Ra3.2μm(4处)	2	一处超差扣0.5分			
3	几何公差	⫽ 0.04 A	4	超差不得分			
4	孔	$2×\phi8_{0}^{+0.015}$ mm	12	超差不得分			
		$4×\phi8.5$ mm	4	超差不得分			
		$(70±0.023)$ mm $(59±0.023)$ mm	6	超差不得分			
		$(30±0.016)$ mm	3	超差不得分			
		Ra1.6μm(两处)	4	一处超差扣2分			
5	其他	锐边去毛刺	2	不符不得分			
6	职业素养	劳保用品、防护镜穿戴规范	2	违反规范全扣			
		工、量、刀具分区摆放整齐	2	违反规范全扣			
		整理、打扫工位	2	违反规范全扣			
7	安全文明生产	安全操作规程	倒扣	不遵守操作规程扣2~5分			
	配 分		100	总 分			
检测			日期		评分		日期

任务拓展

试选择合适的刀具,制订图 6-16 所示零件的加工工艺。

课后练习

编制图 6-16 所示零件的加工程序。

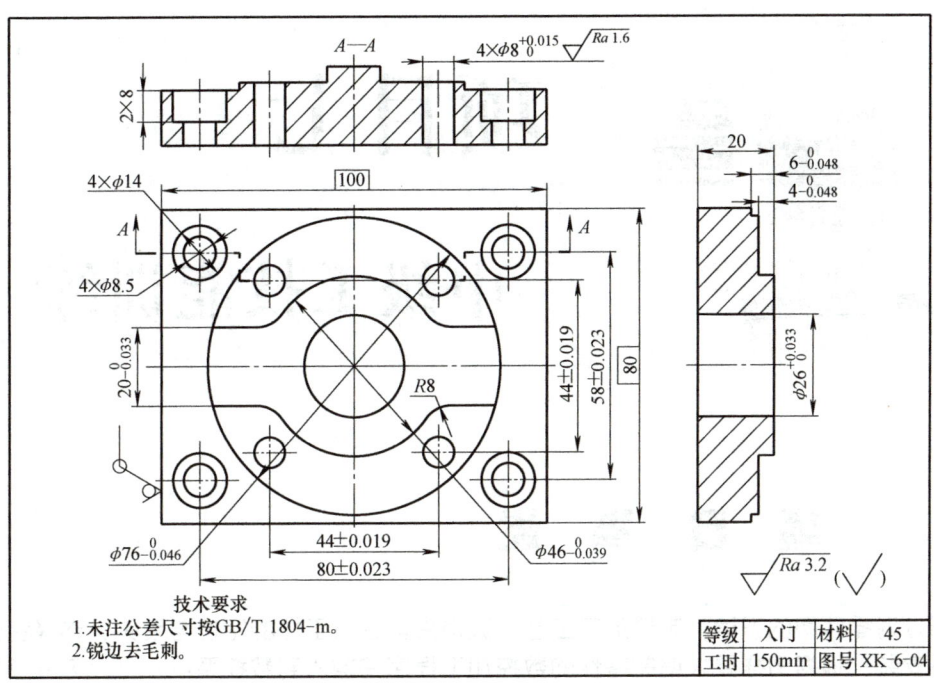

图 6-16 端盖孔零件图

项目七

中级工技能训练

项目描述

通过对零件图的识读，制订加工工艺，选择夹具进行工件的定位与装夹，选择合适的刀具并安装；根据图样要求编制零件的数控加工程序并输入到数控系统；进行刀具长度补偿值和半径补偿值的设定，以及工件零点设置；加工前，要对数控加工程序进行调试、校验和试切削；粗加工和半精加工后，要对零件进行测量，通过修正刀具补偿值或修正程序加工出合格零件，并达到如下要求。

1) 轮廓尺寸公差等级达 IT8。
2) 铰孔、镗孔的尺寸公差等级达 IT7，表面粗糙度值达 $Ra1.6\mu m$。
3) 几何公差等级达 IT8。
4) 表面粗糙度值达 $Ra3.2\mu m$。

根据《铣工国家职业技能标准》（数控铣工）中级工的技能要求，本项目安排六个综合任务，分别是十字槽板的加工、工字槽板的加工、槽轮板的加工、六角形槽板的加工、丁字槽板的加工和圆环槽板的加工。

任务一　十字槽板的加工

学习目标

1) 合理选择刀具，制订加工工艺，编制程序。
2) 熟练操作机床，正确对刀并设置工件零点参数及刀具长度补偿值。
3) 根据零件形状，选择合适的量具测量尺寸精度并分析结果。
4) 提高、养成职业素养，按企业有关规定文明生产，做到工作地整洁，工件、工具、量具、刀具摆放整齐。

任务描述

1) 分析图 7-1 所示十字槽板零件图，选择合适的夹具和机床，确定零件的加工工艺。

2）选择合适的刀具种类及规格，编制零件的加工程序。
3）进行零件装夹，对刀及参数设定，操作机床完成零件的加工。
4）选择合适的量具测量零件的精度，并进行零件的质量分析。

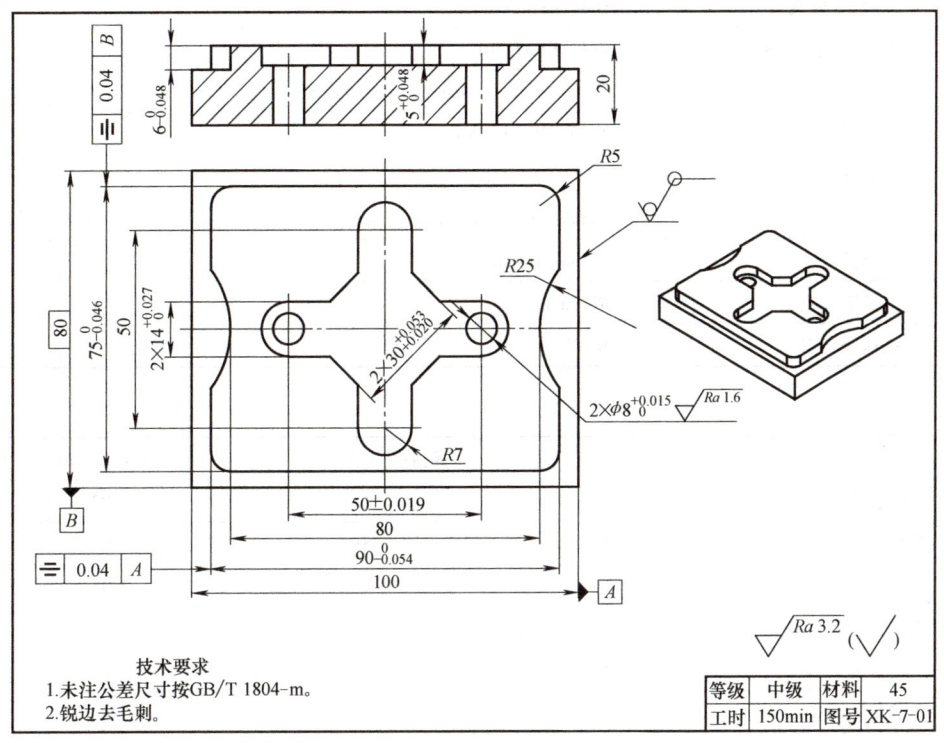

图 7-1　十字槽板零件图

任务实施

一、工艺分析

1. 图样分析

如图 7-1 所示，零件材料为 45 钢。零件加工要素主要为内、外轮廓及孔系加工，外轮廓为矩形凸台，内轮廓为十字槽和旋转方槽。轮廓尺寸公差等级为 IT8，表面粗糙度值为 $Ra3.2\mu m$，对称度公差为 0.04mm。孔系加工尺寸公差等级达到 IT7，表面粗糙度值为 $Ra1.6\mu m$。采用数控铣削可以达到以上加工要求。

2. 毛坯备料和装夹方式

零件毛坯属于方料，尺寸为 100mm×80mm×20mm，六面精铣。选用通用夹具，精密机用平口钳装夹。

3. 刀具和工、量具的确定

根据零件图样的加工内容和技术要求，确定刀具及刀柄清单见表 7-1，工、量具清单见表 7-2。

表 7-1 刀具及刀柄清单

序号	刀具名称	规格或型号	精度/mm	数量
1	BT 平面铣刀柄	BT40-FMA25.4-60L		1
2	SE45°平面铣刀	SE445-3		1
3	BT-ER 铣刀夹头	BT40-ER32-70L		自定
4	筒夹	ER32-φ8mm、φ10mm、φ16mm、φ20mm		自定
5	BT-直结式钻夹头	BT40-KPU13-100L		1
6	平面铣刀刀片	SENN1203-AFTN1		6
7	立铣刀	φ8mm、φ10mm、φ16mm、φ20mm		各1
8	键槽铣刀	φ10mm、φ8mm		各1
9	高速钢麻花钻	φ7.8mm		1
10	高速钢铰刀	φ8H7		1

表 7-2 工、量具清单

序号	名称	规格或型号	分度值/mm	数量
1	游标卡尺	0~150mm	0.02	1
2	外径千分尺	0~25mm、25~50mm、50~75mm、75~100mm	0.01	各1
3	深度千分尺	0~50mm	0.01	1
4	内测千分尺	5~30mm、25~50mm	0.01	1
5	内径量表	φ18~φ35mm	0.01	1
6	光滑圆柱塞规	φ8mm	H7	1
7	半径样板	R1~R25mm		1
8	杠杆百分表	0~0.8mm	0.01	1
9	磁力表座			1
10	回转式寻边器	ME-1020	0.01	1
11	Z 轴设定器	ZDI-50	0.01	1
12	铜棒或塑料榔头			1
13	内六角扳手	6mm、8mm、10mm、12mm		各1
14	等高垫铁	根据机用平口钳和工件自定		1 副
15	锉刀、磨石			自定
16	科学计算器、铅笔、橡皮、绘图工具			自定

4. 加工方案的制订

根据基准先行、先粗后精、工序集中的原则,该零件的数控加工工艺卡见表 7-3。

表 7-3 数控加工工艺卡

零件装夹图	装夹要点
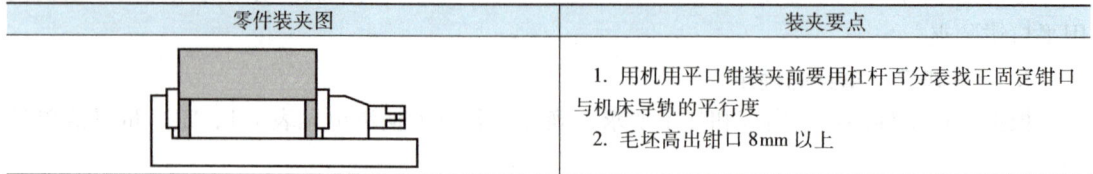	1. 用机用平口钳装夹前要用杠杆百分表找正固定钳口与机床导轨的平行度 2. 毛坯高出钳口 8mm 以上

（续）

工步	加工要点	加工简图	刀具		切削用量		
			名称	直径/mm	背吃刀量/mm	主轴转速/(r/min)	进给速度/(mm/min)
1	精铣工件上表面	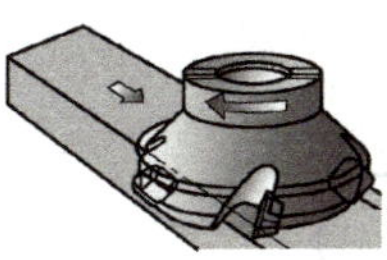	面铣刀	φ63	0.2	800	80
2	粗铣矩形凸台，留单边余量0.3mm，底面留余量0.2mm	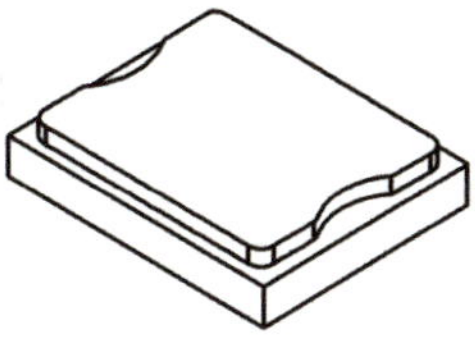	立铣刀（HSS）	φ16	5.8	500	100
3	钻定位孔	略	中心钻	A2.5	4	2000	30
4	钻2×φ8$^{+0.015}_{0}$ mm底孔，留铰孔余量双边0.2mm	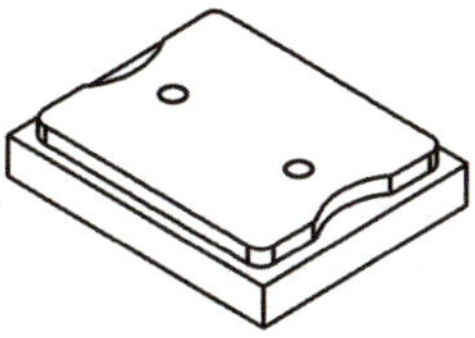	麻花钻（HSS）	φ7.8	24	1000	100
5	粗铣十字槽，留单边余量0.3mm，底面留余量0.2mm	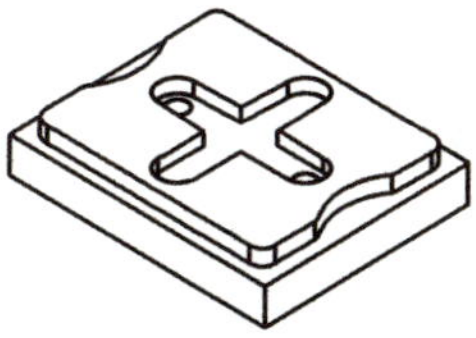	立铣刀（HSS）	φ10	4.8	800	160
6	粗铣旋转方槽，留单边余量0.3mm，底面留余量0.2mm	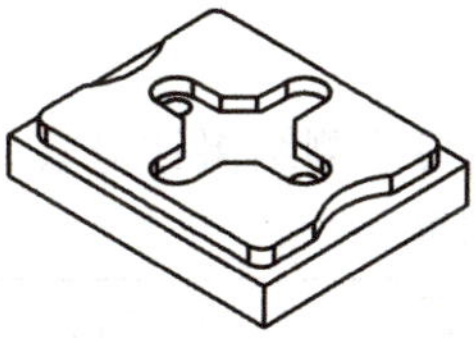	立铣刀（HSS）	φ10	4.8	800	160
7	半精铣、精铣所有轮廓，保证尺寸精度	略	立铣刀（HSS）	φ10	5/6	800	160
8	精铰2×φ8$^{+0.015}_{0}$ mm孔	略	铰刀（HSS）	φ10H7	24	80	30

二、程序编制

1. 编程零点的确定

通过零件图样的分析，编程零点定于工件上表面中心处。

2. 走刀路线的设计

由于内轮廓两特征尺寸公差带范围不同，为保证旋转方槽的尺寸精度，将内轮廓加工轨迹进行分解，变成十字槽和旋转方槽两个刀路轨迹，如图7-2所示。

3. 数学处理及基点的计算

如图 7-3 所示，编制旋转方槽的程序时先将图形水平放置，然后在程序的合适位置将坐标系旋转 45°即可。

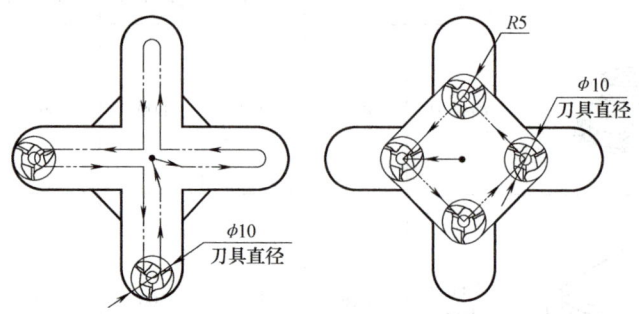

图 7-2　内轮廓分解走刀路线　　　　　图 7-3　旋转方槽编程示意图

4. 编制程序（略）

三、操作加工

1. 工件装夹

在工件紧贴两钳口处放上高度适当的两块等高平行垫铁，要求工件高出机用平口钳钳口 12mm 以上，保证刀具与夹具不发生干涉，利用木锤或铜棒敲击工件并找正，要求夹紧工件后平行垫铁不能抽动。

2. 工件零点的设置（略）

3. 刀具长度补偿值和半径补偿值的确定（略）

4. 输入程序并校验（略）

5. 自动加工（略）

任务评价

根据图样，选择合适的量具并自行检测，填写检测结果评分表，见表7-4。

表 7-4　检测结果评分表

评分表			图号	XK-7-01	检测编号		
序号	考核内容	考核要求	配分	评分标准	自检结果	检测结果	得分
1	凸台	$90_{-0.054}^{\ 0}$ mm	8	超差不得分			
		$75_{-0.046}^{\ 0}$ mm	8	超差不得分			
		$6_{-0.048}^{\ 0}$ mm	5	超差不得分			
		$R25$mm(两处)，80mm，$R5$mm(4处)	2	不符不得分			
		$Ra3.2\mu$m(8处)	4	一处超差扣 0.5 分			
2	型腔	$2\times14_{\ 0}^{+0.027}$ mm	14	超差不得分			
		$2\times30_{\ 0.020}^{+0.053}$ mm	14	超差不得分			
		$5_{\ 0}^{+0.048}$ mm	5	超差不得分			
		$R7$mm(4处)，50mm	2	不符不得分			
		$Ra3.2\mu$m(8处)	4	一处超差扣 0.5 分			

(续)

序号	考核内容	考核要求	配分	评分标准	自检结果	检测结果	得分
	评 分 表			图号 XK-7-01	检测编号		
3	几何公差	$\boxed{= \mid 0.04 \mid A}$	4	超差不得分			
		$\boxed{= \mid 0.04 \mid B}$	4	超差不得分			
4	孔	$2 \times \phi 8_{0}^{+0.015}$ mm	12	超差不得分			
		(50 ± 0.019) mm	2	超差不得分			
		$Ra1.6\mu m$(两处)	4	一处超差扣2分			
5	其他	锐边去毛刺	2	不符不得分			
6	职业素养	劳保用品、防护镜穿戴规范	2	违反规范全扣			
		工、量、刀具分区摆放整齐	2	违反规范全扣			
		整理、打扫工位	2	违反规范全扣			
7	安全文明生产	安全操作规程	倒扣	不遵守操作规程扣2~5分			
	配 分		100	总 分			
检测		日期		评分		日期	

课后练习

制订图7-4所示零件的加工工艺,并编制该零件的加工程序。

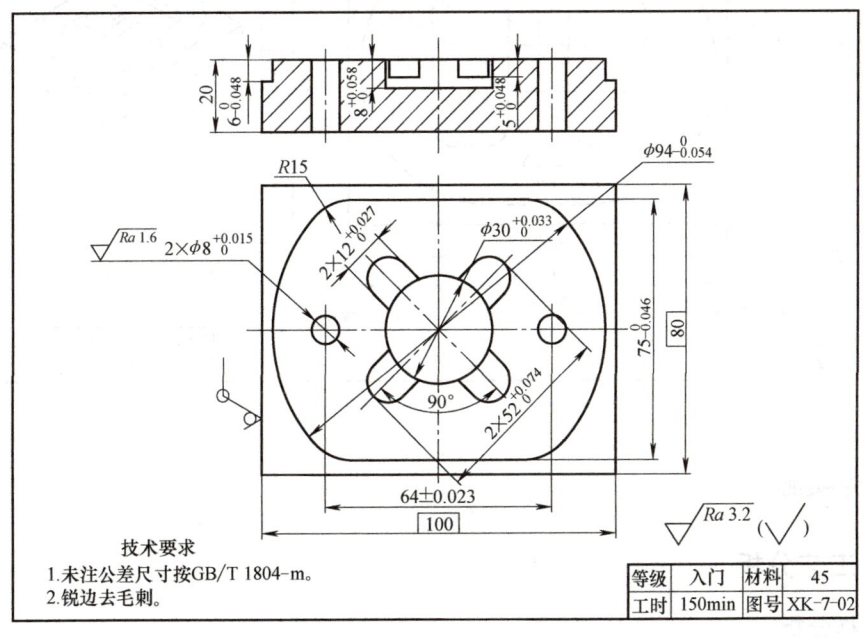

图7-4 旋转十字槽零件图

任务二　　工字槽板的加工

学习目标

1）合理选择刀具，制订加工工艺，编制程序。
2）熟练操作机床，正确对刀并设置工件零点参数及刀具长度补偿值。
3）根据零件形状，选择合适的量具测量尺寸精度并分析结果。
4）提高、养成职业素养，按企业有关规定文明生产，做到工作地整洁，工件、工具、量具、刀具摆放整齐。

任务描述

1）分析图 7-5 所示工字槽板零件图，选择合适的夹具和机床，确定零件的加工工艺。
2）选择合适的刀具种类及规格，编制零件的加工程序。
3）进行零件装夹，对刀及参数设定，操作机床完成零件的加工。
4）选择合适的量具测量零件的精度，并进行零件的质量分析。

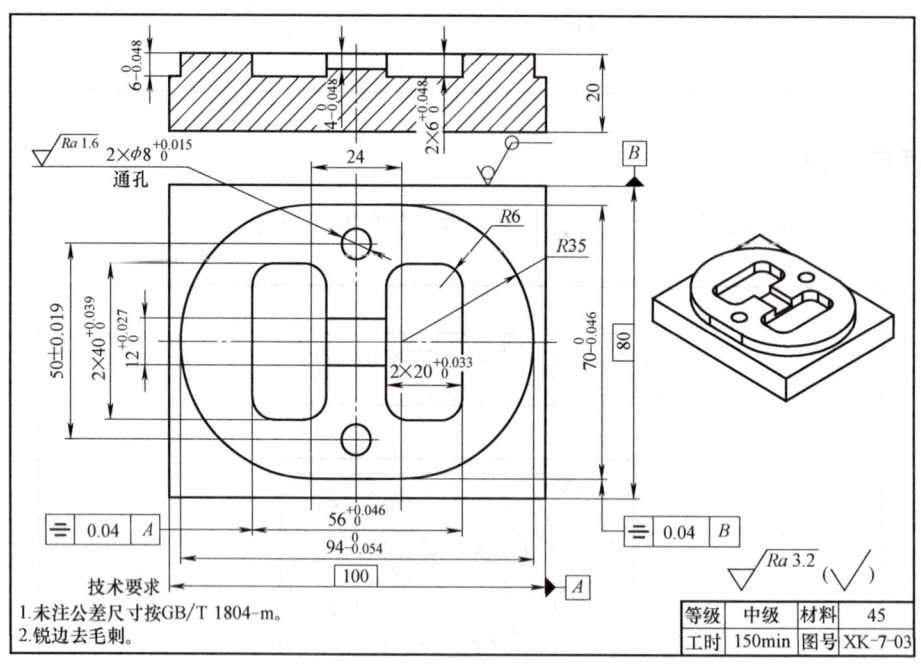

图 7-5　工字槽板零件图

任务实施

一、工艺分析

1. 图样分析

如图 7-5 所示，零件材料为 45 钢。其加工要素主要由半圆凸台、矩形槽和通槽组成。

轮廓加工尺寸公差等级为 IT8，表面粗糙度值为 $Ra3.2\mu m$，对称度公差为 0.04mm。孔系加工尺寸公差等级为 IT7，表面粗糙度值为 $Ra1.6\mu m$。采用数控铣削可以达到以上加工要求。

2. 毛坯备料和装夹方式

零件毛坯属于方料，尺寸为 100mm×80mm×20mm，六面精铣。选用通用夹具，精密机用平口钳装夹。

3. 刀具和工、量具的确定

根据零件图样的加工内容、技术要求及检测要求，确定刀具及刀柄清单见表 7-1，工、量具清单见表 7-2。

4. 加工方案的制订

根据基准先行、先粗后精、工序集中的原则，该零件的数控加工工艺卡见表 7-5。

表 7-5　数控加工工艺卡

零件装夹图			装夹要点			
			1. 用机用平口钳装夹前要用杠杆百分表找正固定钳口与机床导轨的平行度 2. 毛坯高出钳口 8mm 以上			
工步	加工要点	加工简图	刀具		切削用量	
			名称	直径/mm	背吃刀量/mm	主轴转速/(r/min)	进给速度/(mm/min)
1	精铣工件上表面		面铣刀	φ63	0.2	800	80
2	粗铣凸台，留单边余量 0.3mm，底面留余量 0.2mm		立铣刀（HSS）	φ16	5.8	500	100
3	钻定位孔	略	中心钻	A2.5	4	2000	30
4	钻 $2\times\phi8^{+0.015}_{0}$ mm 底孔及下刀工艺孔，留精铰余量双边 0.2mm		麻花钻（HSS）	φ7.8	24/5.8	1000	100
5	粗铣矩形槽，留单边余量 0.3mm，底面留余量 0.2mm		立铣刀（HSS）	φ10	5.8	800	160

(续)

工步	加工要点	加工简图	刀具 名称	刀具 直径/mm	切削用量 背吃刀量/mm	切削用量 主轴转速/(r/min)	切削用量 进给速度/(mm/min)
6	粗铣通槽,留单边余量 0.3mm,底面留余量 0.2mm		立铣刀(HSS)	φ10	3.8	800	160
7	半精铣、精铣所有轮廓,保证尺寸	略	立铣刀(HSS)	φ10	6/4	800	160
8	精铰孔 $2 \times \phi 8^{+0.015}_{0}$ mm	略	铰刀(HSS)	φ8H7	24	80	30

二、程序编制

1. 编程零点的确定（略）

2. 走刀路线的设计（略）

3. 数学处理及基点的计算（略）

4. 编制程序（略）

三、操作加工

1. 工件装夹

在工件紧贴两钳口处放上高度适当的两块等高平行垫铁,要求工件高出机用平口钳钳口 8mm 以上,保证刀具与夹具不发生干涉,利用木锤或铜棒敲击工件并找正,要求夹紧工件后平行垫铁不能抽动。

2. 工件零点的设置（略）

3. 刀具长度补偿值和半径补偿值的确定（略）

4. 输入程序并校验（略）

5. 自动加工（略）

 任务评价

根据图样,选择合适的量具并自行检测,填写检测结果评分表,见表 7-6。

表 7-6 检测结果评分表

评 分 表				图号	XK-7-03	检测编号	
序号	考核内容	考核要求	配分	评分标准	自检结果	检测结果	得分
1	凸台	$94^{\ 0}_{-0.054}$ mm	6	超差不得分			
		$70^{\ 0}_{-0.046}$ mm	6	超差不得分			
		$6^{\ 0}_{-0.048}$ mm	5	超差不得分			
		R35mm（两处）,24mm	1	不符不得分			
		Ra3.2μm（4 处）	4	一处超差扣 1 分			

(续)

序号	考核内容	考核要求	配分	评分标准	自检结果	检测结果	得分
2	型腔	$2\times40^{+0.039}_{\ \ 0}$ mm	12	超差不得分			
		$2\times20^{+0.033}_{\ \ 0}$ mm	12	超差不得分			
		$12^{+0.027}_{\ \ 0}$ mm	6	超差不得分			
		$56^{+0.046}_{\ \ 0}$ mm	6	超差不得分			
		$6^{+0.048}_{\ \ 0}$ mm	5	超差不得分			
		$R6$mm(8处), $56^{+0.046}_{\ \ 0}$ mm	1	不符不得分			
		$Ra3.2\mu m$(8处)	4	一处超差扣0.5分			
3	几何公差	⌿ 0.04 A	4	超差不得分			
		⌿ 0.04 B	4	超差不得分			
4	孔	$2\times\phi8^{+0.015}_{\ \ 0}$ mm	10	超差不得分			
		(50 ± 0.019) mm	2	超差不得分			
		$Ra1.6\mu m$(2处)	4	一处超差扣2分			
5	其他	锐边去毛刺	2	不符不得分			
6	职业素养	劳保用品、防护镜穿戴规范	2	违反规范全扣			
		工、量、刀具分区摆放整齐	2	违反规范全扣			
		整理、打扫工位	2	违反规范全扣			
7	安全文明生产	安全操作规程	倒扣	不遵守操作规程扣2~5分			
	配 分		100	总 分			

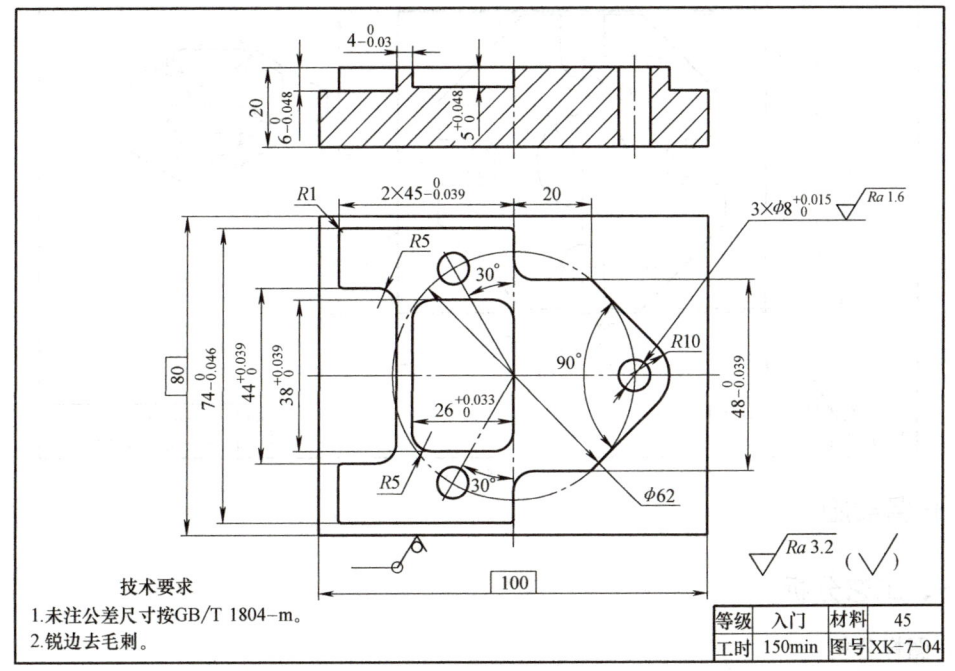

图 7-6 矩形槽零件图

课后练习

如图 7-6 所示，制订加工工艺及编制零件图的加工程序。

任务三　槽轮板的加工

学习目标

1）合理选择刀具，制订加工工艺，编制程序。
2）熟练操作机床，正确对刀并设置工件零点参数及刀具长度补偿值。
3）根据零件形状，选择合适的量具测量尺寸精度并分析结果。
4）提高、养成职业素养，按企业有关规定文明生产，做到工作地整洁，工件、工具、量具、刀具摆放整齐。

任务描述

1）分析图 7-7 所示槽轮板零件图，选择合适的夹具和机床，确定零件的加工工艺。
2）选择合适的刀具种类及规格，编制零件的加工程序。
3）进行零件装夹，对刀及参数设定，操作机床完成零件的加工。
4）选择合适的量具测量零件的精度，并进行零件的质量分析。

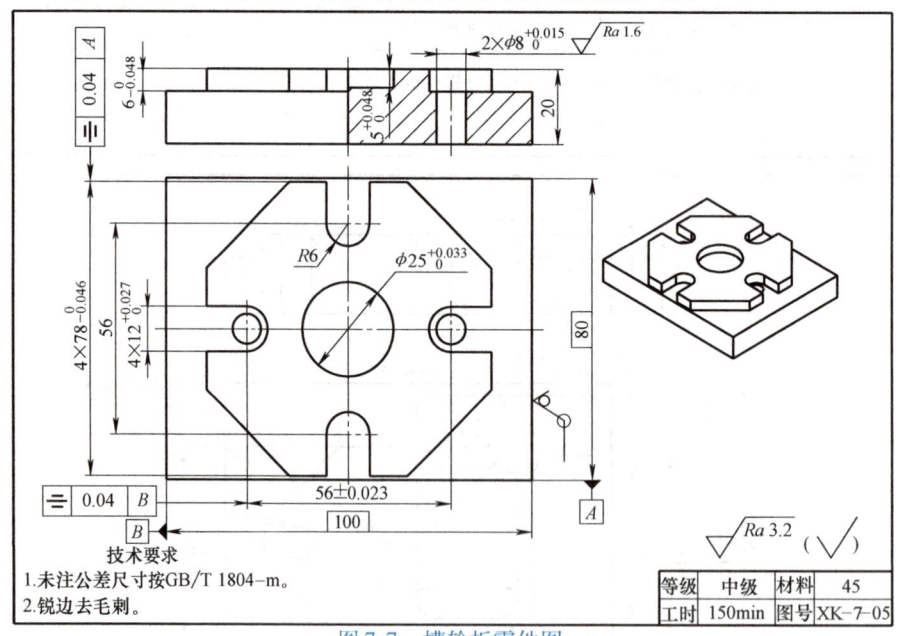

图 7-7　槽轮板零件图

任务实施

一、工艺分析

1. 图样分析

如图 7-7 所示，零件材料为 45 钢。其加工要素主要由八边形凸台、四个开口槽和圆槽组成。孔系加工尺寸公差等级达到IT7,表面粗糙度值为 $Ra1.6\mu m$。零件加工公差等级为IT8,表面粗糙度值为 $Ra3.2\mu m$。采用数控铣削可以达到以上加工要求。

2. 毛坯备料和装夹方式

零件毛坯属于方料,尺寸为 $100mm \times 80mm \times 20mm$,六面精铣。选用通用夹具,精密机用平口钳装夹。

3. 刀具和工、量具的确定

根据零件图样的加工内容、技术要求及检测要求,确定刀具及刀柄清单见表7-1,工、量具清单见表7-2。

4. 加工方案的制订

根据基准先行、先粗后精、工序集中的原则,该零件的数控加工工艺卡见表7-7。

表7-7 数控加工工艺卡

零件装夹图	装夹要点
	1. 用机用平口钳装夹前要用杠杆百分表找正固定钳口与机床导轨的平行度 2. 毛坯高出钳口 8mm 以上

工步	加工要点	加工简图	刀具		切削用量		
			名称	直径/mm	背吃刀量/mm	主轴转速/(r/min)	进给速度/(mm/min)
1	精铣工件上表面		面铣刀	φ63	0.2	800	80
	钻定位孔	略	中心钻	A2.5	4	2000	30
2	钻 $2 \times \phi 8^{+0.015}_{0}$ mm 底孔及下刀工艺孔		麻花钻(HSS)	φ7.8	24/4.8	1000	100
3	粗铣八边形凸台,留单边余量0.3mm,底面留余量0.2mm		立铣刀(HSS)	φ16	5.8	500	100
4	粗铣圆槽,留单边余量0.3mm,底面留余量0.2mm		立铣刀(HSS)	φ16	4.8	500	100

(续)

工步	加工要点	加工简图	刀具		切削用量		
			名称	直径/mm	背吃刀量/mm	主轴转速/(r/min)	进给速度/(mm/min)
5	粗铣阵列开口槽，留单边余量 0.3mm，底面留余量 0.2mm		立铣刀（HSS）	$\phi10$	5.8	800	160
6	半精铣、精铣所有轮廓，保证尺寸	略	立铣刀（HSS）	$\phi10$	6/5	800	160
7	精铰 $2\times\phi8^{+0.015}_{\ 0}$ mm 孔	略	铰刀（HSS）	$\phi8H7$	24	80	30

二、程序编制

1. 编程零点的确定

通过零件图样的分析，编程零点定于工件上表面中心处。

2. 走刀路线的设计（略）

3. 数学处理及基点的计算（略）

4. 编制程序（略）

三、操作加工

1. 工件装夹

在工件紧贴两钳口处放上高度适当的两块等高平行垫铁，要求工件高出机用平口钳钳口 8mm 以上，保证刀具与夹具不发生干涉，利用木锤或铜棒敲击工件并找正，要求夹紧工件后平行垫铁不能抽动。

2. 工件零点的设置（略）

3. 刀具长度补偿值和半径补偿值的确定（略）

4. 输入程序并校验（略）

5. 自动加工（略）

任务评价

根据图样，选择合适的量具并自行检测，填写检测结果评分表，见表 7-8。

表 7-8 检测结果评分表

评分表			图号	XK-7-05	检测编号		
序号	考核内容	考核要求	配分	评分标准	自检结果	检测结果	得分
1	凸台	$4\times78^{\ 0}_{-0.046}$ mm	20	超差不得分			
		$4\times12^{+0.027}_{\ 0}$ mm	20	超差不得分			
		$6^{\ 0}_{-0.048}$ mm	5	超差不得分			
		56mm	2	不符不得分			
		$Ra3.2\mu m$（8 处）	4	一处超差扣 0.5 分			

(续)

评 分 表			图号	XK-7-05	检测编号		
序号	考核内容	考核要求	配分	评分标准	自检结果	检测结果	得分
2	型腔	$\phi25^{+0.033}_{0}$ mm	10	超差不得分			
		$5^{+0.048}_{0}$ mm	5	超差不得分			
		$Ra3.2\mu m$	2	超差不得分			
3	几何公差	⌰ 0.04 A	5	超差不得分			
		⌰ 0.04 B	5	超差不得分			
4	孔	$2\times\phi8^{+0.015}_{0}$ mm	8	超差不得分			
		(56 ± 0.023) mm	2	超差不得分			
		$Ra1.6\mu m$(2处)	4	一处超差扣2分			
5	其他	锐边去毛刺	2	不符不得分			
6	职业素养	劳保用品、防护镜穿戴规范	2	违反规范全扣			
		工、量、刀具分区摆放整齐	2	违反规范全扣			
		整理、打扫工位	2	违反规范全扣			
7	安全文明生产	安全操作规程	倒扣	不遵守操作规程扣2~5分			
	配 分		100	总 分			
检测			日期		评分		日期

课后练习

为图7-8所示零件制订加工工艺,并编制加工程序。

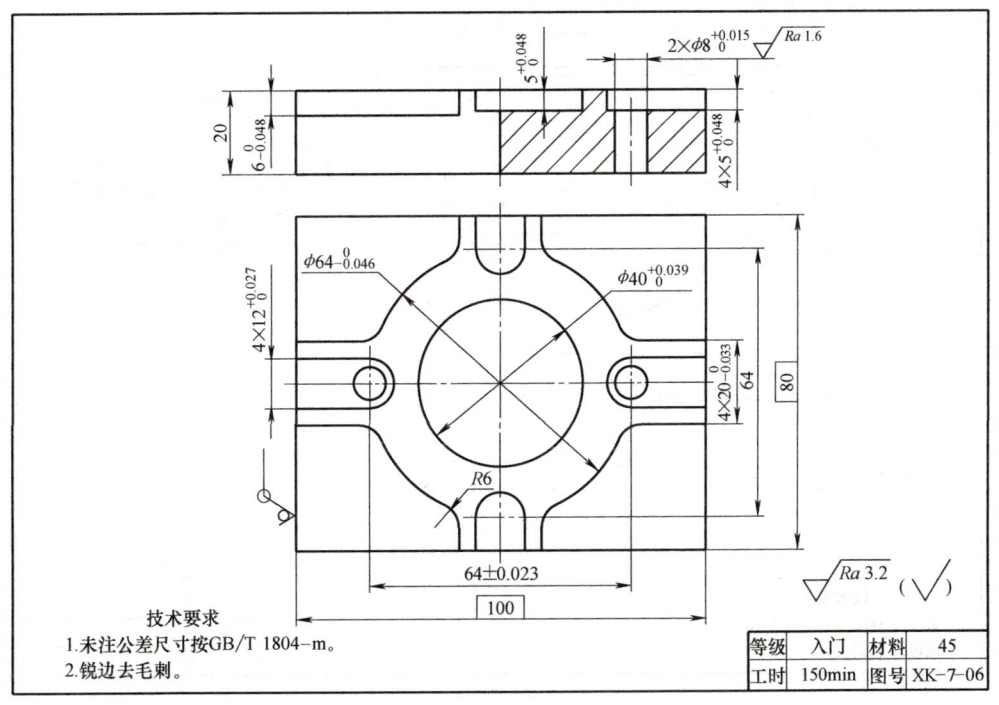

图7-8 阵列开口槽板零件图

任务四　六角形槽板的加工

学习目标

1）合理选择刀具，制订加工工艺，编制程序。
2）熟练操作机床，正确对刀并设置工件零点参数及刀具长度补偿值。
3）根据零件形状，选择合适的量具测量尺寸精度并分析结果。
4）提高、养成职业素养，按企业有关规定文明生产，做到工作地整洁，工件、工具、量具、刀具摆放整齐。

任务描述

1）分析图 7-9 所示六角形槽板零件图，选择合适的夹具和机床，确定零件的加工工艺。
2）选择合适的刀具种类及规格，编制零件的加工程序。
3）进行零件装夹，对刀及参数设定，操作机床完成零件的加工。
4）选择合适的量具测量零件的精度，并进行零件的质量分析。

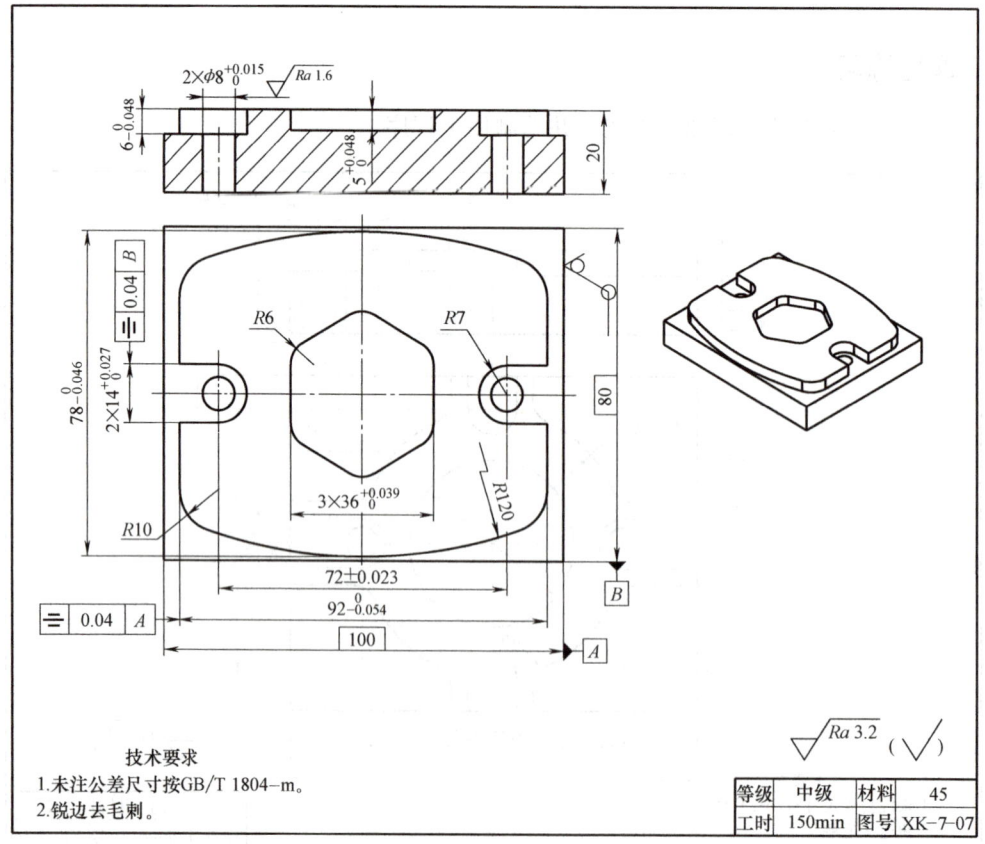

图 7-9　六角形槽板零件图

任务实施

一、工艺分析

1. 图样分析

如图 7-9 所示,零件材料为 45 钢。其加工要素主要由圆弧凸台、正六边形槽及左右对称的开口槽组成。零件加工公差等级为 IT8,表面粗糙度值为 $Ra3.2\mu m$,对称度公差为 0.04mm。孔系加工尺寸公差等级达到 IT7,表面粗糙度值为 $Ra1.6\mu m$。采用数控铣削可以达到以上加工要求。

2. 毛坯备料和装夹方式

零件毛坯属于方料,尺寸为 100mm×80mm×20mm,六面精铣。选用通用夹具,精密机用平口钳装夹。

3. 刀具和工、量具的确定

根据零件图样的加工内容、技术要求及检测要求,确定刀具及刀柄清单见表 7-1,工、量具清单见表 7-2。

4. 加工方案的制订

根据基准先行、先粗后精、工序集中的原则,该零件的数控加工工艺卡见表 7-9。

表 7-9 数控加工工艺卡

零件装夹图	装夹要点
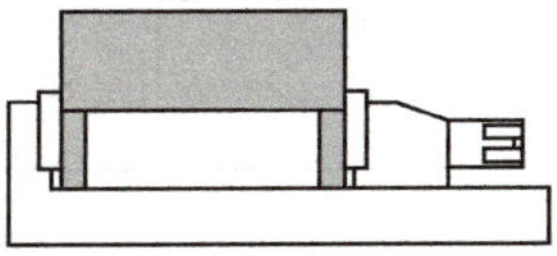	1. 用机用平口钳装夹前要用杠杆百分表找正固定钳口与机床导轨的平行度 2. 毛坯高出钳口 8mm 以上

工步	加工要点	加工简图	刀具		切削用量		
			名称	直径/mm	背吃刀量/mm	主轴转速/(r/min)	进给速度/(mm/min)
1	精铣工件上表面	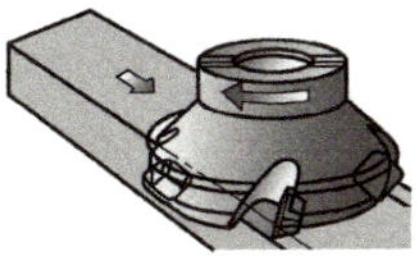	面铣刀	φ63	0.2	800	80
2	粗铣凸台,留单边余量 0.3mm,底面留余量 0.2mm	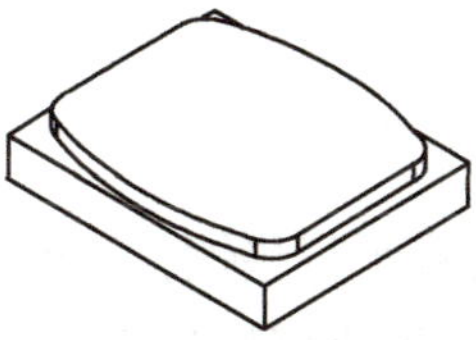	立铣刀(HSS)	φ16	5.8	50	100
3	钻定位孔	略	中心钻	A2.5	4	2000	30
4	钻 $2\times\phi8^{+0.015}_{0}$ mm 底孔及下刀工艺孔	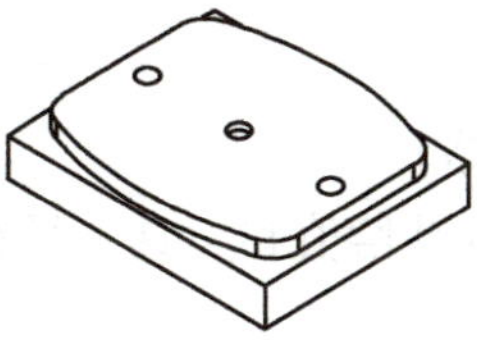	麻花钻(HSS)	φ7.8	24/4.8	1000	100

(续)

工步	加工要点	加工简图	刀具 名称	刀具 直径/mm	切削用量 背吃刀量/mm	切削用量 主轴转速/(r/min)	切削用量 进给速度/(mm/min)
5	粗铣六角槽,留单边余量0.3mm,底面留余量0.2mm	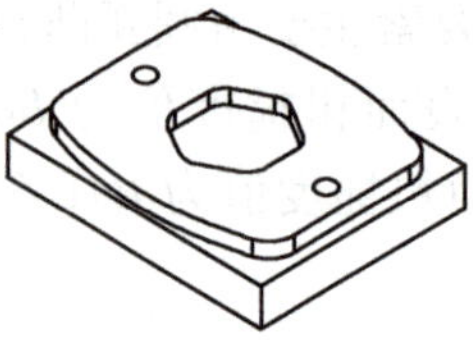	立铣刀(HSS)	φ10	4.8	800	160
6	粗铣左右对称槽,留单边余量0.3mm,底面留余量0.2mm	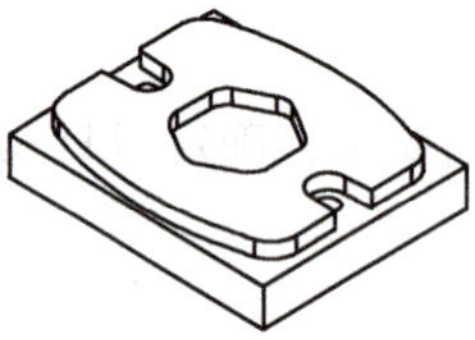	立铣刀(HSS)	φ10	5.8	800	160
7	半精铣、精铣所有轮廓,保证尺寸	略	立铣刀(HSS)	φ10	6/5	800	160
8	精铰 $2\times\phi 8_{\ 0}^{+0.015}$ mm 销孔	略	铰刀(HSS)	φ8H7	24	80	30

二、程序编制

1. 编程零点的确定

通过零件图样的分析,编程零点定于工件上表面中心处。

2. 走刀路线的设计（略）

3. 数学处理及基点的计算（略）

4. 编制程序（略）

三、操作加工

1. 工件装夹

在工件紧贴两钳口处放上高度适当的两块等高平行垫铁,要求工件高出机用平口钳钳口8mm以上,保证刀具与夹具不发生干涉,利用木锤或铜棒敲击工件并找正,要求夹紧工件后平行垫铁不能抽动。

2. 工件零点的设置（略）

3. 刀具长度补偿值和半径补偿值的确定（略）

安装刀具并进行对刀,测量并输入刀具长度补偿值和刀具半径补偿值。

4. 输入程序并校验（略）

5. 自动加工（略）

任务评价

根据图样，选择合适的量具并自行检测，填写检测结果评分表，见表7-10。

表7-10 检测结果评分表

评 分 表			图号	XK-7-07	检测编号		
序号	考核内容	考核要求	配分	评分标准	自检结果	检测结果	得分
1	凸台	$92_{-0.054}^{0}$ mm	8	超差不得分			
		$78_{-0.046}^{0}$ mm	8	超差不得分			
		$2×14_{0}^{+0.027}$ mm	14	超差不得分			
		$6_{-0.048}^{0}$ mm	5	超差不得分			
		R120mm（两处），R7mm（两处），R10mm（4处）	3	不符不得分			
		Ra3.2μm（8处）	4	一处超差扣0.5分			
2	型腔	$3×36_{0}^{+0.039}$ mm	18	超差不得分			
		$5_{0}^{+0.048}$ mm	5	超差不得分			
		R6mm（6处）	2	不符不得分			
		Ra3.2μm（6处）	3	一处超差扣0.5分			
3	几何公差	⌰ 0.04 A	4	超差不得分			
		⌰ 0.04 B	4	超差不得分			
4	孔	$2×\phi 8_{0}^{+0.015}$ mm	8	超差不得分			
		（72±0.023）mm	2	超差不得分			
		Ra1.6μm（2处）	4	一处超差扣2分			
5	其他	锐边去毛刺	2	不符不得分			
6	职业素养	劳保用品、防护镜穿戴规范	2	违反规范全扣			
		工、量、刀具分区摆放整齐	2	违反规范全扣			
		整理、打扫工位	2	违反规范全扣			
7	安全文明生产	安全操作规程	倒扣	不遵守操作规程扣2~5分			
	配 分		100	总 分			
检测		日期		评分		日期	

课后练习

为图7-10所示零件制订加工工艺，并编制加工程序。

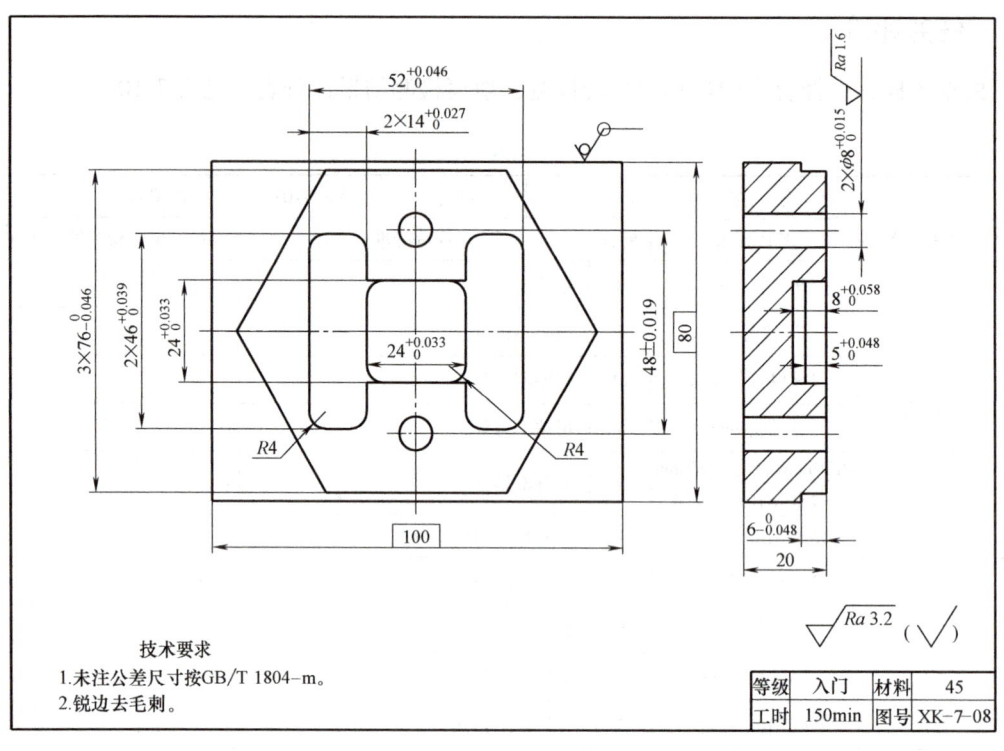

图 7-10 工字槽零件图

任务五　丁字槽板的加工

学习目标

1) 合理选择刀具，制订加工工艺，编制程序。
2) 熟练操作机床，正确对刀并设置工件零点参数及刀具长度补偿值。
3) 根据零件形状，选择合适的量具测量尺寸精度并分析结果。
4) 提高、养成职业素养，按企业有关规定文明生产，做到工作地整洁，工件、工具、量具、刀具摆放整齐。

任务描述

1) 分析图 7-11 所示丁字槽板零件图，选择合适的夹具和机床，确定零件的加工工艺。
2) 选择合适的刀具种类及规格，编制零件的加工程序。
3) 进行零件装夹，对刀及参数设定，操作机床完成零件的加工。
4) 选择合适的量具测量零件的精度，并进行零件的质量分析。

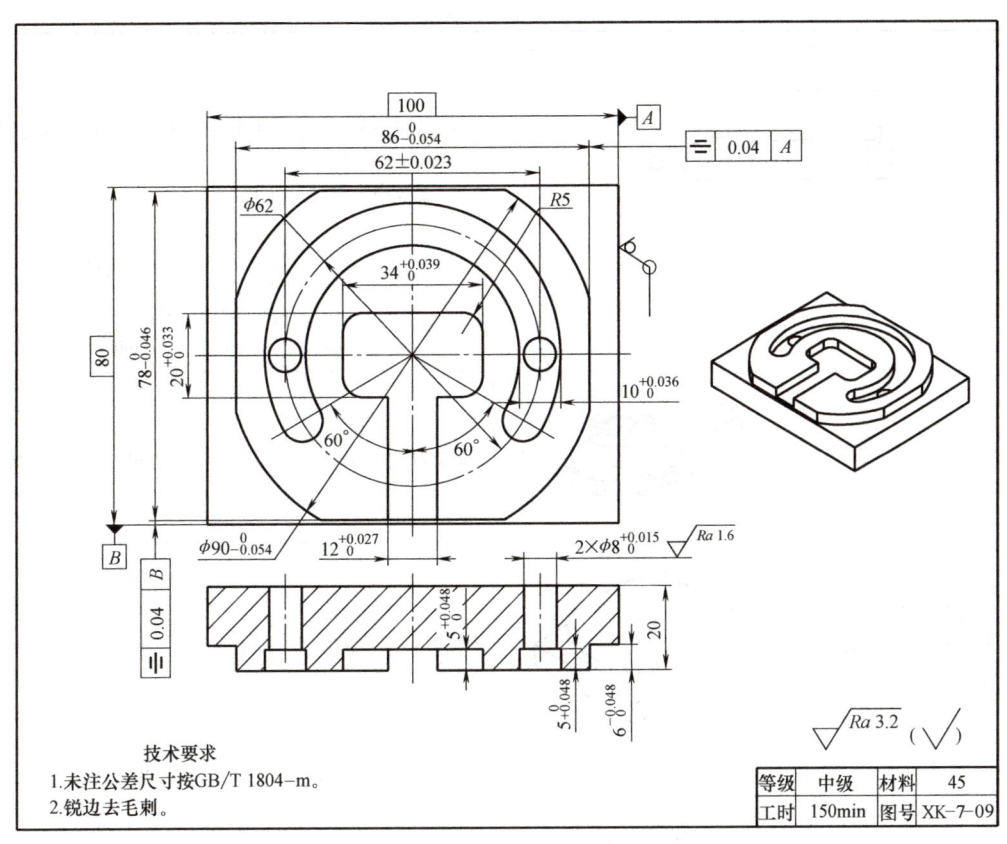

图 7-11 丁字槽板零件图

任务实施

一、工艺分析

1. 图形分析

如图 7-11 所示，零件材料为 45 钢。其加工要素主要由圆台、丁字槽和圆环槽组成。零件加工尺寸公差等级为 IT8，表面粗糙度值为 $Ra3.2\mu m$。采用数控铣削可以达到以上加工要求。

2. 毛坯备料和装夹方式

零件毛坯属于方料，尺寸为 100mm×80mm×20mm，六面精铣。选用通用夹具，精密机用平口钳装夹。

3. 刀具和工、量具的确定

根据零件图样的加工内容、技术要求及检测要求，确定刀具及刀柄清单见表 7-1，工、量具清单见表 7-2。

4. 加工方案的制订

根据基准先行、先粗后精、工序集中的原则，该零件的数控加工工艺卡见表 7-11。

表 7-11　数控加工工艺卡

零件装夹图	装夹要点
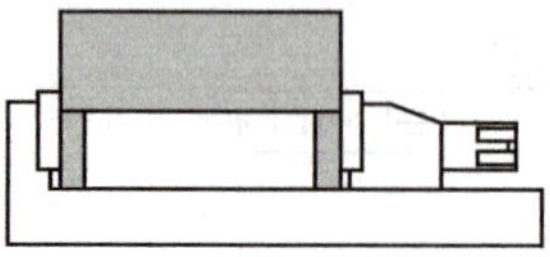 (图示)	1. 用机用平口钳装夹前要用杠杆百分表找正固定钳口与机床导轨的平行度 2. 毛坯高出钳口 8mm 以上

工步	加工要点	加工简图	刀具名称	直径/mm	背吃刀量/mm	主轴转速/(r/min)	进给速度/(mm/min)
1	精铣工件上表面	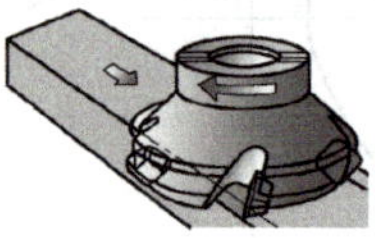 (图)	面铣刀	φ63	0.2	800	80
2	粗铣凸台,留单边余量 0.3mm,底面留余量 0.2mm	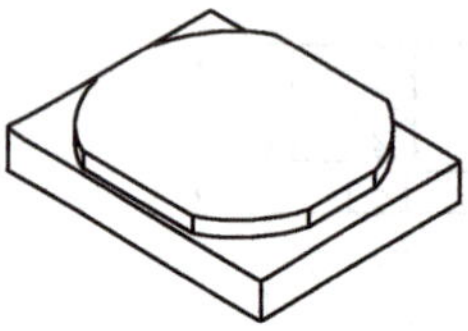 (图)	立铣刀(HSS)	φ16	5.8	500	100
3	钻定位孔	略	中心钻	A2.5	4	2000	30
4	钻 2×φ8$^{+0.015}_{0}$ mm 底孔,留精铰余量双边 0.2mm	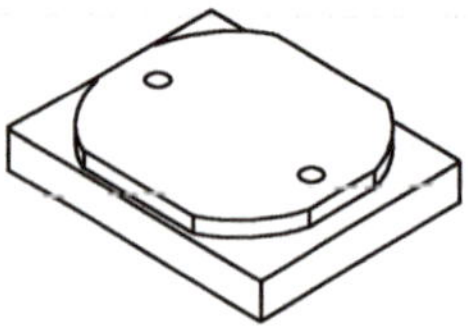 (图)	麻花钻(HSS)	φ7.8	24	1000	100
5	粗铣丁字槽,留单边余量 0.3mm,底面留余量 0.2mm	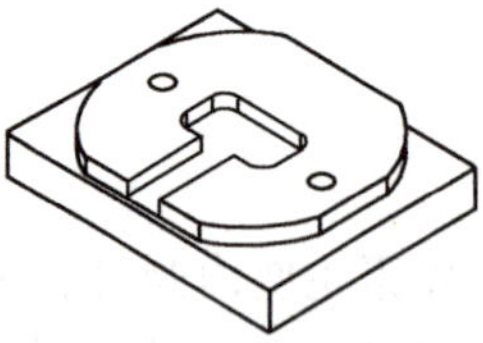 (图)	立铣刀(HSS)	φ10	4.8	800	160
6	粗铣腰形槽,留单边余量 0.3mm,底面留余量 0.2mm	(图)	立铣刀(HSS)	φ8	4.8	1000	180
7	半精铣、精铣所有轮廓,保证尺寸	略	立铣刀(HSS)	φ8	5/6	1000	180
8	精铰 2×φ8$^{+0.015}_{0}$ mm 孔	略	铰刀(HSS)	φ8H7	24	80	30

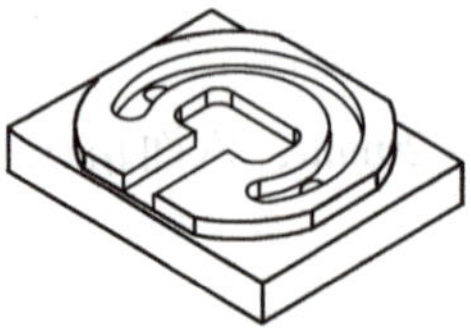

二、程序编制

1. 编程零点的确定

通过零件图样的分析，编程零点定于工件上表面中心处。

2. 走刀路线的设计（略）

3. 数学处理及基点的计算（略）

4. 编制程序（略）

三、操作加工

1. 工件装夹

在工件紧贴两钳口处放上高度适当的两块等高平行垫铁，要求工件高出机用平口钳钳口8mm以上，保证刀具与夹具不发生干涉，利用木锤或铜棒敲击工件并找正，要求夹紧工件后平行垫铁不能抽动。

2. 工件零点的设置（略）

3. 刀具长度补偿值和半径补偿值的确定（略）

4. 输入程序并校验（略）

5. 自动加工（略）

任务评价

根据图样，选择合适的量具并自行检测，填写检测结果评分表，见表7-12。

表7-12 检测结果评分表

评 分 表				图号	XK-7-09	检测编号		
序号	考核内容	考核要求	配分	评分标准		自检结果	检测结果	得分
1	凸台	$86_{-0.054}^{0}$ mm	7	超差不得分				
		$78_{-0.046}^{0}$ mm	7	超差不得分				
		$\phi 90_{-0.054}^{0}$ mm	8	超差不得分				
		$6_{-0.048}^{0}$ mm	4	超差不得分				
		$Ra3.2\mu m$（6处）	3	一处超差扣0.5分				
2	型腔	$34_{0}^{+0.039}$ mm	7	超差不得分				
		$20_{0}^{+0.033}$ mm	7	超差不得分				
		$12_{0}^{+0.027}$ mm	7	超差不得分				
		$10_{0}^{+0.036}$ mm	7	超差不得分				
		$2\times5_{0}^{+0.048}$ mm	8	超差不得分				
		$R5mm$（4处），$\phi 62mm$，$2\times60°$	2	不符不得分				
		$Ra3.2\mu m$（6处）	3	一处超差扣0.5分				
3	几何公差	⊨ 0.04 A	4	超差不得分				
		⊨ 0.04 B	4	超差不得分				
4	孔	$2\times\phi 8_{0}^{+0.015}$ mm	8	超差不得分				
		(62 ± 0.023) mm	2	超差不得分				
		$Ra1.6\mu m$（2处）	4	一处超差扣2分				

(续)

序号	考核内容	考核要求	配分	评分标准	自检结果	检测结果	得分
	评 分 表			图号 XK-7-09	检测编号		
5	其他	锐边去毛刺	2	不符不得分			
6	职业素养	劳保用品、防护镜穿戴规范	2	违反规范全扣			
		工、量、刀具分区摆放整齐	2	违反规范全扣			
		整理、打扫工位	2	违反规范全扣			
7	安全文明生产	安全操作规程	倒扣	不遵守操作规程扣2~5分			
	配 分		100	总 分			
检测		日期		评分		日期	

课后练习

为图 7-12 所示零件制订加工工艺，并编制加工程序。

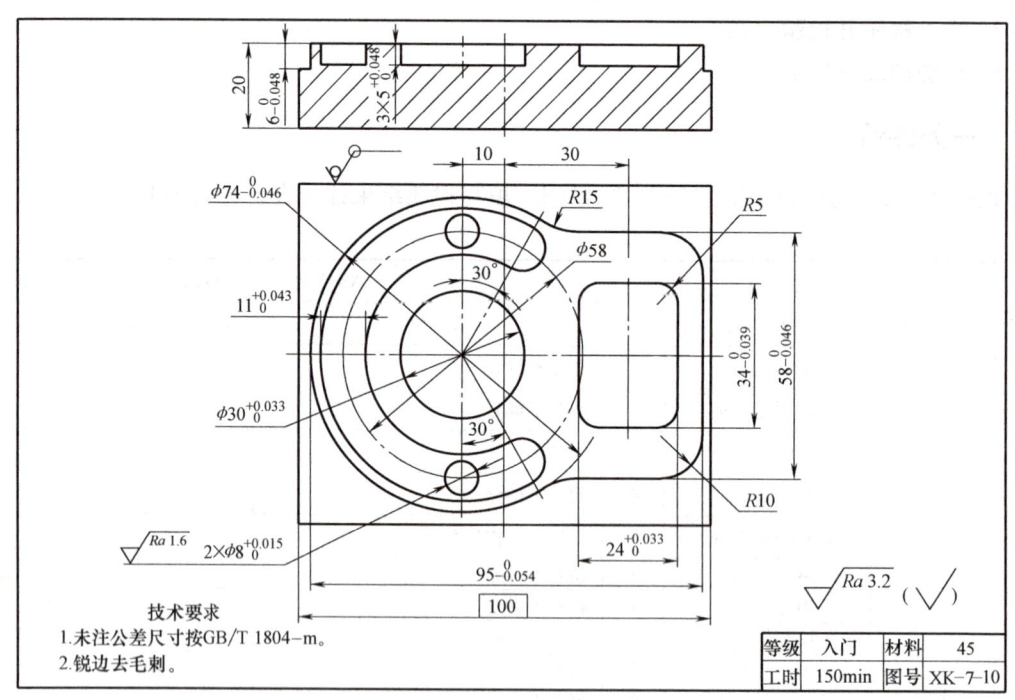

图 7-12 腰形槽板零件图

任务六 圆环槽板的加工

学习目标

1) 合理选择刀具，制订加工工艺，编制程序。

2）熟练操作机床，正确对刀并设置工件零点参数及刀具长度补偿值。

3）根据零件形状，选择合适的量具测量尺寸精度并分析结果。

4）提高、养成职业素养，按企业规定有关文明生产，做到工作地整洁，工件、工具、量具、刀具摆放整齐。

任务描述

1）分析图 7-13 所示圆环槽板零件图，选择合适的夹具和机床，确定零件的加工工艺。

2）选择合适的刀具种类及规格，编制零件的加工程序。

3）进行零件装夹，对刀及参数设定，操作机床完成零件的加工。

4）选择合适的量具测量零件的精度，并进行零件的质量分析。

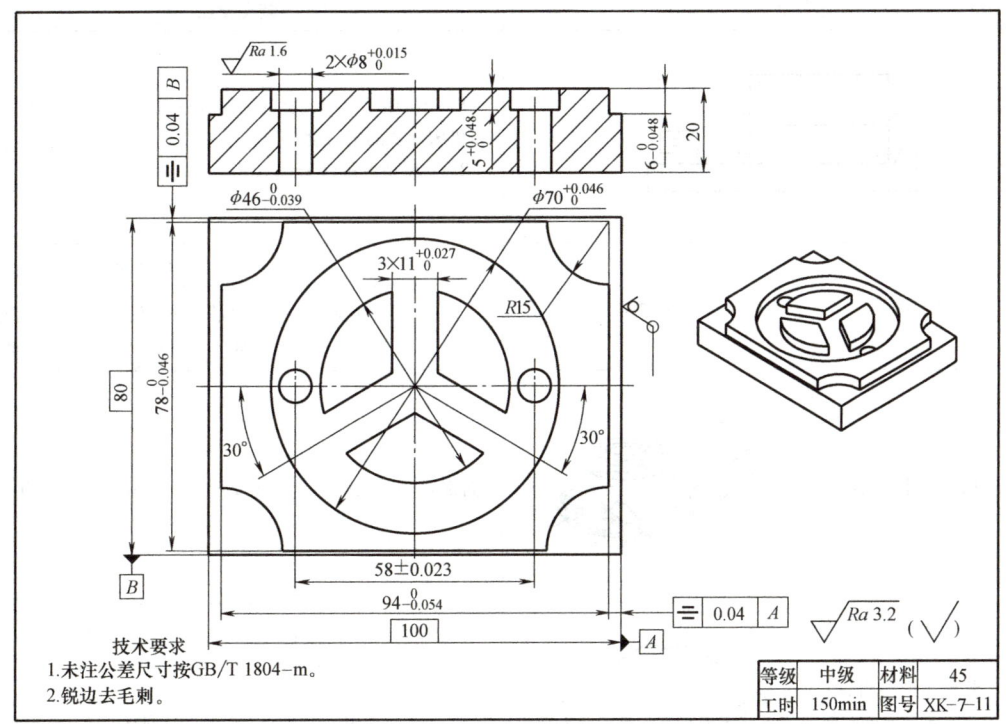

图 7-13　圆环槽板零件图

任务实施

一、工艺分析

1. 图样分析

如图 7-13 所示，零件材料为 45 钢，因此选择刀具时应尽量选择硬质合金铣刀，但考虑加工成本也可以选择高速钢铣刀。零件主要由型腔和方台组成。零件加工尺寸公差等级为 IT8，表面粗糙度值为 $Ra3.2\mu m$，对称度公差为 0.04mm。采用数控铣削可以达到以上加工要求。

2. 毛坯备料和装夹方式

零件毛坯属于方料,尺寸为 100mm×80mm×20mm,六面精铣。选用通用夹具,精密机用平口钳装夹。

3. 刀具和工、量具的确定

根据零件图样的加工内容、技术要求及检测要求,确定刀具及刀柄清单见表 7-1,工、量具清单见表 7-2。

4. 加工方案的制订

根据基准先行、先粗后精、工序集中的原则,该零件的数控加工工艺卡见表 7-13。

表 7-13 数控加工工艺卡

零件装夹图	装夹要点
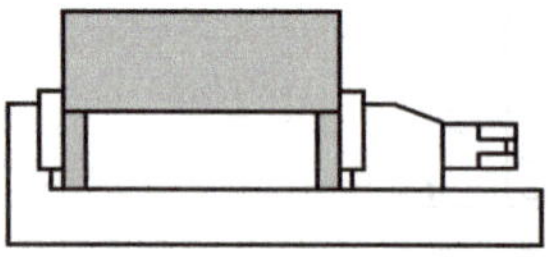	1. 用机用平口钳装夹前要用杠杆百分表找正固定钳口与机床导轨的平行度 2. 毛坯高出钳口 8mm 以上

工步	加工要点	加工简图	刀具		切削用量		
			名称	直径/mm	背吃刀量/mm	主轴转速/(r/min)	进给速度/(mm/min)
1	精铣工件上表面	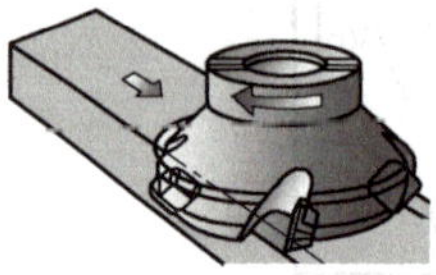	面铣刀	φ63	0.2	800	80
2	粗铣矩形凸台,留单边余量 0.3mm,底面留余量 0.2mm	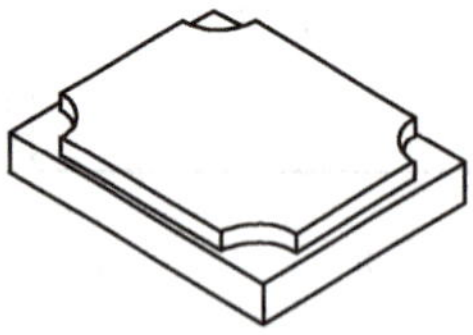	立铣刀(HSS)	φ16	5.8	500	100
3	钻定位孔	略	中心钻	A2.5	4	2000	30
4	钻 2×φ8$^{+0.015}_{0}$ mm 底孔,留精铰余量双边 0.2mm	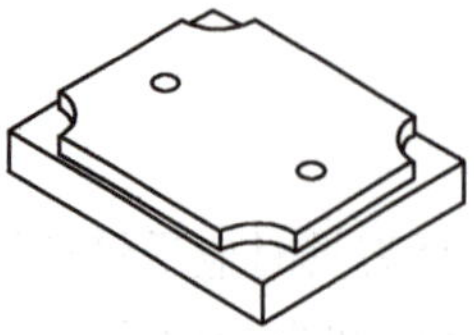	麻花钻(HSS)	φ7.8	24	1000	100

(续)

工步	加工要点	加工简图	刀具		切削用量		
			名称	直径/mm	背吃刀量/mm	主轴转速/(r/min)	进给速度/(mm/min)
5	粗铣圆环槽，留单边余量0.3mm，底面留余量0.2mm	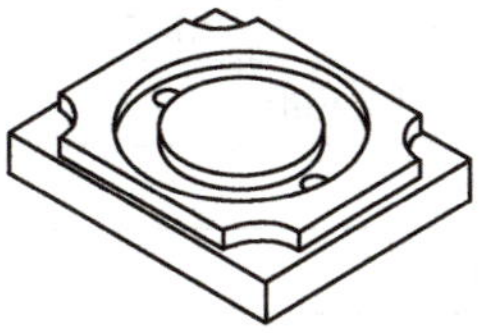	立铣刀（HSS）	$\phi 10$	4.8	800	160
6	粗铣阵列槽，留单边余量0.3mm，底面留余量0.2mm		立铣刀（HSS）	$\phi 10$	4.8	800	160
7	半精铣、精铣所有轮廓，保证尺寸	略	立铣刀（HSS）	$\phi 10$	6/5	800	160
8	精铰$2 \times \phi 8_{0}^{+0.015}$ mm孔	略	铰刀（HSS）	$\phi 8H7$	24	80	30

二、程序编制

1. 编程零点的确定

通过零件图样的分析，编程零点定于工件上表面中心处。

2. 走刀路线的设计（略）

3. 数学处理及基点的计算（略）

4. 编制程序（略）

三、操作加工

1. 工件装夹

在工件紧贴两钳口处放上高度适当的两块等高平行垫铁，要求工件高出机用平口钳钳口8mm以上，保证刀具与夹具不发生干涉，利用木锤或铜棒敲击工件并找正，要求夹紧工件后平行垫铁不能抽动。

2. 工件零点的设置（略）

3. 刀具长度补偿值和半径补偿值的确定

安装刀具并进行对刀，测量并输入刀具长度补偿值和刀具半径补偿值。

4. 输入程序并校验（略）

5. 自动加工（略）

任务评价

根据图样，选择合适的量具并自行检测，填写检测结果评分表，见表7-14。

表7-14 检测结果评分表

序号	考核内容	考核要求	配分	评分标准	自检结果	检测结果	得分
		评 分 表		图号 XK-7-11	检测编号		
1	凸台	$94_{-0.054}^{0}$ mm	8	超差不得分			
		$78_{-0.046}^{0}$ mm	8	超差不得分			
		$6_{-0.048}^{0}$ mm	5	超差不得分			
		$R15$ mm(4处)	2	不符不得分			
		$Ra3.2\mu m$(6处)	3	一处超差扣0.5分			
2	型腔	$\phi 46_{-0.039}^{0}$ mm	8	超差不得分			
		$\phi 70_{0}^{+0.046}$ mm	8	超差不得分			
		$3\times 11_{0}^{+0.027}$ mm	18	超差不得分			
		$5_{0}^{+0.048}$ mm	5	超差不得分			
		$2\times 30°$	1	不符不得分			
		$Ra3.2\mu m$(8处)	4	一处超差扣0.5分			
3	几何公差	⊨ 0.04 A	4	超差不得分			
		⊨ 0.04 B	4	超差不得分			
4	孔	$2\times\phi 8_{0}^{+0.015}$ mm	8	超差不得分			
		(58 ± 0.023) mm	2	超差不得分			
		$Ra1.6\mu m$(2处)	4	一处超差扣2分			
5	其他	锐边去毛刺	2	不符不得分			
6	职业素养	劳保用品、防护镜穿戴规范	2	违反规范全扣			
		工、量、刀具分区摆放整齐	2	违反规范全扣			
		整理、打扫工位	2	违反规范全扣			
7	安全文明生产	安全操作规程	倒扣	不遵守操作规程扣2~5分			
		配 分	100	总 分			
检测		日期		评分		日期	

课后练习

为图7-14所示零件制订加工工艺，并编制加工程序。

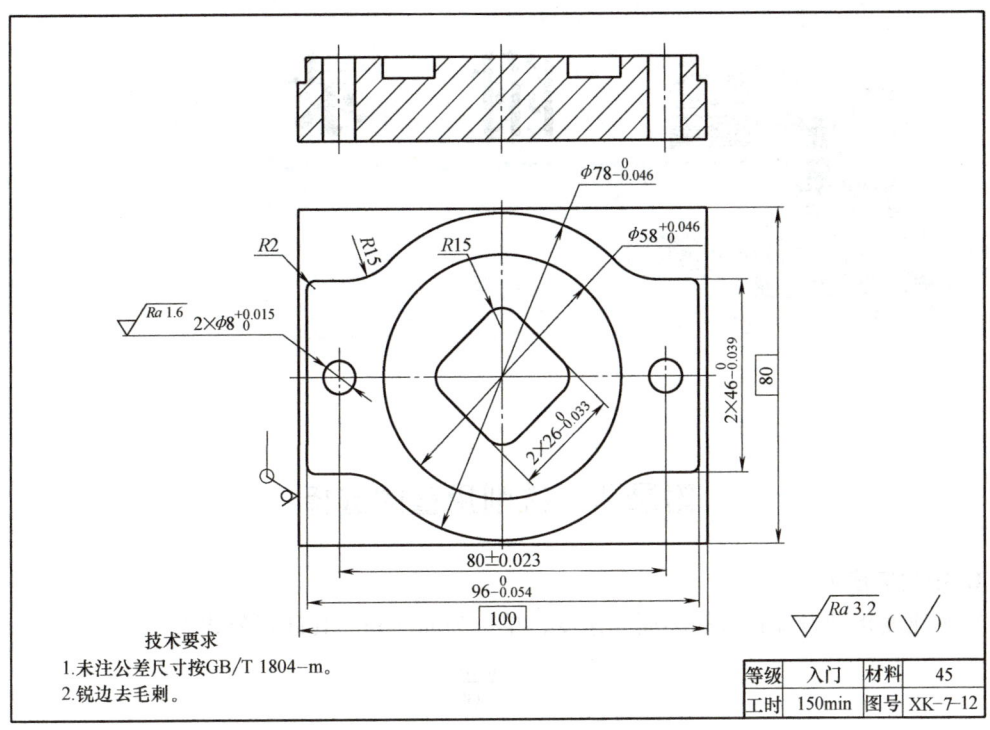

图 7-14 四方凸台零件图

附　录

附录 A　铣削用量的选择

1. 铣削速度 v

铣削速度指铣刀旋转时的圆周线速度，单位为 m/min。其计算公式为

$$v = \frac{\pi d n}{1000}$$

式中　d——铣刀直径（mm）；

　　　n——主轴（铣刀）转速（r/min）。

由此可得到主同（铣刀）转速

$$n = \frac{1000v}{\pi d}$$

铣削速度 v 的推荐值见表 A-1。

表 A-1　铣削速度 v 的推荐值

工件材料	硬度 HBW	铣削速度 v/(m/min)	
		高速钢铣刀	硬质合金铣刀
低碳钢、中碳钢	<220 225~290 300~425	21~40 15~36 9~15	60~150 54~115 36~75
高碳钢	<220 225~325 325~375 375~425	18~36 14~21 8~12 6~10	60~130 53~105 36~48 35~45
合金钢	<220 225~325 325~425	15~35 10~24 5~9	55~120 37~80 30~60
工具钢	200~250	12~23	45~83
灰铸铁	100~140 150~225 230~290 300~320	24~36 15~21 9~18 5~10	110~115 60~110 45~90 21~30

212

(续)

工件材料		硬度 HBW	铣削速度 v/(m/min)	
			高速钢铣刀	硬质合金铣刀
可锻铸铁		110~160	42~50	100~200
		160~200	24~36	83~120
		200~240	15~24	72~110
		240~280	9~21	40~60
铸钢	低碳	100~150	18~27	68~105
	中碳	100~160	18~27	68~105
		160~200	15~21	60~90
		200~240	12~21	53~75
	高碳	180~240	9~18	53~80
铝合金			180~300	360~600
铜合金			45~100	120~190
镁合金			180~270	150~600

2. 进给量

在铣削过程中,工件相对于铣刀的移动速度称为进给量。进给量有以下三种表示方法。

(1) 每齿进给量 f_z 工件在铣刀每转过一个刀齿期间沿进给方向移动的距离,单位为 mm/z。

(2) 每转进给量 f_r 工件在铣刀每转过一转期间沿进给方向移动的距离,单位为 mm/r。

(3) 每分钟进给量 f_m 工件在铣刀每转过 1min 期间沿进给方向移动的距离,单位为 mm/min。

三种进给量的关系为

$$f_m = nf_r = nzf_z$$

式中 f_z——每齿进给量(mm/z);

n——铣刀(主轴)转速(r/min);

z——铣刀齿数。

铣刀的每齿进给量 f_z 推荐值见表 A-2。

表 A-2 铣刀的每齿进给量 f_z 推荐值 (单位:mm/z)

工件材料	硬度 HBW	高速钢铣刀		硬质合金铣刀	
		立铣刀	面铣刀	立铣刀	面铣刀
低碳钢	<150	0.04~0.20	0.15~0.30	0.07~0.25	0.20~0.40
	150~200	0.03~0.18	0.15~0.30	0.06~0.22	0.20~0.35
中碳钢、高碳钢	<220	0.04~0.20	0.15~0.25	0.06~0.22	0.15~0.35
	225~325	0.03~0.15	0.10~0.20	0.05~0.20	0.12~0.25
	325~425	0.03~0.12	0.08~0.15	0.04~0.15	0.10~0.20
灰铸铁	150~180	0.07~0.18	0.20~0.35	0.12~0.25	0.20~0.50
	180~220	0.05~0.15	0.15~0.30	0.10~0.20	0.20~0.40
	220~300	0.03~0.10	0.10~0.15	0.08~0.15	0.15~0.30
可锻铸铁	110~160	0.08~0.20	0.20~0.40	0.12~0.20	0.20~0.50
	160~200	0.07~0.20	0.20~0.35	0.10~0.20	0.20~0.40
	200~240	0.05~0.15	0.15~0.30	0.08~0.15	0.15~0.30
	240~280	0.02~0.08	0.10~0.20	0.05~0.10	0.10~0.25

(续)

工件材料	硬度 HBW	高速钢铣刀		硬质合金铣刀	
		立铣刀	面铣刀	立铣刀	面铣刀
合金钢	<220 220~280 280~320 320~380	0.05~0.18 0.05~0.15 0.03~0.12 0.02~0.10	0.15~0.25 0.12~0.20 0.07~0.12 0.05~0.10	0.08~0.20 0.06~0.15 0.05~0.12 0.03~0.10	0.12~0.40 0.10~0.30 0.08~0.20 0.06~0.15
工具钢	退火状态 <36HRC 35~46HRC 46~56HRC	0.05~0.10 0.03~0.08 — —	0.12~0.20 0.07~0.12 — —	0.08~0.15 0.05~0.12 0.04~0.10 0.03~0.08	0.15~0.50 0.12~0.25 0.10~0.20 0.07~0.10
铝镁合金	95~100	0.05~0.15	0.20~0.30	0.08~0.30	0.15~0.38

3. 铣削用量

（1）铣削宽度 a_e　铣刀在一次进给中所切掉工件表层的宽度，单位为 mm。

一般立铣刀和面铣刀的铣削宽度为铣刀直径的 50%~60%。

（2）铣削深度 a_p　铣刀在一次进给中切掉工件表层的厚度，即工件的已加工表面和待加工表面间的垂直距离，单位为 mm。

一般立铣刀粗铣时的铣削深度以不超过铣刀半径为原则，以防止铣削深度过大造成刀具的损坏，精铣时为 0.05~0.30mm。面铣刀粗铣时为 2~5mm，精铣时为 0.10~0.50mm。

附录 B　FANUC 0i Mate-MD 系统准备功能 G 指令表

代码	组号	功　能	代码	组号	功　能
G00	01	快速定位	G27	00	返回参考点检测
☆G01		直线插补	G28		返回参考点
G02		顺时针圆弧插补/螺旋插补	G29		从参考点返回
G03		逆时针圆弧插补/螺旋插补	G30		返回第2、第3、第4参考点
G04	00	暂停，准确停止	G31		跳转功能
G05.1		AI 先行控制/AI 轮廓控制	G33	01	螺纹切削
G07.1		圆柱插补	G37	00	自动刀具长度测量
G09		准确停止	G39		拐角偏置圆弧插补
G10		可编程数据输入	☆G40	07	刀具半径补偿取消
G11		可编程数据输入方式取消	G41		左侧刀具半径补偿
☆G15	17	极坐标指令取消	G42		右侧刀具半径补偿
G16		极坐标指令	☆G40.1	19	法线方向控制取消方式
☆G17	02	选择 XY 平面	G41.1		法线方向控制左侧接通
G18		选择 ZX 平面	G42.1		法线方向控制右侧接通
G19		选择 YZ 平面	G43	08	正向刀具长度补偿
G20	06	英制输入	G44		负向刀具长度补偿
☆G22		米制输入	☆G49		刀具长度补偿取消
☆G22	04	存储行程检测功能有效	☆G50	11	比例缩放取消
G23		存储行程检测功能无效	G51		比例缩放

（续）

代码	组号	功　　能	代码	组号	功　　能
☆G50.1	22	可编程镜像取消	G73	09	高速断屑钻孔循环
G51.1		可编程镜像	G74		左旋攻螺纹循环
G52	00	局部坐标系设定	G76		精镗循环
G53		选择机床坐标系	☆G80		固定循环取消
☆G54	14	选择工件坐标系1	G81		钻中心孔或钻孔循环
G54.1		选择附加工件坐标系（P1～P48）	G82		钻孔循环或镗阶梯孔循环
G55		选择工件坐标系2	G83		深孔排屑钻孔循环
G56		选择工件坐标系3	G84		攻螺纹循环
G57		选择工件坐标系4	G85		镗孔循环
G58		选择工件坐标系5	G86		镗孔循环
G59		选择工件坐标系6	G87		背镗循环
G60	00	单方向定位	G88		镗孔循环
G61	15	准确停止方式	G89		镗孔循环
G62		自动拐角倍率	☆G90	03	绝对值编程
G63		连续切削方式（攻螺纹方式）	G91		增量值编程
☆G64		连续切削方式	G92	00	设定工件坐标系或主轴最高转速控制
G65	00	宏程序调用	G92.1		工件坐标系预置
G66	12	宏程序模态调用	☆G94	05	每分钟进给
☆G67		宏程序模态调用取消	G95		每转进给
G68	16	坐标系旋转	G96	13	恒表面速度控制
☆G69		坐标第旋转取消	☆G97		恒表面速度控制取消
			☆G98	10	固定循环返回到初始点
			G99		固定循环返回到R点

注：1. 带☆标记的为默认值，系统上电时初始化为该G代码的状态。
　　2. 00组G代码中，除了G10和G11以外，其他的都是非模态G代码。

参 考 文 献

[1] 王荣兴. 加工中心培训教程 [M]. 北京：机械工业出版社，2006.
[2] 中国航空工业总公司人劳局，教育局. 职业技能鉴定试题精选：铣工 [M]. 北京：航空工业出版社，1996.
[3] 徐夏民. 数控铣工实习与考级 [M]. 北京：高等教育出版社，2012.
[4] 职业技能鉴定指导编审委员会. 职业技能鉴定教材：铣工 [M]. 北京：中国劳动出版社，1996.
[5] 机械工业职业技能鉴定指导中心编. 铣工技能鉴定考核试题库 [M]. 北京：机械工业出版社，1999.